内容简介

本教材是畜牧兽医类专业的一门重要专业基础课教材。编写中始终遵循职业教育"以能力为本位，以岗位为目标"的原则，淡化学科体系，强调技能培养。

全书除绪论外，共分13章，即动物体的基本结构，运动系统，被皮系统，消化系统，呼吸系统，泌尿系统，生殖系统，心血管系统，免疫系统，神经系统，感觉器官，内分泌系统，家禽、兔、犬、猫解剖，书后附实验实训内容。

本教材在介绍动物体基本结构的基础上，以牛、羊、猪、马为研究对象，主要采用系统解剖学和比较解剖学相结合的方法进行论述；家禽由鸟类驯化而来，在解剖特征上和哺乳动物有显著不同，故将其列为一节进行了详尽阐述；为了适应宠物养殖蓬勃发展的需要，增添了兔的解剖和犬、猫解剖的内容。为更好地体现直观教学，全书配有线条图170余幅；为克服动物解剖课程知识点宽泛、技能点分散而导致初学者不易掌握的特点，每章结尾配有"自测练习题"，供初学者练习，从而巩固相关的知识和技能。

本教材主要面向高职高专院校畜牧兽医类专业的学生，通过学习，学生将掌握各种动物解剖的基本知识和基本技能，为继续学习后续的专业课程打下坚实的基础。本教材也可作为基层畜牧兽医工作人员的自学教材和参考书。

高等职业教育农业部"十二五"规划教材

动物解剖

陈功义 主编

中国农业出版社

图书在版编目（CIP）数据

动物解剖/陈功义主编．—北京：中国农业出版社，2010.9（2019.6重印）
高等职业教育农业部"十二五"规划教材
ISBN 978-7-109-14957-1

Ⅰ.①动… Ⅱ.①陈… Ⅲ.①动物解剖学－高等学校：技术学校－教材 Ⅳ.①Q954.5

中国版本图书馆CIP数据核字（2010）第176848号

中国农业出版社出版
（北京市朝阳区农展馆北路2号）
（邮政编码100125）
责任编辑 徐 芳

北京通州皇家印刷厂印刷 新华书店北京发行所发行
2010年9月第1版 2019年6月北京第6次印刷

开本：787mm×1092mm 1/16 印张：12.75 插页：2
字数：298千字
定价：38.50元
（凡本版图书出现印刷、装订错误，请向出版社发行部调换）

编审人员名单

主　编　陈功义

副主编　曹金元　尚学俭　孟　婷

编　者（以姓氏笔画为序）

　　　　　牛静华　李志杰　陈功义　尚学俭

　　　　　孟　婷　柴建亭　曹金元

审　稿　肖传斌　朱金凤

高职高专教育是我国高等教育的重要组成部分。根据教育部《关于加强高职高专教育教材建设的若干意见》的有关精神，结合当前我国畜牧兽医类专业人才培养模式和教学体系改革的实际情况，围绕培养高级技能型、应用型人才目标，我们编写了本教材。

随着我国市场经济的深入发展和人们生活水平的逐步提高，畜牧业也呈现出快速发展的态势，到2009年，我国畜牧业产值占农业总产值的34%。为了适应畜牧业快速发展的需要，农业高职高专院校先后开设了畜牧、兽医、动物防疫检验、饲料与动物营养、兽药生产、兽医卫生检验、养禽与禽病防治、中兽医、宠物养护与疫病防治等专业。动物解剖是上述所有涉牧专业重要的专业基础课之一。只有正确认识和掌握了正常动物体的形态结构和各个器官、系统之间的位置关系，才能为进一步学习后续专业课程打下坚实的基础。

本教材的编写，旨在让高职高专畜牧兽医类专业的学生了解和掌握动物解剖的基本知识和基本技能。本书的定位是以基本知识"必须、够用"为度、基本技能"实用、会用"为原则。因此在内容上做了较大变动，将牛、羊、猪、禽作为重点，兼顾马的解剖特征，并有选择性地增加了兔的解剖和犬、猫解剖内容。本书内容适度、重点突出，文字简洁，图文并茂，通俗易懂，避免动物解剖与其他课程内容重复和脱节等现象，特别强调理论密切结合兽医临床和生产实际，注重培养学生的实际操作技能，充分体现高等职业教育的职业性、实践性和应用性。

本教材具体编写分工如下：河南农业职业学院陈功义老师编写绪论、第一章、第六章、第七章、第十三章第一节和实验实训；河南农业职业学院柴建亭老师编写第十三章第二节和第三节；北京农业职业学院曹金元老师编写第二章和第三章；甘肃畜牧工程职业技术学院尚学俭老师编写第八章和第九章；江苏畜牧兽医职业技术学院孟婷老师编写第四章和第五章；山东畜牧兽医职业学院李志杰老师编写第十章、第十一章和第十二章；黑龙江农业经济职业学院牛静华老师对部分图片进行了美工处理。全书由陈功义统稿。本书承蒙河南农业大学肖传斌教授和河南农业职业学院朱金凤教授主审。同时本书编写过程中得到了有关高等院校专家的热情帮助和大力支持，谨此一并致以谢意。

由于编者水平有限，书中难免有疏漏和不足之处，恳请各院校师生批评指正，以便今后修改完善。

编　者
2010 年 7 月

目 录

前言

绪论 ……………………………… 1
　【自测练习题】 ………………… 4

第一章　动物体的基本结构 ……… 5
第一节　细胞 …………………… 5
　一、细胞的概念 ………………… 5
　二、细胞的形态和大小 ………… 5
　三、细胞的构造 ………………… 5
　四、细胞的生命活动 …………… 7
第二节　基本组织 ……………… 9
　一、上皮组织 …………………… 9
　二、结缔组织 ………………… 12
　三、肌组织 …………………… 17
　四、神经组织 ………………… 18
第三节　器官、系统、有机体 ……………………… 20
　一、器官 ……………………… 20
　二、系统 ……………………… 21
　三、有机体 …………………… 22
　【自测练习题】 ……………… 22

第二章　运动系统 ………………… 24
第一节　骨骼 …………………… 24
　一、骨骼概述 ………………… 24
　二、全身骨骼的组成 ………… 27
第二节　骨骼肌 ………………… 35
　一、骨骼肌概述 ……………… 35
　二、全身肌肉的分布 ………… 36
　【自测练习题】 ……………… 41

第三章　被皮系统 ………………… 43
第一节　皮肤 …………………… 43
　一、表皮 ……………………… 43
　二、真皮 ……………………… 44
　三、皮下组织 ………………… 44
第二节　皮肤衍生物 …………… 44
　一、毛 ………………………… 44
　二、蹄 ………………………… 45
　三、角 ………………………… 47
第三节　皮肤腺 ………………… 48
　一、汗腺 ……………………… 48
　二、皮脂腺 …………………… 48
　三、乳腺 ……………………… 48
　【自测练习题】 ……………… 49

第四章　消化系统 ………………… 51
第一节　腹腔与骨盆腔 ………… 51
　一、腹腔 ……………………… 51
　二、骨盆腔 …………………… 52
　三、腹膜 ……………………… 52
第二节　消化器官 ……………… 52
　一、口腔 ……………………… 53
　二、咽 ………………………… 57
　三、食管 ……………………… 57
　四、胃 ………………………… 57
　五、肠 ………………………… 61
　六、肝 ………………………… 64
　七、胰 ………………………… 67
　【自测练习题】 ……………… 68

第五章 呼吸系统 ... 70

第一节 呼吸道 ... 70
一、鼻 ... 70
二、咽 ... 71
三、喉 ... 71
四、气管和支气管 ... 72

第二节 肺 ... 72
一、肺的形态和位置 ... 72
二、肺的组织构造 ... 73

第三节 胸膜和纵隔 ... 76
【自测练习题】 ... 76

第六章 泌尿系统 ... 78

第一节 肾 ... 78
一、肾的形态位置 ... 78
二、肾的一般构造 ... 78
三、肾的组织构造 ... 79
四、肾的类型 ... 80

第二节 输尿管、膀胱和尿道 ... 81
一、输尿管 ... 81
二、膀胱 ... 81
三、尿道 ... 82
【自测练习题】 ... 82

第七章 生殖系统 ... 83

第一节 雄性生殖系统 ... 83
一、睾丸 ... 83
二、附睾 ... 85
三、输精管和精索 ... 85
四、阴囊 ... 85
五、尿生殖道 ... 86
六、副性腺 ... 87
七、阴茎和包皮 ... 87

第二节 雌性生殖系统 ... 88
一、卵巢 ... 88
二、输卵管 ... 90
三、子宫 ... 90
四、阴道 ... 92

五、尿生殖前庭和阴门 ... 92

第三节 胎膜与胎盘 ... 93
一、胎膜 ... 93
二、脐带 ... 93
三、胎盘 ... 93
【自测练习题】 ... 93

第八章 心血管系统 ... 95

第一节 心脏 ... 95
一、心脏的形态和位置 ... 95
二、心腔的构造 ... 96
三、心壁的组织构造 ... 97
四、心包 ... 97
五、心脏的传导系统 ... 97
六、心脏的血管 ... 98

第二节 血管 ... 98
一、血管的种类及构造 ... 98
二、肺循环血管 ... 99
三、体循环血管 ... 99
【自测练习题】 ... 106

第九章 免疫系统 ... 108

第一节 免疫系统的组成 ... 108

第二节 中枢免疫器官 ... 108
一、骨髓 ... 108
二、胸腺 ... 108

第三节 周围免疫器官 ... 110
一、淋巴结 ... 110
二、脾 ... 113
三、扁桃体 ... 114
四、血淋巴结 ... 114

第四节 免疫细胞 ... 114
一、淋巴细胞 ... 114
二、单核巨噬细胞系统 ... 115
三、抗原呈递细胞 ... 115
四、粒性白细胞 ... 115

第五节 淋巴和淋巴管 ... 115
一、淋巴 ... 115
二、淋巴管 ... 116

【自测练习题】……………………… 117

第十章　神经系统 ……………………… 119

第一节　神经系统概述 ……………… 119
第二节　中枢神经 …………………… 120
一、脊髓 ……………………………… 120
二、脑 ………………………………… 121
三、脑脊膜和脑脊液 ………………… 122
第三节　外周神经 …………………… 123
一、脑神经 …………………………… 124
二、脊神经 …………………………… 125
三、内脏神经 ………………………… 128
【自测练习题】……………………… 131

第十一章　感觉器官 …………………… 132

第一节　眼 …………………………… 132
一、眼球 ……………………………… 132
二、眼的辅助器官 …………………… 133
第二节　耳 …………………………… 134
一、外耳 ……………………………… 135
二、中耳 ……………………………… 135
三、内耳 ……………………………… 135
【自测练习题】……………………… 136

第十二章　内分泌系统 ………………… 137

第一节　脑垂体 ……………………… 137
第二节　肾上腺 ……………………… 138
第三节　甲状腺 ……………………… 139
第四节　甲状旁腺 …………………… 140
第五节　松果腺 ……………………… 140
【自测练习题】……………………… 140

第十三章　家禽、兔、犬、猫解剖 …… 142

第一节　家禽解剖 …………………… 142
一、运动系统 ………………………… 142
二、被皮系统 ………………………… 146
三、消化系统 ………………………… 147
四、呼吸系统 ………………………… 150
五、泌尿系统 ………………………… 152

六、生殖系统 ………………………… 153
七、脉管系统 ………………………… 156
八、神经系统 ………………………… 157
九、感觉器官 ………………………… 158
十、内分泌系统 ……………………… 158
【自测练习题】……………………… 158
第二节　兔的解剖 …………………… 159
一、运动系统 ………………………… 159
二、被皮系统 ………………………… 161
三、消化系统 ………………………… 162
四、呼吸系统 ………………………… 164
五、泌尿系统 ………………………… 164
六、生殖系统 ………………………… 164
七、心血管系统 ……………………… 166
八、淋巴系统 ………………………… 167
九、神经系统 ………………………… 168
十、感觉器官 ………………………… 168
十一、内分泌系统 …………………… 169
【自测练习题】……………………… 169
第三节　犬、猫解剖 ………………… 169
一、犬、猫躯体各部位名称 ………… 169
二、运动系统 ………………………… 170
三、被皮系统 ………………………… 173
四、消化系统 ………………………… 174
五、呼吸系统 ………………………… 176
六、泌尿系统 ………………………… 176
七、生殖系统 ………………………… 177
八、心血管系统 ……………………… 179
九、淋巴系统 ………………………… 180
十、神经系统 ………………………… 181
十一、感觉器官 ……………………… 182
十二、内分泌系统 …………………… 182
【自测练习题】……………………… 182

实验实训指导 …………………………… 184

实验实训一　显微镜的构造、使用
　　　　　　和保养方法 ……………… 184
实验实训二　基本组织观察 ………… 185
实验实训三　全身骨骼、肌肉的

观察 …………………………… 186
实验实训四　皮肤及皮肤衍生物的
　　　　　　观察 …………………… 186
实验实训五　内脏器官观察 ………… 186
实验实训六　心脏和血管的观察 …… 187
实验实训七　免疫器官观察 ………… 187
实验实训八　神经及感觉器官观察 … 188
实验实训九　家禽解剖及鸡血涂片
　　　　　　制作 …………………… 188
实验实训十　家兔解剖 ……………… 190

参考文献 …………………………………… 191

绪 论

（一）动物解剖的内容

动物解剖是研究动物有机体各器官的正常形态结构、位置关系及其发生发展规律的科学。因研究方法和对象不同，可分为大体解剖、显微解剖和胚胎发育三个部分。

1. 大体解剖 借助于解剖器械（刀、剪、锯等），采用切割的方法，主要通过肉眼、放大镜、解剖显微镜观察研究动物体各器官的形态、结构、位置及相互关系。根据研究的目的和方法不同，又分为系统解剖、局部解剖、比较解剖、功能解剖、X射线解剖等。

2. 显微解剖 采用显微镜技术研究正常动物体的微细结构及其与功能的关系。可分为细胞、基本组织和器官组织三部分。

3. 胚胎发育 研究动物有机体的发生发育规律。主要研究从受精卵开始通过细胞分裂、分化，逐步发育成新个体的全过程。胚胎发育包括胚胎的早期发育、器官发生和胎膜胎盘三部分内容。

（二）学习动物解剖的目的、意义和方法

1. 学习的目的、意义 随着我国市场经济的深入发展，畜牧业也呈现出快速发展的态势，到2009年，我国畜牧业产值占农业总产值的34%。农业职业院校的涉牧专业也得到了蓬勃的发展，先后开设了畜牧、兽医、动物防疫检验、饲料与动物营养、兽药生产、兽医卫生检验、畜产品加工、养禽与禽病防治、中兽医、宠物养护与疫病防治等专业。动物解剖是上述所有涉牧专业重要的专业基础课之一。只有正确认识和掌握了正常动物体的形态结构和各个器官系统之间的位置关系，才能为进一步学习后续专业课程打下坚实的基础。

2. 学习方法 动物解剖是一门古老的学科，它的特点是需要记忆的内容较多、知识点较零碎，初学者会感到枯燥乏味，不容易记忆。因此，学习起来更应该理论联系实际，多看标本、模型、挂图，同时可借助于多媒体教学手段，在感性认知的前提下，掌握动物解剖的知识和技能。除此之外，在学习过程还应树立唯物主义观点，用科学的态度对待动物解剖学习中的问题。

（1）形态结构与生理功能统一的观点。动物的各个器官都有其固有的功能，形态结构是一个器官完成生理功能的物质基础，生理功能是器官形态结构的具体表现，而功能的变化又影响该器官形态结构的发展。

（2）局部和整体统一的观点。动物体是一个完整的有机体，任何器官、系统都是有机体不可分割的组成部分，局部可以影响整体，整体也可以影响局部。

（3）发生发展的观点。生命的形成经历了由简单到复杂、由低级到高级的发展过程。动物体的形态结构也是不断发展的，不同的年龄、外界环境、饲养方式和调教措施，可影响动

物体的形态结构。

（4）理论联系实际的观点。理论联系实际是学习的一项重要原则，在动物解剖的学习中，要把理论知识和标本模型、解剖图片、活体观察以及必要的生产应用联系起来，才能更好地掌握动物的形态结构。

（三）动物体主要部位名称

动物体可分为头、躯干和四肢三大部分（图0-1）。各部的划分和命名主要以骨为基础。

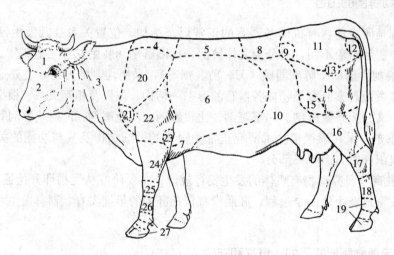

图0-1 牛体各部名称

1. 颅部 2. 面部 3. 颈部 4. 鬐甲部 5. 背部 6. 肋部 7. 胸骨部 8. 腰部
9. 髋结节 10. 腹部 11. 荐臀部 12. 坐骨结节 13. 髋关节 14. 股部
15. 膝部 16. 小腿部 17. 跗部 18. 跖部 19. 趾部 20. 肩胛部 21. 肩关节
22. 臂部 23. 肘部 24. 前臂部 25. 腕部 26. 掌部 27. 指部

（马仲华.家畜解剖学及组织胚胎学.第三版.2001）

1. 头部

（1）颅部。位于颅腔周围，分为枕部、顶部、额部、耳部、腮腺部、颞部。

（2）面部。位于口腔和鼻腔周围，分为眼部、眶下部、鼻部、咬肌部、颊部、唇部、颏部、下颌间隙部。

2. 躯干部 除头和四肢以外的部分称为躯干，包括颈部、背胸部、腰腹部、荐臀部、尾部。

（1）颈部。分为颈背侧部、颈侧部、颈腹侧部。

（2）背胸部。分为背部（鬐甲部、背部）、胸侧部、胸腹侧部（胸前部、胸骨部）。

（3）腰腹部。分为腰部、腹部。

（4）荐臀部。分为荐部、臀部。

（5）尾部。分为尾根、尾体、尾尖。

3. 四肢

（1）前肢。分为肩带部（肩部）、臂部、前臂部、前脚部（腕部、掌部、指部）。

（2）后肢。分大腿部（股部）、小腿部、后脚部（跗部、跖部、趾部）。

（四）动物体的轴、面与方位术语

为了正确叙述动物体各部位、各器官的方向和位置关系，以动物正常站立姿势为标准，人为地提出了轴、面和方位术语等定位规则（图0-2）。

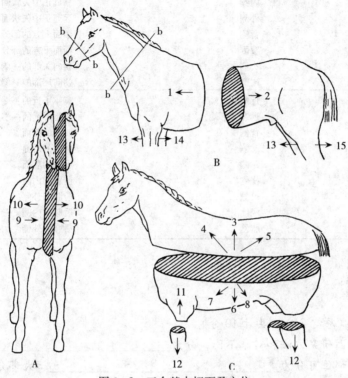

图0-2 三个基本切面及方位
A. 正中矢面　B. 横断面　C. 额面（水平面）　b-b. 横断面
1. 前　2. 后　3. 背侧　4. 前背侧　5. 后背侧　6. 腹侧　7. 前腹侧
8. 后腹侧　9. 内侧　10. 外侧　11. 近端　12. 远端
13. 背侧　14. 掌侧　15. 跖侧
（马仲华．家畜解剖学及组织胚胎学．第三版．2001）

1. 轴

（1）长轴（纵轴）。是指动物体与地面平行的轴。头、颈、四肢和各器官的长轴均以自身长度作为标准。

（2）横轴。是指垂直于长轴的轴。

2. 面

（1）矢状面（纵切面）。是指与动物体长轴平行且与地面垂直的切面，分正中矢状面和侧矢状面。正中矢状面只有一个，位于动物体长轴的正中线上，将动物体分为左、右对称的两部分。侧矢状面与正中矢状面平行，位于正中矢状面的两侧。

（2）横断面。是指与动物体长轴相垂直的切面，位于躯干的横断面可将动物体分为前、后两部分。头、颈、四肢和各器官的横断面是垂直长轴的面。

（3）额面（水平面）。是指与地面平行且与矢状面和横断面相垂直的切面，可将动物体分为背、腹两部分。

3. 方位术语 动物体的方位术语见表 0-1。

表 0-1 动物体的方位术语

部 位	名 称	具体位置
躯干部	内侧	靠近正中矢状面的一侧
	外侧	远离正中矢状面的一侧
	背侧	额面上方的部分
	腹侧	额面下方的部分
	头侧	朝向头部的一侧
	尾侧	朝向尾部的一侧
四 肢	近端（上端）	离躯干近的一端
	远端（下端）	离躯干远的一端
	背侧	四肢的前面
	掌侧	前肢的后面
	跖侧	后肢的后面
	桡侧	前肢的内侧
	尺侧	前肢的外侧
	胫侧	后肢的内侧
	腓侧	后肢的外侧

自测练习题

一、填空题（每空 2 分，共计 40 分）

1. 动物解剖因研究方法和对象不同，分为_____、_____和_____。
2. 动物体各部位可分为_____、_____和_____三大部分。
3. 显微解剖研究的内容包括_____、_____和_____三部分。
4. 胚胎发育研究的内容包括_____、_____和_____三部分。
5. 躯干部包括_____、_____、_____、_____和_____部。
6. 前肢的后侧为_____侧，后肢的后侧为_____侧。
7. 可将动物体分成背、腹两部分的切面是_____。

二、判断题（每题 2 分，共计 10 分）

1. 动物解剖是研究动物有机体正常的形态构造，因此学习的重点是掌握器官的形态结构，而不需要掌握器官的相互关系。（ ）
2. 四肢的前面称为背侧，四肢的后面称为掌侧。（ ）
3. 前肢的内侧称为尺侧，而外侧称为桡侧。（ ）
4. 后肢的内侧称为胫侧，而外侧称为腓侧。（ ）
5. 动物体及其各器官的长轴始终与地面平行。（ ）

三、名词解释（每题 4 分，共计 20 分）

1. 大体解剖 2. 显微解剖 3. 正中状矢面 4. 额面 5. 横断面

四、简答题（每题 15 分，共计 30 分）

1. 动物解剖的学习方法及需要树立的科学观点有哪些？
2. 熟练指出牛体表各部位名称。

第一章　动物体的基本结构

第一节　细　胞

一、细胞的概念

细胞是动物体形态结构、生理功能和生长发育的基本单位。构成动物体的细胞数量繁多，一些形态和功能相关的细胞有机地结合在一起构成了组织，几种组织再组成器官，器官再组成系统，由各个系统有机地结合，进而形成动物体。动物体的新陈代谢过程和生理功能的体现，都是在整个有机体协调统一下以细胞为结构单位进行的。

二、细胞的形态和大小

构成动物体的细胞形态多种多样，有圆形、椭圆形、立方形、柱状、扁平状、星形等（图1-1）。细胞的大小不一，差异很大。动物体内最小的细胞是小脑颗粒细胞，直径仅有 0.4μm；最大的细胞是成熟的卵细胞，如鸵鸟的卵细胞直径可达 10cm；最长的细胞为神经细胞，其突起的长度可达 1m。

三、细胞的构造

细胞虽然形态多样、大小不一，但在光学显微镜下的基本结构都是由细胞膜、细胞质、细胞核三部分构成。

（一）细胞膜

1. 细胞膜的结构　细胞膜包围在细胞质的外面，是细胞的重要组成部分。而细胞质内的许多细胞器也具有类似细胞膜的结构，称为细胞内膜。因此，人们通常将细胞外表面的细胞膜和细胞内膜统称为生物膜（图1-2）。

1972年 S. J. Singer 和 G. L. Nicolson 提出了关于细胞膜结构的液态镶嵌模型学说，

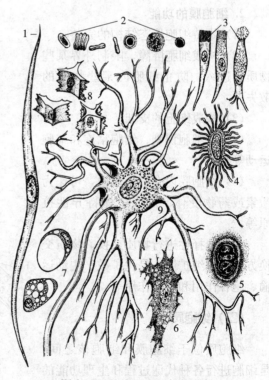

图1-1　动物细胞的各种形态
1. 平滑肌细胞　2. 血细胞　3. 上皮细胞　4. 骨细胞
5. 软骨细胞　6. 成纤维细胞　7. 脂肪细胞　8. 腱细胞
9. 神经细胞

（马仲华．家畜解剖学及组织胚胎学．第三版．2001）

这是目前普遍公认的关于细胞膜结构的学说。该学说认为：膜的基本结构是流体的脂类双分子层，其中镶嵌着具有生物活性、可移动的球形蛋白质，有的蛋白质分子贯穿双分子层，有的只穿过部分双分子层。该模型强调膜结构的不对称性和流动性，即认为细胞膜并不是固定不变的、停滞不动的结构，而是液态、流动的结构。

细胞膜中的类脂分子以磷脂为主，磷脂分子是极性分子，呈长杆状，一端为头部，另一端为尾部，头部亲水称亲水端，尾部疏水称疏水端。由于细胞膜周围接触的均为水溶液环境，所以亲水的分子头部朝向膜的内、外表面，而疏水的尾部则伸入膜的内部，形成特有类脂双分子层的结构形式，这是膜的分子结构基础。正常生理条件下，它处于液态。

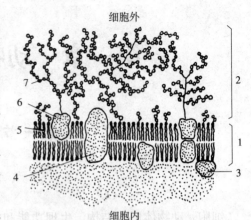

图 1-2 细胞膜的结构模式图
1. 脂质双层 2. 糖衣 3. 表在蛋白 4. 嵌入蛋白
5. 糖脂 6. 糖蛋白 7. 糖链
（马仲华．家畜解剖学及组织胚胎学．第三版．2001）

细胞膜的蛋白质种类繁多，但主要分为两大基本类型。一类主要附于膜的内外侧面，称膜外在蛋白；一类为跨膜蛋白，也有的嵌入脂质双分子层中，称为膜内在蛋白。

2. 细胞膜的功能

（1）维持细胞形态结构的完整。

（2）构成细胞屏障。限制外界某些物质的进入，防止细胞内某些物质的散失。

（3）构成细胞的支架。

（4）与细胞识别、细胞粘连和细胞运动等有关。

（5）细胞膜内有嵌入蛋白，可作为激素或药物受体、形成个体特异性抗原等。

（6）选择性进行物质交换。物质交换方式有单纯扩散、易化扩散、主动运输、胞吞作用和胞吐作用等。

（二）细胞质

细胞质位于细胞膜和细胞核之间，是细胞进行各种代谢过程和生理功能的主要场所。由基质、细胞器和内含物组成。

1. 基质 是无定形胶状物质。由水、蛋白质、脂类、糖和无机盐等组成。

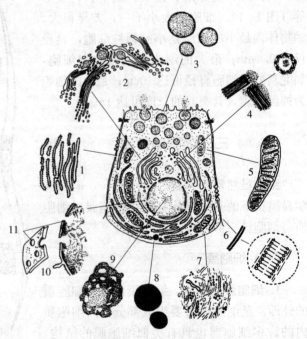

图 1-3 细胞的电镜结构
1. 内质网 2. 高尔基复合体 3. 分泌颗粒 4. 中心体
5. 线粒体 6. 细胞膜 7. 基质 8. 脂滴 9. 核仁
10. 核膜 11. 核孔
（马仲华．家畜解剖学及组织胚胎学．第三版．2001）

2. 内含物 内含物不是细胞器，而是一些代谢产物或细胞贮存物质，包括糖原、脂滴、色素颗粒、分泌颗粒等。

3. 细胞器 是指悬浮于细胞质内具有特定形态构造、执行一定生理功能的微小器官。主要包括线粒体、核糖体、内质网、高尔基复合体、溶酶体和中心体等（图1-3）。主要细胞器的形态结构及功能见表1-1。

表1-1 主要细胞器的形态结构及功能

细胞器	形态结构	功能
线粒体	由内外两层单位膜构成，内膜常常向内折叠，形成片状、分支状或网状的嵴；外膜表面光滑，膜内充满线粒体基质	通过氧化磷酸化作用产生能量，供细胞各种生命活动之用。被称为细胞内的"能量工厂"或"供能站"
核糖体	颗粒状结构，直径为15～25nm，主要由核糖核酸和蛋白质构成	合成细胞的"内销性"结构蛋白和"外销性"输出蛋白
内质网	由单位膜围成的囊状或小泡状结构，表面附着核糖体者为粗面内质网，光滑者为滑面内质网	粗面内质网是蛋白质的合成场所；滑面内质网是合成脂质的重要场所
高尔基复合体	由双层单位膜形成扁平囊泡、小囊泡、大囊泡	对细胞合成的分泌物进行浓缩储存、分离、加工、输出
溶酶体	由单位膜围成的小体，直径0.25～0.8μm，内含高浓度的多种消化酶	消化细胞入胞作用来的异物及细胞内衰老的细胞器，是细胞内重要的"清道夫"
中心体	由两个互相垂直的中心粒和周围物质构成	与细胞分裂期纺锤体的形成、排列方向和染色体的移动有密切关系

（三）细胞核

细胞核是细胞遗传和代谢活动的控制中心，在细胞生命活动中起着决定性的作用，细胞核主要由核膜、核质、核仁、染色质组成。

1. 核膜 是细胞核与细胞质之间的界膜，包围在细胞核表面，由两层单位膜构成。

2. 核质 是无结构的透明胶状物质，又称核液，成分与细胞质的基质很相近，含有水、糖蛋白、酶及无机盐等物质。

3. 核仁 是细胞核内的球形小体，细胞核内通常有1～2个核仁。其主要化学成分是核糖核酸（RNA）和蛋白质。核仁是合成核糖体的场所。

4. 染色质与染色体 染色质是遗传物质的一种存在形式，其主要化学成分是DNA和蛋白质。染色质是指细胞间期核内分布不甚均匀、易被碱性染料着色的物质。而在细胞进行有丝分裂时，染色质细丝螺旋盘曲缠绕成为具有特定形态结构的染色体。由此可见，染色质和染色体实际上是同一物质的不同功能状态。

动物的体细胞染色体数目是恒定的。猪38条，牛60条，马64条，驴62条，绵羊54条，山羊60条，鸡78条，鸭80条。

四、细胞的生命活动

（一）新陈代谢

新陈代谢是细胞生命活动的基础，包括同化作用和异化作用。细胞不断地从外界摄取营养物质,经过加工、合成细胞本身所需要的物质的过程称为同化作用。同时又不断地分解物质、释放能量供细胞各种功能活动的需要,并把细胞代谢产物排出细胞外的过程称为异化作用。细胞的一切活动都是建立在新陈代谢的基础上。

(二)感应性

细胞对外界刺激发生反应的能力称为感应性。细胞生活在不断变化的环境中,对于周围环境的刺激都能产生相应的反应,借以适应环境的变化。如肌细胞受刺激后会发生收缩、神经细胞受刺激后能产生兴奋并传导冲动、浆细胞受抗原刺激后产生抗体等。

(三)运动

体内有些细胞在不同环境条件刺激下,能产生不同形式的运动,以适应环境条件变化或完成某些生理功能。常见的运动形式有变形运动、舒缩运动、纤毛运动和鞭毛运动等。

(四)生长与增殖

当细胞的同化作用超过异化作用时,细胞体积增大,称为生长。细胞生长到一定阶段,在一定条件下以分裂的方法进行增殖,产生新细胞,借以促进机体的生长发育和补充衰老死亡的细胞,称为增殖。细胞的增殖是以分裂的方式进行的,分裂包括有丝分裂、减数分裂和无丝分裂。

1. 有丝分裂　是动物体细胞进行增殖的主要方式。其基本过程为中心体一分为二,移向两极,中间出现纺锤丝,染色质变成染色体,每条染色体复制为相同的两条,然后纵向分裂。已纵裂的染色体分成两组,分别在纺锤丝的牵引下移向两极,并很快变成染色质。细胞质内的各种成分同时分布到两个子细胞中(图1-4)。

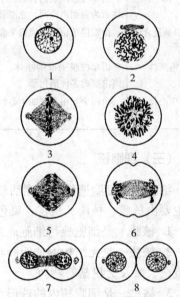

图1-4　细胞有丝分裂模式图
1. 分裂间期　2. 前期　3. 中期　4. 中期
(从细胞一极观察)　5. 早后期　6. 晚后期
7. 早末期　8. 晚末期(分成两个子细胞)
(周元军. 动物解剖. 2007)

2. 减数分裂　仅出现在生殖细胞成熟过程中。减数分裂是由相互连续的两次成熟分裂组成。第一次减数分裂开始时已经复制的同源染色体配对,这个过程称为联会,接着出现交叉,经过交叉的染色体彼此分开,分配到两个子细胞中去,完成第一次分裂。紧接着进入第二次成熟分裂,已经纵裂为二的染色体,在着丝点处分开,进入两个子细胞,从而完成第二次减数分裂。

3. 无丝分裂　又称直接分裂,是细胞繁殖的一种较为简单的分裂方式。由细胞核缢缩分开,细胞质也接着分开,形成两个子细胞。

(五)细胞分化

细胞分化是指胚胎细胞或幼稚细胞(未分化细胞)转变为各种形态、功能不同细胞的过程。在胚胎发育早期，细胞的功能和形态彼此相似，随着细胞的增殖，在数量增多的同时，细胞的形态、功能和生化特性也逐渐出现了差异，最后形成各种不同形态和功能的成熟细胞。

（六）衰老与死亡

衰老和死亡是细胞生命活动过程中的必然结局。衰老的细胞濒临死亡时，形态上会发生显著的变化，如细胞质膨胀或缩小、嗜酸性增强、脂肪增多、出现空泡或色素沉积等，进而出现核崩溃、核溶解而导致细胞死亡。

细胞凋亡是细胞死亡的另一种形式，是一个主动的由基因决定的自动结束生命的过程，普遍存在于动物中，在有机体生长发育过程中具有极其重要的意义，通过细胞凋亡，有机体得以清除不再需要的细胞，保持自身平衡以及抵御外界各种因素的干扰。

第二节 基本组织

组织是由一些来源相同、形态和功能相似的细胞群和细胞间质构成。根据组织的形态结构与功能特点，将动物体内的组织分为上皮组织、结缔组织、肌组织和神经组织四大类。

一、上皮组织

上皮组织由大量密集排列的细胞和少量的细胞间质组成。上皮组织在形态和结构上的特点有：①细胞多间质少，细胞排列紧密，相邻细胞间常形成特化的细胞连接结构，呈层状或膜状，被覆于体表或内衬于体内管、腔及囊的内表面，构成器官的边界；②上皮细胞呈极性分布；③上皮组织无血管和淋巴管，其营养的供给和代谢产物的运出都通过渗透作用来实现；④上皮组织内有丰富的感觉神经末梢，对内、外环境的刺激非常敏感。依据其形态和功能的不同，上皮组织可分为被覆上皮、腺上皮和特殊上皮三大类。

（一）被覆上皮

被覆上皮根据上皮细胞的排列层数和形态可分为以下几种（表1-2）。

表1-2 被覆上皮的分类、分布及功能

细胞层次	上皮分类	分布	功能
单层	扁平上皮	内衬心血管及淋巴管的腔面（内皮），被覆体腔浆膜表面（间皮等处）	润滑
	立方上皮	被覆肾小管、腺导管等处	分泌和吸收
	柱状上皮	内衬胃肠管黏膜、子宫内膜及输卵管黏膜	保护、吸收和分泌
	假复层柱状纤毛上皮	内衬呼吸道黏膜	保护和分泌
复层	扁平上皮	表皮、口腔、食道、阴道等处黏膜	抵抗机械和化学刺激
	变移上皮	内衬泌尿道黏膜	保护

1. 单层上皮 仅有一层上皮细胞构成，每个细胞均呈极性分布。

（1）单层扁平上皮。由一层扁平细胞紧密镶嵌排列而成，细胞从侧面看呈扁平形，从正面看呈不规则的多边形，边缘呈锯齿状，核扁圆，位于细胞中央（图1-5）。单层扁平上皮衬于心脏、血管及淋巴管腔面的称为内皮；被覆体腔浆膜表面的称为间皮。

（2）单层立方上皮。由一层立方细胞紧密排列而成。细胞呈六面形矮柱状，侧面观呈正方形。核大而圆，位于细胞中央（图1-6）。

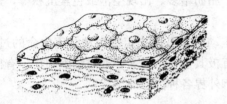
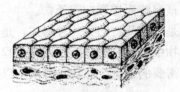

图1-5 单层扁平上皮　　　　　　　　　图1-6 单层立方上皮
（朱金凤．动物解剖．2007）　　　　　　（朱金凤．动物解剖．2007）

（3）单层柱状上皮。细胞呈多面形高柱状，侧面呈倒立的长方形。有些单层柱状上皮，其柱状细胞间夹有杯状细胞。核卵圆形，位于细胞基部（图1-7）。

（4）假复层柱状纤毛上皮。由一层高矮和形状不同的上皮细胞构成。典型的假复层纤毛柱状上皮由柱状细胞、杯状细胞、梭形细胞及锥体细胞四种细胞构成。柱状细胞游离面有纤毛。上皮的每个细胞都与基膜接触，只有柱状细胞及杯状细胞的顶端抵达游离面，从侧面看似复层，实际是单层，故称假复层柱状纤毛上皮（图1-8）。

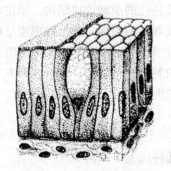
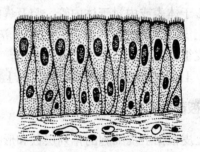

图1-7 单层柱状上皮　　　　　　　　　图1-8 假复层柱状纤毛上皮
（朱金凤．动物解剖．2007）　　　　　　（朱金凤．动物解剖．2007）

2. 复层上皮 由两层以上的上皮细胞构成，仅基底层细胞与基膜接触。动物体常见的复层上皮有复层扁平上皮和变移上皮。

（1）复层扁平上皮。由多层细胞紧密排列而成。表层细胞扁平且呈鳞片状，中间层细胞体积较大呈多边形，基底层细胞呈低柱状或立方形（图1-9）。

（2）变移上皮。是指细胞的层数和形态随着器官的充盈、皱缩状态而发生改变的上皮。当器官内腔空虚（收缩）时，上皮细胞的层数可达6～7层，细胞变高，上皮变厚；当器官内腔充盈（扩张）时，上皮细胞层数变少，上皮变薄（图1-10）。

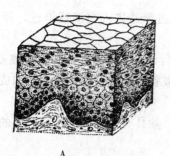
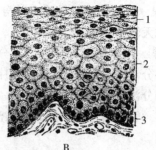

图 1-9 复层扁平上皮
A. 模式图 B. 表皮切面
1. 表层 2. 中间层 3. 深层
(马仲华. 家畜解剖学及组织胚胎学. 第三版. 2001)

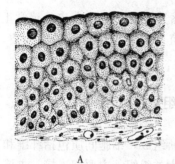
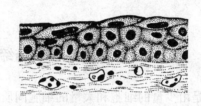

图 1-10 变移上皮（膀胱）
A. 收缩状态 B. 扩张状态
(马仲华. 家畜解剖学及组织胚胎学. 第三版. 2001)

（二）腺上皮

腺上皮是由具有分泌功能的腺上皮细胞构成的，以腺上皮为主要成分构成的器官称为腺体。根据其分泌物的排泄方式，可将腺体分为内分泌腺和外分泌腺（图 1-11）。

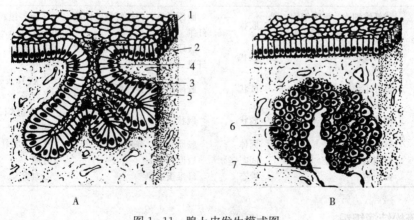

图 1-11 腺上皮发生模式图
A. 外分泌腺 B. 内分泌腺
1. 上皮组织 2. 结缔组织 3. 腺 4. 导管部 5. 分泌部 6. 细胞团 7. 毛细血管
(马仲华. 家畜解剖学及组织胚胎学. 第三版. 2001)

1. 内分泌腺 内分泌腺无导管,其分泌物通过渗透进入血液或淋巴,而由体液传递到机体各部,亦称无管腺。

2. 外分泌腺 外分泌腺有导管,其分泌物可经导管排泄到身体表面或器官的管腔内,亦称有管腺。外分泌腺表面被覆结缔组织被膜,被膜结缔组织深入腺实质构成腺的间质,腺实质由导管部和分泌部构成。

(1) 导管部。管壁由上皮围成,与腺泡连通,除具有输送分泌物外,有的导管上皮兼有分泌和吸收功能。

(2) 分泌部。又称腺泡,由腺上皮围成,中央为腺泡腔,与腺导管相连。分泌部具有分泌功能。

(三)特殊上皮

特殊上皮是指具有特殊功能的上皮,包括感觉上皮、生殖上皮。感觉上皮是由味觉、嗅觉、听觉及视觉等有关的上皮细胞构成;生殖上皮是与生殖有关的上皮,如精曲小管上皮。

二、结缔组织

结缔组织是由少量的细胞和大量的细胞间质所组成,细胞间质包括纤维和基质,该组织是动物体内分布最广泛、形态结构最多样化的一大类组织,主要起连接、支持、防卫、营养和运输等作用。结缔组织与上皮组织比较,有如下特点:①细胞数量少,但种类多,散在间质中,无极性分布;②细胞间质多,由基质和纤维构成;③不直接与外界环境相接触,因而称为内环境组织。

根据结缔组织的形态结构,可分为固有结缔组织、软骨组织、骨组织和血液等(表1-3)。

表1-3 结缔组织分类

类型	细胞	基质状态	纤维	分布
疏松结缔组织	成纤维细胞、巨噬细胞、肥大细胞、浆细胞、脂肪细胞	胶状	胶原纤维、弹性纤维、网状纤维	细胞、组织、器官之间和器官内
脂肪组织	脂肪细胞	胶状	胶原纤维、弹性纤维、网状纤维	皮下组织、器官之间和器官内
致密结缔组织	成纤维细胞	胶状	胶原纤维、弹性纤维	皮肤真皮、器官被膜、腱及韧带
网状组织	网状细胞	胶状	网状纤维	淋巴组织、淋巴器官、骨髓
软骨组织	软骨细胞	固体	胶原纤维、弹性纤维	气管、肋软骨及会厌等
骨组织	骨细胞	固态坚硬	胶原纤维	骨髓
血液	血细胞	液态	纤维蛋白原	心血管

(一)疏松结缔组织

疏松结缔组织因结构疏松、类似蜂窝,故又称蜂窝组织。广泛分布在皮下和各器官内,起连接、支持、保护、营养和创伤修复等功能。疏松结缔组织的结构特点是纤维排列松散,基质含量较多，而细胞和纤维含量较少，且分散存在于基质之中（图1-12）。

1. 细胞成分

（1）成纤维细胞。形态不规则，体积较大，细胞扁平多突起，常贴于胶原纤维的边缘，胞核较大，椭圆形，着色浅，核仁明显，胞质弱嗜碱性。成纤维细胞能形成纤维和分泌基质，具有较强的再生能力。

（2）脂肪细胞。细胞呈球形，体积较大，胞质中充满脂滴，常将核挤向一侧，胞核呈扁圆形，着色深，HE染色片上，脂滴被溶剂溶解，使细胞呈空泡状。常单个或成群分布，脂肪细胞能合成和贮存脂肪。

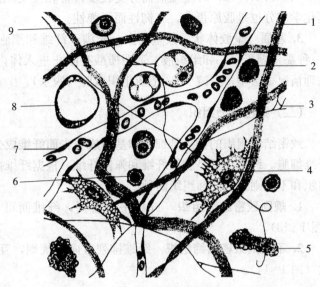

图1-12 疏松结缔组织
1. 胶原纤维 2. 肥大细胞 3. 弹性纤维 4. 成纤维细胞
5. 巨噬细胞 6. 淋巴细胞 7. 毛细血管 8. 脂肪细胞 9. 浆细胞
（朱金凤．动物解剖．2007）

（3）巨噬细胞。又称组织细胞。数量较多，分布广泛，常靠近毛细血管。细胞形态多样，有圆形、椭圆形。巨噬细胞的功能：能做变形运动，游走到炎症部位吞噬细菌，也能吞噬体内衰老变性的细胞；参与免疫应答调节；合成和分泌作用，能合成和分泌溶菌酶、干扰素、补体等生物活性物质。

（4）肥大细胞。常成群分布于小血管周围。细胞体积大，呈圆形或卵圆形，胞核小而圆，胞质丰富，内充满粗大的异染颗粒。颗粒内含有肝素和组织胺，具有抗凝血、增加毛细血管通透性和促使血管扩张等作用，并参与变态反应。

（5）浆细胞。胞体呈圆形或卵圆形，核呈圆形，常偏于细胞的一侧，核内染色质呈块状，沿核膜作辐射状排列，状如车轮，车轮状核是浆细胞结构上的重要特征。浆细胞多分布于消化道、呼吸道等黏膜的固有层中，能合成和分泌免疫球蛋白，即抗体，参与体液免疫。

（6）未分化的间充质细胞。未分化的间充质细胞是一种分化程度较低的干细胞，一般分布在毛细血管周围，在某些条件下，可分化为各种结缔组织细胞。

2. 纤维 根据纤维形态结构和分布，可分为胶原纤维、弹性纤维和网状纤维三种类型。

（1）胶原纤维。数量最多，新鲜时呈乳白色，故又称为白纤维。纤维粗细不等，直径1~12μm，胶原纤维常被黏合在一起，构成胶原纤维束，互相交织分布。胶原纤维韧性大，抗拉力强，弹性较差，其化学成分为胶原蛋白，是结缔组织具有支持作用的物质基础。

（2）弹性纤维。新鲜时呈黄色，又称黄纤维。弹性纤维数量比胶原纤维少，纤维较细，其化学成分为弹性蛋白，韧性差而弹性好。

(3) 网状纤维。纤维细短而分支较多，常相互交织成网。在疏松结缔组织中数量较少。其化学成分也是胶原蛋白，有韧性而无弹性。

3. 基质 呈胶体状，数量较多，充满于纤维和细胞之间。其化学成分主要是透明质酸（一种黏多糖蛋白）和组织液。透明质酸有阻止进入体内细菌、异物扩散的作用；组织液在病理情况下会增多（减少），造成组织水肿（脱水）。

（二）致密结缔组织

致密结缔组织的特点是细胞和基质成分少而纤维成分多，纤维排列紧密。细胞主要是成纤维细胞。纤维主要是胶原纤维和弹性纤维。根据纤维排列方向不同，又分为规则致密结缔组织和不规则致密结缔组织两种。

1. 规则致密结缔组织 纤维平行排列，纤维间可见成行排列的成纤维细胞，如肌腱（图1-13）。

2. 不规则致密结缔组织 纤维排列方向不规则，互相交织，构成坚固的纤维膜，如真皮（图1-14）。

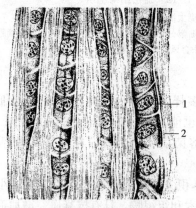

图1-13　致密结缔组织（肌腱）
1. 腱细胞　2. 弹性纤维束
（朱金凤. 动物解剖.2007）

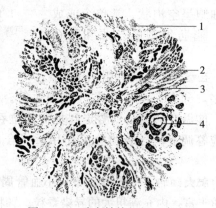

图1-14　致密结缔组织（真皮）
1. 胶原纤维　2. 弹性纤维
3. 成纤维细胞核　4. 血管
（朱金凤. 动物解剖.2007）

（三）脂肪组织

脂肪组织是由大量脂肪细胞聚集在疏松结缔组织内构成的。疏松结缔组织将成群的脂肪细胞分隔成许多小叶。脂肪细胞呈圆形或多边形，胞质内充满脂肪滴，常将细胞核挤向细胞的一侧。HE染色片上，脂肪被溶剂溶解，故细胞呈空泡状（图1-15）。脂肪组织的主要功能是贮存脂肪并参与能量代谢，此外，还有支持、保护和维持体温等作用。

（四）网状组织

网状组织由网状细胞、网状纤维、基质及少量巨噬细胞构成。网状细胞的突起彼此相互连接；网状纤维有分支，互相交织成网，紧贴在网状细胞的表面（图1-16）。网状组织分布在淋巴结、脾和骨髓等处，构成它们的支架和提供微环境。

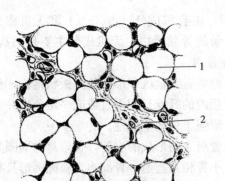

图1-15 脂肪组织
1.脂肪细胞 2.疏松结缔组织
(范作良.家畜解剖.2001)

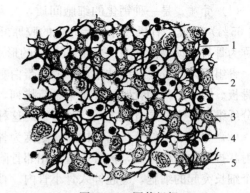

图1-16 网状组织
1.网状纤维 2.突起 3.网状细胞
4.淋巴细胞 5.巨噬细胞
(范作良.家畜解剖.2001)

(五)软骨组织与软骨

1. 软骨组织 由少量的软骨细胞和大量的细胞间质构成。间质呈固体的凝胶状,由基质和纤维构成,软骨细胞埋藏在由软骨基质形成的软骨陷窝中。

2. 软骨

(1)软骨类型。软骨由软骨组织和软骨膜构成。根据其基质中所含纤维的性质和数量不同,通常将软骨分为三种类型,即透明软骨、弹性软骨、纤维软骨(表1-4)。

表1-4 三种软骨比较表

类型	透明软骨	弹性软骨	纤维软骨
细胞	软骨细胞位于软骨陷窝内	软骨细胞位于软骨陷窝内	软骨细胞成行排列或散在纤维束之间
间质	基质中含有较细的胶原纤维,纤维和基质折光性一致,故HE染色片上看不到纤维	大量弹性纤维交织成网,基质和纤维折光不一,故HE染色片上可看到纤维	大量粗大的、交叉或平行排列的胶原纤维束,细胞成行分布在纤维之间,基质极少
特性	弹性差	弹性好	韧性好
分布	分布最广,鼻、咽喉、肋软骨、关节软骨等处	耳郭、会厌等处	椎间盘、耻骨联合、关节盘等处

(2)软骨膜。软骨膜是包绕软骨表面的纤维结缔组织,可分两层。外层为致密结缔组织,含有少量血管及结缔组织细胞;内层较疏松,含有较多的血管和细胞,其中的成骨细胞对软骨的生长和发育有重要作用。因软骨组织无血管,其营养需要靠软骨膜来供给。

(六)骨组织与骨

1. 骨组织的成分 骨组织是一种坚硬的结缔组织,由骨细胞和大量钙化的细胞间质(骨质)构成。

(1) 骨质。是一种钙化的细胞间质，又称骨基质，由有机成分（占35%）和无机成分（占65%）构成。有机成分包括大量的胶原纤维和少量的骨黏蛋白；无机成分主要是钙盐，又称为骨盐。动物体内90%的钙以骨盐的形式贮存在骨内。

骨组织内的胶原纤维被基质中的黏蛋白黏合在一起并有钙盐沉积形成的薄板状结构，称为骨板。同一层内的骨胶原纤维束平行排列，相邻骨板内的纤维互相垂直或成一定角度并有部分纤维贯穿于两层骨板之间。骨组织的这种结构，增强了骨的坚固性。

(2) 骨细胞。位于骨陷窝内，骨陷窝为骨板内或骨板之间形成的小腔，骨陷窝向周围呈放射状排列的细小管道，称骨小管，相邻骨陷窝的骨小管相互连通。骨细胞为扁椭圆形且有多个细长突起的细胞，突起伸入骨小管内。骨陷窝和骨小管内有组织液，骨细胞通过与组织液间进行物质交换而实现新陈代谢。

2. 骨的构造 由骨松质、骨密质、骨膜组成。以长骨为例（图1-17）。

(1) 骨松质。多分布于长骨的两端，由许多细片状或杆状骨小梁交织而成，小梁则由不规则骨板及骨细胞构成。小梁之间有许多空隙，其内含有红骨髓、血管、神经。

(2) 骨密质。由规则排列的骨板及分布于骨板内、骨板间的骨细胞构成。骨板有以下四种形式。

图1-17 长骨磨片（横断面）
1. 伏氏管 2. 外环骨板 3. 哈佛骨板
（范作良．家畜解剖．2001)

①外环骨板。由几层到几十层骨板构成。其排列与骨干表面平行。横穿骨板的管道称穿通管或伏克曼氏管，其内有来自骨膜的血管、神经，由此抵达中央管。

②内环骨板。位于骨髓腔面，为几层排列不规则的骨板。

③骨单位（哈佛系统）。位于内、外环骨板之间，由10~20层同心圆排列的筒状骨板构成，其中央有一条中央管（哈氏管），管内有血管、神经穿行。

④间骨板。位于骨单位之间，排列不规则，是骨改建过程中旧的骨单位残留的遗迹。

(3) 骨膜。为致密结缔组织膜，包绕在骨的外表面称骨外膜，覆盖在骨髓腔、骨小梁及中央管内表面称骨内膜。骨膜内有血管、神经、成骨细胞等，对骨组织有营养、生长和修复的作用。

（七）血液和淋巴

血液和淋巴是流动在血管和淋巴管内的液体性结缔组织，由细胞成分（各种血细胞与淋巴细胞）和大量的细胞间质（血浆和淋巴浆）组成。

1. 血液 大多数哺乳动物的全身血量占体重的7%~8%，其中血浆占血液成分的55%~65%，血细胞则占35%~45%。

(1) 血浆。相当于一般结缔组织的细胞间质，为淡黄色液体，其中水分占90%，其余为血浆蛋白（包括白蛋白、球蛋白、纤维蛋白原及酶）、营养物质、代谢产物、激素、无机盐等。血浆中除去纤维蛋白原，剩下的淡黄色清亮液体称血清。

(2) 红细胞。大多数哺乳动物的红细胞呈双面内凹的圆盘状，均无细胞核和细胞器（而禽类的红细胞呈卵圆形，细胞中央有一个椭圆形的核）。胞质中充满了大量的血红蛋白。红细胞的这种外形比球形表面积增大20%～30%，有利于气体交换。新鲜单个红细胞呈黄绿色，聚集成团的红细胞呈红色。血红蛋白是一种碱性蛋白质，它具有与O_2和CO_2结合的能力。红细胞的寿命平均为120d。衰老的红细胞大都被脾或肝内的巨噬细胞所吞噬。红骨髓不断产生红细胞，补充到血液中去，从而使红细胞总数维持在一定水平。

（3）白细胞。是一种无色有核的血细胞。一般比红细胞体积大，胞体呈球形，且数量比红细胞少。其数量因动物种类不同而有差别，在同一个体中，白细胞也由于年龄和生理情况的不同而有一定变化。

白细胞种类很多，根据胞质有无特殊颗粒，将白细胞分为有粒白细胞和无粒白细胞两大类。无粒白细胞又分为单核细胞和淋巴细胞，有粒白细胞又根据胞质颗粒染色特点分为中性粒细胞、嗜酸性粒细胞和嗜碱性粒细胞三种。各种白细胞的形态、构造和功能见表1-5。

表1-5 白细胞的形态、构造和功能

白细胞种类	形态构造			功能
	形态	细胞核	细胞质	
淋巴细胞	球形，直径6～16μm，分大、中、小三种	圆形，一侧常有凹痕，染色质粗大、致密，染成深蓝色	很少，染成天蓝色，含少量嗜天青颗粒，靠胞核处显浅色环	参与免疫反应
单核细胞	球形，直径10～20μm	呈卵圆形、肾形、马蹄形、分叶形（马牛），染色质呈细丝状，着色较浅	丰富，Wright染色呈浅蓝色，含有散在的嗜天青颗粒	游走到结缔组织成为巨噬细胞，具有吞噬能力，参与机体免疫应答
中性粒细胞	球形，直径7～15μm	呈杆状或分叶状	含有许多细小而分布均匀的浅红色中性颗粒	游走到组织中，具有吞噬和杀菌能力
嗜酸性粒细胞	球形，直径8～20μm	一般分二叶，呈八字形	充满粗大、分布均匀的橘红色嗜酸性颗粒	参与免疫反应
嗜碱性粒细胞	球形，直径10～12μm	不规则，分叶状或S形，常被胞质颗粒掩盖	充满大小不等、分布不均的紫蓝色嗜碱性颗粒	抗凝血和参与机体过敏反应

（4）血小板。呈双凸小盘状，由骨髓巨核细胞的胞质脱落而成，表面有完整的胞膜，无细胞核，但有一些细胞器。每立方毫米血液内含25万～50万个。血涂片上，血小板形态不规则，常聚集成群。血小板参与凝血过程。

2. 淋巴 由液态的淋巴浆和悬浮于其中的血细胞构成。淋巴浆的成分和血浆相似，有凝固性，但比较慢。血细胞主要为小淋巴细胞，单核细胞较少，有时还有少量的嗜酸性粒细胞。

三、肌组织

肌组织是以肌细胞为主要成分构成的组织，肌细胞间有少量结缔组织及丰富的血管、淋巴管和神经纤维等。肌细胞的形态呈细长纤维状，故称肌纤维，其细胞膜称肌膜，肌细胞的胞质称肌浆。肌组织按其结构和分布不同可分为骨骼肌、平滑肌和心肌三大类。三种肌组织的形态结构见表1-6。

1. 骨骼肌 通过肌腱附着在骨骼上，肌纤维纵切面在镜下见明暗相间的横纹，故称横纹肌（图1-18）。骨骼肌活动受意识支配，故又称随意肌。

2. 平滑肌 主要分布在血管壁和内脏器官，平滑肌细胞一般呈长梭形，纵切面较平滑，不显横纹（图1-19）。

3. 心肌 是构成心脏的主要成分，肌纤维纵切面也显横纹，属横纹肌（图1-20）。心肌舒缩具有自动节律性，属不随意肌。

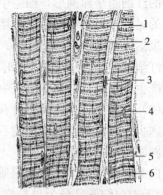

图1-18 骨骼肌纵切面
1. 毛细血管 2. 肌纤维膜 3. 成纤维细胞
4. 肌细胞核 5. 明带 6. 暗带
（朱金凤.动物解剖.2007）

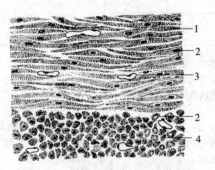

图1-19 平滑肌的纵切面及横断面
1. 肌纤维纵切面 2. 肌细胞核
3. 毛细血管 4. 肌纤维横断面
（朱金凤.动物解剖.2007）

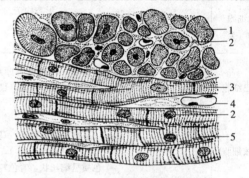

图1-20 心肌的纵切面及横断面
1. 肌纤维横断面 2. 肌细胞核 3. 肌纤维纵切面
4. 毛细血管 5. 闰盘
（朱金凤.动物解剖.2007）

表1-6 三种肌纤维形态结构比较

肌纤维	形态	胞核	横纹	分布	性质
骨骼肌纤维	长圆柱状，长1~40mm，直径10~100μm	椭圆形，可达几百个核，位于肌纤维边缘，染色质少，核仁明显	有	骨骼上	随意肌
平滑肌纤维	长梭形，平均长约100μm，平均直径10μm	椭圆形，一个核，位于细胞中央，1~2个核仁	无	血管、内脏器官	不随意肌
心肌纤维	短圆柱状，有分支，彼此吻合，两个心肌纤维的连接处称闰盘	椭圆形，一个胞核，偶见两个，位于细胞中央	有	心脏	不随意肌

四、神经组织

神经组织主要由神经细胞和神经胶质细胞两种主要成分构成。神经细胞是神经系统的结构和功能单位,又称神经元,它能感受体内、外的环境刺激和传导兴奋。另外,有的神经元(下丘脑神经细胞)具有内分泌功能;神经胶质细胞简称神经胶质,是神经系统的辅助成分,它没有感受刺激和传导兴奋的功能,对神经细胞起支持、营养、保护、绝缘和修复等作用。

(一)神经元

神经元一般都由胞体和突起两部分构成(图1-21)。

1. 神经元的结构

(1)胞体。胞体形态多样,有圆形、锥体形、梭形及星形等;大小不等,直径4~120μm。胞体位于脑、脊髓及神经节内。胞体包括细胞膜、细胞质和细胞核等结构。

(2)突起。根据突起形态和数目,可分为树突和轴突两种。

①树突。树突有多个,比较短,呈树枝状分布。树突内有神经元纤维和嗜染质。树突可接受由感受器或其他神经元传来的冲动,并将其传至胞体。

②轴突。每一个神经元只有一根轴突,它细而长,直径均一。主干上常有侧支分出。轴突起始部呈丘状隆起称轴丘。轴突末端分支较多,形式多样。轴突表面的胞膜称轴膜,轴突内的胞质称轴浆。轴突可将胞体传来的冲动传至另一神经元或效应器。

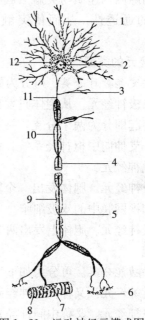

图1-21 运动神经元模式图
1. 树突 2. 神经细胞核 3. 侧枝 4. 雪旺氏鞘
5. 郎飞氏结 6. 神经末梢 7. 运动终板 8. 肌纤维
9. 雪旺氏细胞核 10. 髓鞘 11. 轴突 12. 尼氏体
(马仲华. 家畜解剖学及组织胚胎学. 第三版. 2001)

(3)神经纤维。神经纤维由轴突及包绕在它外面的神经膜细胞(雪旺氏细胞)或少突胶质细胞构成。神经纤维分为有髓神经纤维和无髓神经纤维两种。有髓神经纤维中央为轴突(轴索),表面包绕髓鞘。无髓神经纤维由轴索及包在它外面的神经膜细胞构成,没有髓鞘。

(4)神经末梢及其形成的结构。神经末梢是外周神经纤维的末端部分,在组织、器官内构成一些特殊结构,分别称为感受器和效应器。

①感觉神经末梢和感受器。感觉神经末梢是感觉神经元周围突的末端,它分布到皮肤、肌肉、内脏器官和血管等处,与其附属结构共同形成感受器。

②运动神经末梢和效应器。运动神经末梢是运动神经轴突末端。它分布于骨骼肌、平滑肌及腺体等部位并与其共同构成的结构,称效应器。分布到骨骼肌的运动神经纤维,在接近肌纤维处失去髓鞘,裸露的轴突在肌纤维表面形成爪状分支,再形成扣状膨大附着于肌膜上,称运动终板。

(5)突触。神经元之间或神经元和效应器细胞之间的接触部位称突触。电镜下,突触由突触前膜、突触间隙和突触后膜三部分构成(图1-22)。突触前膜是轴突末端与另一个神经元相接触处胞膜特化增厚的部分，前膜侧轴浆中含有大量的线粒体和突触小泡，内含神经递质。突触后膜是指与突触前膜相对应的神经元胞体或树突胞膜特化增厚部分，突触后膜上有特异受体。突触前膜与突触后膜之间狭小的间隙称突触间隙，宽20～30mm。

当神经冲动传导到突触前膜时，突触小泡释放神经递质到突触间隙内，递质与突触后膜特异性受体结合，改变了对离子的通透性，从而使突触后神经元发生兴奋或抑制。

2. 神经元的类型

（1）按突起数目分类。可分为如下三种：

①假单极神经元。从胞体只发出一个突起，但离胞体不远处，突起即分为两个分支，一支伸向外周器官，称外周突；另一支伸向中枢神经系统，称中枢突，见于脑脊神经节的感觉神经元。

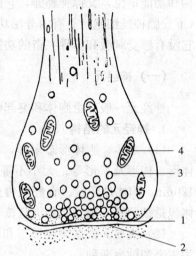

图1-22 突触超微结构模式图
1. 突触前膜 2. 突触后膜 3. 突触小泡
4. 线粒体

（范作良．家畜解剖．2001）

②双极神经元。胞体发出一个轴突，一个树突。见于嗅觉细胞和视网膜中的双极细胞。

③多极神经元。胞体上发出两个以上的突起，一个为轴突，其余为树突。见于脑脊髓内的神经细胞。

（2）按功能分类。可分为如下三种：

①感觉神经元。又称传入神经元，能感受各种刺激，如脊髓神经节细胞。

②联络神经元。又称中间神经元，起联络作用，如脑、脊髓内的神经细胞。

③运动神经元。又称传出神经元，支配效应器活动，如脊髓腹角的神经元。

（二）神经胶质细胞

神经胶质细胞是神经系统中不具有兴奋传导功能的一种辅助性细胞成分，有支持、保护、营养和绝缘的作用。数量多，为神经元的10～50倍。有些神经胶质细胞也有突起，但无树突和轴突之分，它们与相邻的细胞不形成突触结构。

第三节 器官、系统、有机体

一、器 官

器官是由几种不同组织构成的能行使一定功能的结构单位。根据器官的形态结构，可将器官分为中空性器官和实质性器官两大类。

（一）中空性器官

指内部有较大空腔的器官，一端或两端开口于外界，如食管、胃、肠、气管、膀胱、子宫等。不同的中空性器官在形态、机能上各有特点，但其管壁的组织结构，一般均可分为黏膜、黏膜下层、肌层、外膜四层（图1-23）。

1. 黏膜 是构成管壁的最内层，正常黏膜的色泽因血液充盈程度而不同，可由淡红色到鲜红色，柔软而湿润，有一定的伸展性。当管腔内空虚时，常形成皱襞。黏膜具有保护、吸收和分泌等功能。可分为以下三层：

（1）上皮。由上皮组织构成，其类型因所在部位和功能不同而异。除口腔、咽、食管、胃的无腺部、肛门、阴道和尿道外口等的上皮为复层扁平上皮外，胃、肠等的上皮为单层柱状上皮，以利于消化、吸收。

（2）固有膜。由疏松结缔组织构成。内含丰富的血管、神经、淋巴管、淋巴组织和腺体等。固有膜有支持和营养上皮的作用。

（3）黏膜肌层。是固有层下的薄层平滑肌，收缩时可使黏膜形成皱襞，有利于物质吸收、血液流动和腺体分泌。

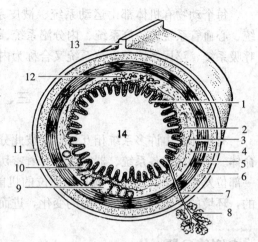

图1-23 中空性器官（十二指肠）结构模式图
1. 上皮 2. 固有膜 3. 黏膜肌层 4. 黏膜下组织
5. 内环行肌 6. 外纵行肌 7. 腺管 8. 壁外腺
9. 淋巴集结 10. 淋巴孤结 11. 浆膜
12. 十二指肠腺 13. 肠系膜 14. 肠腔
（马仲华．家畜解剖学及组织胚胎学．第三版．2001）

2. 黏膜下层 位于黏膜和肌层之间的一层疏松结缔组织，内含较大的血管、淋巴管和神经丛，在食管和十二指肠，此层还含有腺体。

3. 肌层 除口腔、咽、食管（马前4/5）和肛门的管壁为横纹肌外，其余各段均为平滑肌构成，一般可分为内层的环行肌和外层的纵行肌两层。

4. 外膜 为富有弹性纤维的疏松结缔组织层，位于管壁的最表面。在食管前部、直肠后部与周围器官相连接处称为外膜；而在胃肠外膜表面尚有一层间皮覆盖，称为浆膜。

（二）实质性器官

实质性器官内没有明显的腔隙，是一团柔软的组织，如肝、胰、肺、肾、睾丸和卵巢等。

实质性器官均由实质和被膜两部分组成。实质是实质性器官实现其功能的主要部分，器官不同其实质也不同。被膜即结缔组织，被覆于器官的外表面，并伸入实质内构成支架，将器官分隔成许多小叶。分布于小叶之间的结缔组织为小叶间结缔组织，内有血管、淋巴管、神经和导管通过。血管、神经、淋巴管和导管出入实质器官的部位，称实质器官的门，如肝门、肾门、肺门等。

二、系　　统

由若干个形态结构不同而功能相关的器官联合在一起，彼此分工协作来完成体内某一方面的生理机能，这些器官就构成一个系统。例如，口腔、咽、食管、胃、小肠、大肠、肛门及消化腺（肝、胰、肠腺、唾液腺）等器官有机的联系起来组成消化系统，共同完成对食物的消化、吸收功能。

每个动物有机体都由运动系统、被皮系统、消化系统、呼吸系统、泌尿系统、生殖系统、心血管系统、免疫系统、内分泌系统、神经系统和感觉器官等组成。其中的消化系统、呼吸系统、泌尿系统和生殖系统又合称为内脏。

三、有 机 体

有机体是由许多系统相互依存、彼此分工而又相互联系构成的能适应外界环境变化的生命体。动物体内各系统、器官之间有着密切的联系,在机能上相互影响,互相配合,倘若某一部位发生变化,就能影响其他部位的机能活动。同时,动物与生活的周围环境也是统一的,环境的变化,会引起功能的变化,进而影响器官的形态结构。

自测练习题

一、填空题（每空1分,共计40分）

1. _____是动物体形态结构、生理功能和生长发育的基本单位。
2. 细胞膜常见物质转运形式有_____、_____、_____、_____和_____。
3. 被称为供能站的细胞器为_____,和分裂有关的细胞器为_____,被称为"清道夫"的细胞器为_____。
4. 染色质的主要化学成分为_____和_____。
5. 细胞对外界刺激发生反应的能力称为_____。
6. 根据组织的形态结构与功能特点,动物体内的组织可分为_____、_____、_____和_____四大类。
7. 依据形态和功能不同,上皮组织可分为_____、_____和_____。
8. 结缔组织的基本成分组成为_____、_____、_____。
9. 肌肉组织按其功能和结构分为_____、_____、_____。
10. 白细胞可分为_____、_____、_____、_____、_____。
11. 神经元一般都是由_____和_____两部分组成。
12. 突触由_____、_____和_____三部分组成。
13. 神经末梢在组织器官内构成一些特殊的结构,称为_____和_____。
14. 神经元按功能分可分为_____、_____和_____。

二、配对题（每题2分,共计24分）

（一）组

1. 胃肠黏膜　　　　　　　a. 单层立方上皮
2. 气管黏膜　　　　　　　b. 单层柱状上皮
3. 甲状腺滤泡　　　　　　c. 变移上皮
4. 食管黏膜　　　　　　　d. 复层扁平上皮
5. 膀胱黏膜　　　　　　　e. 假复层柱状纤毛上皮

（二）组

1. 透明软骨　　　　　　　a. 耳郭

2. 弹性软骨　　　　　　b. 椎间盘
3. 纤维软骨　　　　　　c. 支气管

(三) 组

1. 疏松结缔组织　　　　a. 肠系膜
2. 致密结缔组织　　　　b. 皮下
3. 脂肪组织　　　　　　c. 淋巴结
4. 网状组织　　　　　　d. 真皮

三、判断题（每题1分，共计6分）

1. 动物体内分布最广泛的组织是上皮组织。（　　）
2. 临床上皮内注射是把药液注入皮下组织。（　　）
3. 我们日常所穿的皮革衣物，一般是由动物的真皮制作而成的。（　　）
4. 神经细胞和神经胶质细胞都有类似的形态结构和生理功能。（　　）
5. 细胞膜内外物质交换没有选择性，总是由高浓度向低浓度的一侧运动。（　　）
6. 骨骼肌和心肌都有横纹，都受意识支配，属随意肌。（　　）

四、名词解释（每题2分，共计20分）

1. 生物膜　2. 液态镶嵌模型　3. 组织　4. 蜂窝组织　5. 变移上皮　6. 突触　7. 器官
8. 实质性器官　9. 内脏　10. 有机体

五、简述（每题5分，共计10分）

1. 简述疏松结缔组织的基本组成。
2. 中空性器官管壁的一般结构有哪些？

第二章 运动系统

运动系统由骨、骨连结和骨骼肌三部分组成。全身骨骼连结一起构成动物体的支架,使动物体形成一定的体态。肌肉附着于骨骼上,收缩时牵引所附着的骨骼围绕骨连结产生位置的改变而产生运动。在运动中,骨骼是运动的支架和杠杆,骨连结(关节)是运动的支点和枢纽,骨骼肌则是运动的动力器官。

第一节 骨 骼

一、骨骼概述

骨骼包括骨和骨连结两部分。全身骨骼通过骨连结联起来形成动物体的支架和基本轮廓,执行着支持体重、保护内部器官、产生运动等功能。

(一)骨的类型

全身骨骼因形态和功能的不同可分为长骨、短骨、扁骨和不规则骨四种类型。

1. 长骨 多分布于四肢的游离部,呈长管状,其中部称骨干或骨体,两端膨大称为骺或骨端。在骨干和骺之间有软骨板,称骺软骨,与骨的生长有关,幼龄时明显,成年后骨化,与骨干愈合。

2. 短骨 一般呈不规则立方形,多分布于四肢的长骨之间,如腕骨、跗骨等。

3. 扁骨 一般多呈板状,主要位于颅腔、胸腔的周围及四肢的肩带部,如额骨、肋骨、髂骨、肩胛骨等。

4. 不规则骨 形状不规则,如椎骨和蝶骨等。

(二)骨的构造

骨由骨膜、骨质、骨髓和血管神经组成(图2-1)。

1. 骨膜 是被覆在骨表面的一层致密结缔组织膜,由外层的纤维层和内层的成骨细胞层构成。在长骨的关节面上没有骨膜。骨膜富有血管、淋巴管及神经,故呈粉红色。骨膜有保护、营养和再生骨质的作用。

2. 骨质 是构成骨的主要成分,分骨密质和骨松质。骨密质坚硬、致密、耐压性强,分布于长骨的骨干和其他类型骨的外表面。骨松质结构疏

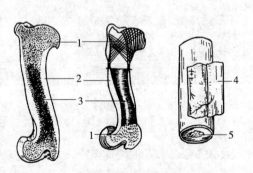

图2-1 骨的构造
1. 骨松质 2. 骨密质 3. 骨髓
4. 骨膜 5. 骨髓腔
(范作良.家畜解剖.2001)

松，分布于长骨的两端和其他类型骨的内部，由互相交错的骨小梁构成。骨密质和骨松质的这种配合，使骨既坚固又轻便。

3. 骨髓 骨髓位于骨髓腔和所有骨松质的间隙内。分红骨髓和黄骨髓，红骨髓具有造血机能。成年动物长骨骨髓腔内的红骨髓被富含脂肪的黄骨髓代替，但长骨两端、短骨和扁骨的骨松质内终生保留红骨髓。当机体大量失血或贫血时，黄骨髓又能转化为红骨髓而恢复造血机能。

4. 血管神经 骨具有丰富的血液供应，分布在骨膜上的小血管经骨表面的小孔进入并分布于骨密质。较大的血管称滋养动脉，穿过骨的滋养孔分布于骨髓。骨膜、骨质和骨髓均有丰富的神经分布。

（三）骨的化学成分和物理特性

骨的化学成分主要包括有机物和无机物两种成分。有机物主要是骨胶原，成年动物约占1/3，使骨具有弹性和韧性；无机物主要是磷酸钙、碳酸钙和氟化钙等，在成年动物约占2/3，使骨具有坚固性和脆性。幼龄动物的骨骼，有机物较多，所以骨的弹性大，硬度小，不易发生骨折，但容易弯曲变形。老龄动物则相反，骨的无机物多，骨质硬而脆，缺乏弹性，易发生骨折。

（四）骨表面的形态

骨的表面并不是平滑的，在表面有突起和凹陷。突起多是肌肉附着的地方，凹陷多是血管神经的穿通的地方及附近器官的接触形成。

1. 突起 骨面上的突起形态和部位不同有不同的名称。有的称为突，如角突、横突和棘突等；有的称为隆起，如三角肌粗隆；有的称结节，如大结节、肩胛结节、髋结节等；有的称为嵴，如面嵴、枕嵴；有的称为髁，如枕骨髁、下颌髁等。有些突起在体表可被看到或触摸到，是进行器官定位和体尺测量的标志。

2. 凹陷 骨面的凹陷因形态不同，可称为窝、沟、切迹、裂孔和窦等。

（五）骨连结

骨与骨之间的连结部位称为骨连结。骨连结可分为直接连结和间接连结两种。

1. 直接连结 直接连结是指骨和骨之间借助结缔组织相连。这种连结方式中间没有腔隙。因此，活动范围很小，甚至不能活动。根据连结组织的不同又分为以下三种类型。

（1）纤维连结。借助纤维结缔组织相连。这种连结牢固，一般无活动性。

（2）软骨连结。借软骨组织相连，基本不能活动。软骨连结有两种类型：一种是透明软骨，如蝶骨与枕骨的结合、长骨的骨干与骨端间的骺软骨等，到老龄时骨化为骨性结合；另一种为纤维软骨，这种连结终生不骨化，如椎间盘。

（3）骨性结合。两骨相对面以骨组织连结，完全不能运动。如髂骨、坐骨和耻骨之间的结合。

2. 间接连结 间接骨连结亦称滑膜连结，简称关节，构造较复杂，可进行灵活运动。

（1）关节的基本结构。动物体各个关节虽构造形式多种多样，但均由关节面、关节软骨、关节囊、关节腔等基本结构组成（图2-2）。

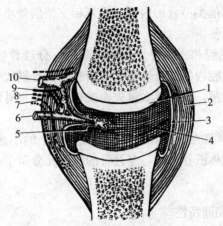

图2-2 关节构造模式图
1. 关节软骨 2. 关节囊的纤维层 3. 关节囊的滑膜层
4. 关节腔 5. 滑膜绒毛 6. 动脉
7、8. 感觉神经纤维 9. 植物性神经（交感神经
节后纤维） 10. 静脉
（肖传斌. 动物解剖学及组织胚胎学. 2001）

①关节面。是骨与骨相接触的面，致密而光滑，表面附有关节软骨。

②关节软骨。是附着在关节面上的一层透明软骨，光滑且具有弹性和韧性，可减少运动时的震动和摩擦。

③关节囊。包在关节周围的结缔组织囊，分内外两层。外层为纤维层，厚而坚韧，有保护和连接作用；内层为滑膜层，紧贴于纤维层内面，薄而柔软，有丰富的血管，能分泌滑液。

④关节腔。是关节软骨与关节囊之间的密闭腔隙，内有少量滑液，有润滑关节，缓冲震动及营养关节的作用。

（2）关节的辅助结构。是适应关节的功能形成的结构，只见于某些关节或多数关节，并非各关节都有。主要包括韧带、关节盘和关节唇。

①韧带。由致密结缔组织构成，分囊外和囊内韧带，见于多数关节。它们有增强关节稳定性的作用。

②关节盘。是位于关节面之间的纤维软骨板。它可使关节吻合一致，有扩大运动范围和缓冲震动的作用，如椎间盘、半月板等。

③关节唇。为附着在关节窝周围的纤维软骨环。可加深关节窝，扩大关节面，增强关节稳定性，如肩臼和髋臼周围的唇软骨。

（3）关节的运动。关节的运动主要是根据其运动轴方向分为屈、伸运动，内收、外展运动，旋转运动和滑动等。

（4）关节的类型。按组成关节的骨的数目，可将其分为单关节和复关节。单关节由相邻两骨构成，如肩关节；复关节由两块以上的骨构成，如腕关节。根据关节运动轴的多少，可分成单轴关节、双轴关节和多轴关节。

（六）动物体全身骨骼的划分

动物体全身的骨骼分为中轴骨和四肢骨。中轴骨又可分为头骨和躯干骨；四肢骨包括前肢骨和后肢骨（图2-3）。

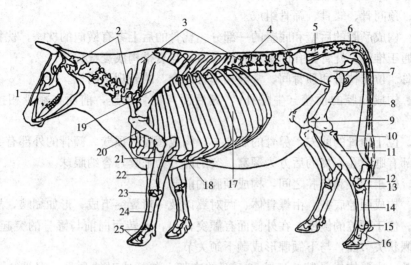

图2-3 牛的全身骨骼
1.头骨 2.颈椎 3.胸椎 4.腰椎 5.荐骨 6.尾椎 7.髋骨 8.股骨
9.髌骨 10.腓骨 11.胫骨 12.跗骨 13.跖骨 14.跖骨 15.近籽骨 16.趾骨
17.肋骨 18.胸骨 19.肩胛骨 20.臂骨 21.尺骨 22.桡骨 23.腕骨
24.掌骨 25.指骨
（马仲华．家畜解剖学及组织胚胎学．第三版．2001）

二、全身骨骼的组成

（一）头部骨骼

1. 头骨 头骨由扁骨和不规则骨构成，分颅骨和面骨两部分（图2-4）。

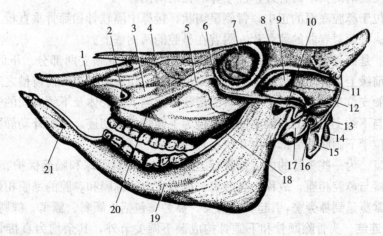

图2-4 牛的头骨（侧面）
1.切齿骨 2.眶下孔 3.上颌骨 4.鼻骨 5.颧骨 6.泪骨 7.眶窝 8.额骨
9.下颌骨冠状突 10.下颌髁 11.顶骨 12.颞骨 13.枕骨 14.枕髁
15.颈静脉突 16.外耳道 17.颞骨岩部 18.腭骨 19.下颌支 20.面结节 21.颏孔
（肖传斌．动物解剖学及组织胚胎学．2001）

(1) 颅骨。位于头的后上方，构成颅腔和听觉的支架，由成对的额骨、顶骨、颞骨和不成对的枕骨、顶间骨、蝶骨、筛骨组成。

①枕骨。构成颅腔的后壁和底壁的一部分。枕骨的后上方有横向的枕嵴，枕骨的后下方有枕骨大孔通于椎管，枕骨大孔的两侧有枕骨髁，与寰椎构成寰枕关节。

②顶间骨。位于枕骨和顶骨间，常与相邻骨结合，故外观不明显。

③顶骨。构成颅腔的顶壁（牛除外），其后面与枕骨相连，前面与额骨相接，两侧为颞骨。

④额骨。位于顶骨的前方，鼻骨的后上方，构成颅腔的顶壁。额骨的外部有突出的眶上突，突的基部有眶上孔，突的后方为颞窝；突的前方为眶窝，容纳眼球。

⑤筛骨。位于颅腔和鼻腔之间，构成颅腔的前壁。

⑥蝶骨。构成颅腔底壁。由蝶骨体、两对翼以及一对翼突组成，形如蝴蝶，故称蝶骨。

⑦颞骨。位于颅腔的侧壁，在外侧面有颧突伸出，并转而向前与颧骨的突起合成颧弓。颧突根部有髁状关节面，与下颌髁形成颞下颌关节。

(2) 面骨。主要构成鼻腔、口腔和面部的支架。包括成对的鼻骨、泪骨、颧骨、上颌骨、颌前骨、腭骨和翼骨；不成对的犁骨、下颌骨和舌骨。

①上颌骨。构成鼻腔的侧壁、底壁和口腔的上壁。它向内侧伸出水平的腭突，将鼻腔与口腔分隔开。齿槽缘上具有臼齿齿槽，前方无齿槽的部分，称齿槽间缘。骨的外面有面嵴和眶下孔。

②颌前骨。位于上颌骨前方，构成鼻腔的侧壁及口腔顶壁的前部。

③鼻骨。位于额骨的前方，构成鼻腔顶壁。

④泪骨。位于眼眶的前部、上颌骨后背侧，构成眼眶的前部。

⑤颧骨。位于泪骨腹侧。下部有面嵴，并向后方伸出颧突，延伸形成颧弓。

⑥腭骨。位于上颌骨内侧的后方，形成鼻后孔的侧壁与硬腭的后部。

⑦翼骨。是成对的狭窄薄骨片，位于鼻后孔的两侧。

⑧犁骨。位于鼻腔底面的正中，背侧呈沟状，接鼻中隔软骨和筛骨垂直板。

⑨鼻甲骨。是两对卷曲的薄骨片，附着在鼻腔的两侧壁上。

⑩下颌骨。是面骨中最大的一块骨，分为下颌骨体和下颌支两部分。下颌骨体位于前方，骨体厚，前缘上方有切齿齿槽，后方有臼齿齿槽，切齿齿槽和臼齿齿槽之间的平滑区为齿槽间缘。下颌支位于后方，呈上下垂直的板状。两侧下颌骨体及下颌支间的空隙为下颌间隙。下颌骨体与下颌支交界的腹侧略凹的部位为下颌骨血管切迹，供颌外动静脉通过。

⑪舌骨。位于下颌间隙后部，由几枚小骨片组成。

(3) 鼻旁窦。为一些头骨的内、外骨板之间的腔洞，对眼球和脑起保护、隔热的作用，因其直接或间接与鼻腔相通，故称为鼻旁窦。鼻旁窦内的黏膜和鼻腔的黏膜相延续，当鼻腔黏膜发炎时，常蔓延到鼻旁窦，引起鼻旁窦炎。鼻旁窦包括上颌窦、额窦、蝶腭窦和筛窦等。

2. 头骨的连结 头骨除颞骨和下颌骨构成颞下颌关节外，其余均为直接骨连结。颞下颌关节由颞髁和下颌髁构成，两关节面间垫有软骨垫（关节盘），关节囊外有侧韧带。

（二）躯干骨骼

躯干骨包括椎骨、肋骨和胸骨。

1. 躯干骨

（1）椎骨。按其位置分为颈椎、胸椎、腰椎、荐椎和尾椎。所有的椎骨按从前到后的顺序排列，由软骨、关节和韧带连接一起形成动物体的中轴，称为脊柱。

①椎骨的一般构造。各部位椎骨的形态构造虽然不同，但都由椎体、椎弓和突起三部分构成（图2-5）。椎体位于腹侧，圆柱状，前端凸出为椎头，后端凹窝为椎窝。椎弓位于椎体背侧，是拱形的骨板，它与椎体共同围成椎孔。所有椎骨的椎孔按前后序列连接在一起形成一个连续的管道称为椎管，容纳脊髓。椎弓的前缘和后缘两侧各有一个切迹，相邻的椎间切迹合成椎间孔。它是神经和血管出入椎管的通道。从椎弓背侧向上伸出的突起称为棘突。从两侧横向伸出的突起称为横突。棘突和横突主要供肌肉和韧带附着。椎弓背侧前缘和后缘各有一对前、后关节突，它们与相邻椎骨的关节突构成关节。

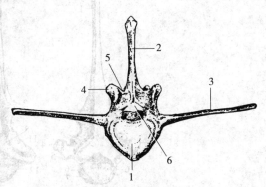

图2-5 椎骨的构造
1. 椎头 2. 棘突 3. 横突 4. 前关节突
5. 后关节突 6. 椎孔
（朱金凤．动物解剖．2007）

②各段椎骨形态特征。各椎骨因所执行的机能及所在部位的不同，其形态结构略有差异。

颈椎：颈椎7个。第1颈椎呈环状又称寰椎（图2-6），第2颈椎又称枢椎（图2-7），第3~6颈椎形态结构相似，第7颈椎与胸椎相似。

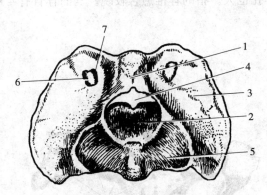

图2-6 牛的寰椎
1. 背侧弓 2. 腹侧弓 3. 寰椎翼 4. 椎孔
5. 鞍状关节面 6. 翼孔 7. 椎外侧孔
（杨维泰．家畜解剖学．1993）

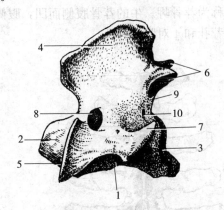

图2-7 牛的枢椎
1. 椎体 2. 齿突 3. 椎窝
4. 棘突 5. 鞍状关节面 6. 后关节突
7. 横突 8. 椎外侧孔 9. 椎后切迹 10. 横突孔
（杨维泰．家畜解剖学．1993）

胸椎：牛、羊13个，猪14~16个，马18个。椎体大小较一致，棘突发达（图2-8），以3~5胸椎的棘突最高。横突小，有小关节面与肋骨结节成关节。

腰椎：牛和马6个，猪和羊6~7个，驴和骡常为5个。腰椎椎体长度与胸椎相近，棘突和横突均较发达。牛的腰椎横突较长（图2-9）。

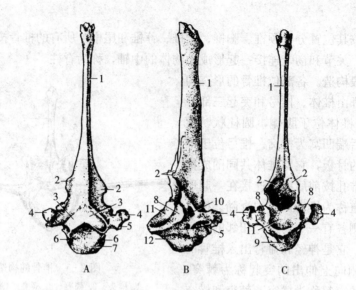

图2-8 水牛的第4胸椎
A. 前面观 B. 侧面观 C. 后面观
1. 棘突 2. 后关节突 3. 前关节突 4. 横突 5. 横突肋凹
6. 前肋凹 7. 椎头 8. 后肋凹 9. 椎体
10. 椎外侧孔 11. 椎窝 12. 椎体
（杨维泰. 家畜解剖学. 1993）

荐椎：牛、马5个，羊、猪4个。是构成骨盆腔顶壁的基础。成年动物的荐椎愈着在一起，称为荐骨（图2-10）。其前端两侧的突出部称为荐骨翼。第一荐椎椎体腹侧缘前端的突出部称为荐骨岬。牛的荐骨腹侧面凹，腹侧荐孔也大。猪的荐椎愈合较晚。马的荐骨有4对背侧荐孔和4对腹侧荐孔。

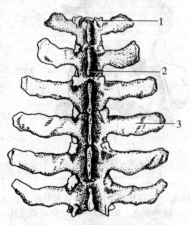

图2-9 牛的腰椎（背侧面观）
1. 前关节突 2. 棘突 3. 横突
（马仲华. 家畜解剖学及组织胚胎学.
第三版, 2001）

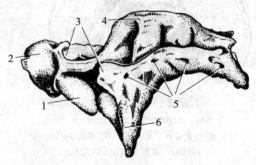

图2-10 牛的荐骨
1. 椎头 2. 荐骨翼 3. 前关节突 4. 棘突
5. 荐背侧孔 6. 耳状关节面
（马仲华. 家畜解剖学及组织胚胎学. 第三版. 2001）

尾椎：数目变化大，牛有18～20个，羊有3～24个，猪有20～23，马14～21个。除前3~4个尾椎具有椎骨的一般构造外，其余皆退化，仅保留有椎体。

（2）肋。肋包括肋骨和肋软骨（图2-11）。肋骨是弓形长骨，构成胸廓的侧壁，左、右成对。其对数与胸椎数目相同：牛、羊13对，猪14~16对，马18对。肋骨的椎骨端有肋骨小头和肋骨结节，分别与相应的胸椎椎体和横突成关节。相邻肋骨间的空隙称为肋间隙。每一肋骨的下端接一肋软骨。肋软骨与胸骨直接相接的肋骨称真肋，其余肋骨的肋软骨不与胸骨直接相连，而是连于前一肋软骨上，这些肋骨称为假肋。最后肋骨与各假肋的肋软骨依次连接形成的弓形结构称为肋弓，作为胸廓的后界。

（3）胸骨。胸骨位于胸底部，由数个胸骨节片借软骨连结而成（图2-11）。其前端为胸骨柄；中部为胸骨体，两侧有肋窝，与真肋的肋软骨相接；后端为剑状软骨。

（4）胸廓。由胸椎、肋、胸骨共同构成，呈前小后大的截顶锥形。胸前口呈上宽下窄的椭圆形，由第1胸椎、第1对肋骨和胸骨柄围成；胸后口大，向前下倾斜，由最后一块胸椎、最后一对肋骨及剑状软骨围成。

2. 躯干骨的连结 躯干骨的连结包括脊柱连结和胸廓连结。

（1）脊柱连结。脊柱连结主要包括椎体间连结和椎弓间连结。

①椎体间连接。相邻椎体间借韧带和纤维软骨盘相连（图2-12）。主要韧带除相邻椎体间短韧带外，还有位于椎管底壁的背侧纵韧带和位于椎体及椎间盘腹侧的腹侧纵韧带。

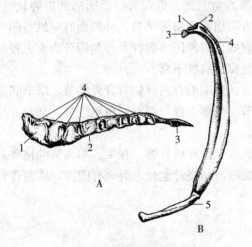

图2-11 牛的胸骨和肋
A. 胸骨 1. 胸骨柄 2. 胸骨体
3. 剑状软骨 4. 肋窝
B. 肋 1. 肋颈 2. 肋结节 3. 肋头
4. 肋骨 5. 肋软骨
（杨维泰. 家畜解剖学. 1993）

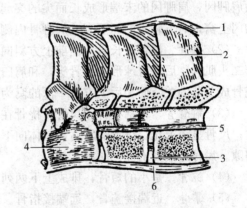

图2-12 胸腰椎的椎间连结
1. 棘上韧带 2. 棘间韧带 3. 椎间盘
4. 椎体 5. 背侧纵韧带 6. 腹侧纵韧带
（肖传斌. 动物解剖学及组织胚胎学. 2001）

②椎弓间连接。包括关节突和棘突间连接，相邻的关节突或棘突借助短的韧带和关节囊相连。此外还有长的棘上韧带和项韧带。棘上韧带由枕骨伸延到荐骨，连于多数棘突顶端。在颈部，棘上韧带强大而富有弹性，称为项韧带，它由索状部和板状部组成（图2-13）。

（2）胸廓连接。包括肋椎关节和肋胸关节。肋椎关节是每一肋骨与相应胸椎构成的关节，包括肋骨小头与胸椎椎体上肋窝之间的关节和肋骨结节与胸椎横突形成的关节。肋胸关

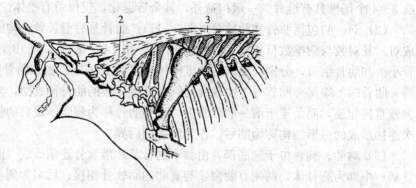

图 2-13 牛的项韧带
1. 索状部 2. 板状部 3. 棘上韧带
(肖传斌. 动物解剖学及组织胚胎学. 2001)

节由真肋的肋软骨与胸骨两侧的关节窝形成的关节。

(三)前肢骨骼

1. 前肢骨 包括肩胛骨、臂骨、前臂骨、腕骨、掌骨、指骨、籽骨(图2-14)。

(1) 肩胛骨。为三角形扁骨,斜位于胸廓两侧的前上部。近端有一半圆形的肩胛软骨。远端较粗,腹侧有一浅的关节窝为肩臼,肩臼前方突出部为肩胛结节。外侧面有一纵行的脊为肩胛冈,肩胛冈的末端形成长而尖的突起,称肩峰。肩胛冈将肩胛骨外侧面分为前方较小的冈上窝,后方较大的冈下窝。肩胛骨内侧面的浅窝为肩胛下窝。

(2) 臂骨。属管状长骨,由前上方斜向后下方。近端前方内外侧有臂骨结节,结节间是臂二头肌沟。后方有球形的臂骨头,和肩臼成关节。骨体上部外侧有三角肌结节,远端有与桡骨成关节的关节面,后上方有一深的窝为肘窝。

(3) 前臂骨。包括桡骨和尺骨,桡骨在前内侧,尺骨在后外侧。在牛、羊和马的桡骨发达;尺骨显著退化,仅近端发达,骨体向下逐渐变细,与桡骨愈合,近侧有间隙,称前臂骨间隙。尺骨近端突出部称肘突。

(4) 腕骨。是小的短骨,排成上下两列。

(5) 掌骨。近端接腕骨,远端接指骨。

(6) 指骨。指骨包括系骨、冠骨和蹄骨。

(7) 籽骨。一般每指节有3枚籽骨。

2. 前肢关节 前肢的肩胛骨与躯干不形成关节,而是通过肌肉连结。前肢其余各骨之间均形成关节,前肢关节由上向下依次包括肩关节、肘关节、腕关节和指关节。

(1) 肩关节。由肩胛骨的肩臼和臂骨头构成,为多轴单关节。

(2) 肘关节。是由臂骨远端和前臂骨近端构成的单轴复关节。

(3) 腕关节。由桡骨远端、近列和远列腕骨以及掌骨近端构成的单轴复关节。

(4) 指关节。包括系关节、冠关节和蹄关节。

①系关节。由掌骨远端、系骨近端和一对近籽骨组成。

②冠关节。由系骨远端和冠骨近端构成。

③蹄关节。由冠骨与蹄骨及远籽骨构成。

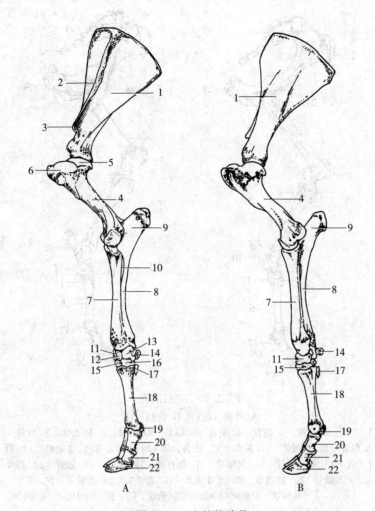

图 2-14 牛的前肢骨
A. 外侧面（左） B. 内侧面（右）
1. 肩胛骨 2. 肩胛冈 3. 肩峰 4. 臂骨 5. 臂骨头 6. 外侧结节 7. 桡骨
8. 尺骨 9. 肘突 10. 前臂骨间隙 11. 桡腕骨 12. 中间腕骨 13. 尺腕骨
14. 副腕骨 15. 第2、3腕骨 16. 第4腕骨 17. 第5掌骨 18. 大掌骨
19. 近籽骨 20. 系骨 21. 冠骨 22. 蹄骨
（马仲华．家畜解剖学及组织胚胎学．第三版．2002）

（四）后肢骨骼

1. 后肢骨 后肢骨包括髋骨、股骨、膝盖骨、小腿骨和后脚骨（图 2-15）。

（1）髋骨。由髂骨、坐骨和耻骨结合而成（图 2-16）。三块骨在外侧中部结合处形成髋臼。

①髂骨。髂骨为三角形扁骨，分为前宽的髂骨翼和后窄的髂骨体两部分。翼的背外侧面为臀肌面，腹侧面为骨盆面，骨盆面上有一粗糙的耳状关节面，与荐骨的耳状关节面成关节。翼的前外侧角为髋结节，内侧角为荐结节。髂骨体呈三棱柱形，向后下与耻骨、坐骨共同构成的杯状关节窝为髋臼，与股骨头成关节。

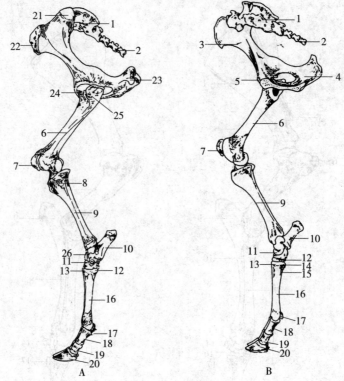

图 2-15 牛后肢骨
A. 外侧（左） B. 内侧（右）
1. 荐骨 2. 尾椎 3. 髂骨 4. 坐骨 5. 耻骨 6. 股骨 7. 膝盖骨 8. 腓骨 9. 胫骨 10. 腓跗骨 11. 距骨 12. 中央、第4跗骨 13. 第2、3跗骨 14. 第1跗骨 15. 第2跖骨 16. 大跖骨 17. 近籽骨 18. 系骨 19. 冠骨 20. 蹄骨 21. 荐结节 22. 髋结节 23. 坐骨结节 24. 股骨头 25. 大转子 26. 踝骨
（马仲华.家畜解剖学及组织胚胎学.第三版.2002）

②坐骨。为不正的四边形，位于后下方，构成骨盆底的后部。左、右坐骨的后缘连成坐骨弓。弓的两端突出是坐骨结节。两侧坐骨内侧缘结合在一起，称坐骨联合。

③耻骨。位于前下方，构成骨盆底的前部。两侧耻骨内侧缘由软骨结合形成耻骨联合。坐骨和耻骨共同围成闭孔。

骨盆是由两侧髋骨、背侧的荐骨和前4个尾椎、两侧的荐结节阔韧带共同围成的前宽后窄的圆锥形结构。耻骨联合和坐骨联合统称为骨盆联合。雌性动物骨盆的底壁平而宽，雄性动物则较窄。

(2) 股骨。为管状长骨，由后上方斜向前下方，股骨近端内侧有球形的股骨头，外侧粗大的突起为大转子。远端粗大，前形成滑车状关节

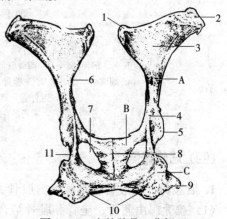

图 2-16 牛的髋骨（背侧面）
A. 髂骨 B. 耻骨 C. 坐骨
1. 荐结节 2. 髋结节 3. 髂骨臀面 4. 坐骨棘 5. 髋臼 6. 髂骨内侧缘 7. 闭孔 8. 骨盆联合 9. 坐骨结节 10. 坐骨弓 11. 坐骨小切迹
（朱金凤.动物解剖.2007）

面，后为股骨髁，分别与膑骨、胫骨成关节。

（3）膝盖骨。位于股骨远端的前方，呈顶端向下的楔形，与股骨滑车关节面形成关节。

（4）小腿骨。包括胫骨和腓骨。胫骨位于内侧，较大。腓骨细小，位于胫骨近端外侧，腓骨近端较大，称腓骨头，远端细小。在牛、羊腓骨明显退化，仅有两端，无骨体。猪的腓骨发达。

（5）跗骨。由数块短骨构成，位于小腿骨和跖骨之间。

（6）跖骨。与前肢掌骨相似，但较细长。

（7）趾骨。分系骨、冠骨和蹄骨。与前肢指骨相似。

（8）籽骨。籽骨3枚，位置、形态与前肢籽骨相似。

2. 后肢关节 后肢关节由上至下包括荐髂关节、髋关节、膝关节、跗关节和趾关节。

（1）荐髂关节。由荐骨翼和髂骨的耳状关节面构成，关节面不平整，周围有短而强的关节囊，并有一层短的韧带加固。因此，荐髂关节运动范围很小。

（2）髋关节。由髋臼和股骨头构成的多轴关节。关节角在前方，关节囊宽松。

（3）膝关节。为单轴复关节，包括股胫关节和股膝关节。

①股膝关节。由膝盖骨和股骨远端前部滑车关节面组成。

②股胫关节。由股骨远端后部的内外侧髁与胫骨近端构成。其间有两个半月状软骨板。除有侧韧带外，关节中央还有一对交叉的十字韧带，连结股骨和胫骨。

（4）跗关节。又称飞节，由小腿骨远端、跗骨和跖骨近端构成的单轴复关节。

（5）趾关节。分为系关节、冠关节和蹄关节。其构造与前肢指关节相同。

第二节 骨 骼 肌

一、骨骼肌概述

运动系统的肌肉由横纹肌组织构成，它们附着于骨骼上，又称为骨骼肌。

（一）肌肉的构造

全身的每一块肌肉都是一个肌器官，均由肌腹和肌腱构成（图2-17）。

1. 肌腹 是有收缩能力的部分，由横纹肌纤维借结缔组织结合而成。肌纤维是肌肉的实质部分，结缔组织则为间质成分。由结缔组织把肌纤维先集合成小肌束，再集合成大的肌束，然后集合成肌肉块。包于肌肉块外的结缔组织称肌外膜，包在肌束外的称肌束膜，包在肌纤维外的称肌内膜。间质内有血管、神经、脂肪，对肌肉起联系、支持和营养作用。

2. 肌腱 由致密结缔组织构成，它借肌内膜连接在肌纤维的端部或肌腹中，故有的肌肉块的肌腱位于两端，有

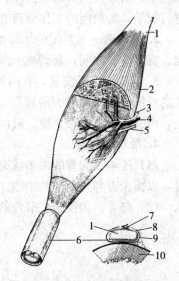

图2-17 肌腱和腱鞘结构示意图
1. 腱 2. 肌腹 3. 动脉 4. 静脉
5. 神经 6. 腱鞘 7. 腱鞘系膜
8. 滑膜层 9. 纤维层 10. 骨的断面
（杨维泰. 家畜解剖学. 1993）

的位于中间或某一部位。纺锤形或长肌的肌腱多呈圆索状，阔肌的腱多呈薄膜状。肌腱没有收缩能力。

（二）肌肉的形态

肌肉由于位置和机能不同，而有不同的形态，一般可分为纺锤形肌、多裂肌、板状肌和环形肌四种。

（三）肌肉的起止点

肌肉一般是以其两端附着于骨骼，中间可能越过一个或几个关节。当其收缩时，位置不动的一端称起点，引起骨骼移动的一端称止点。当活动改变时，起止点也可发生变化。

（四）肌肉的种类及命名

肌肉一般按作用、形态、位置、结构、起止点及肌纤维方向等特征命名。有的以单一特征命名，如按起止点命名的臂头肌、胸头肌；有的以几个特征综合命名，如腕桡侧伸肌、腹外斜肌等。肌肉按其收缩时所产生的结果不同分为伸肌、屈肌、内收肌、外展肌、旋肌、张肌、括约肌等。

（五）肌肉的辅助器官

肌肉的辅助器官包括筋膜、黏液囊、腱鞘、滑车和籽骨。

1. 筋膜 分浅筋膜和深筋膜。浅筋膜位于皮下，由疏松结缔组织构成，覆盖在整个肌肉表面。有些部位的浅筋膜中有皮肌，营养良好的动物在浅筋膜内蓄积脂肪。深筋膜位于浅筋膜下，由致密结缔组织构成，致密而坚韧，可固定肌肉的位置，使肌肉或肌群能够单独的进行收缩，为肌肉的工作创造有利条件。

2. 黏液囊 是封闭的结缔组织囊。壁内衬有滑膜，腔内有滑液。多位于骨的突起与肌肉、腱和皮肤之间，起到减少摩擦的作用。

3. 腱鞘 呈长筒状，有内外两层结构：外层为纤维层，厚而坚固，由深筋膜增厚而形成的纤维管道；内层为滑膜层，分壁层和脏层，壁层紧贴在纤维层的内面，脏层紧包在腱上，由壁层折转而来，壁、脏两层间有少量的滑液，可减少腱活动时的摩擦。

4. 滑车和籽骨

（1）滑车。为骨的滑车状突起，上有腱通过的沟，表面覆有软骨，与腱之间常垫有黏液囊，以减少腱与骨之间的摩擦。

（2）籽骨。为位于关节角的小骨，有改变肌肉作用力的方向及减少摩擦的作用。

二、全身肌肉的分布

根据所在部位不同，可将肌肉分为头部肌肉、躯干肌肉、前肢肌肉和后肢肌肉（图2-18）。另外在头、颈等部位还有皮肌。

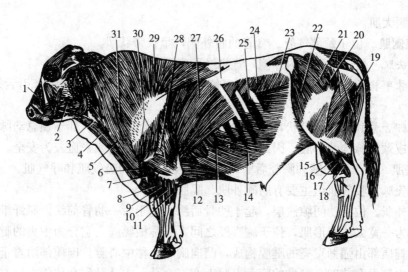

图 2-18 牛体浅层肌

1. 鼻唇提肌 2. 咬肌 3. 颈静脉 4. 胸头肌 5. 臂头肌 6. 臂肌 7. 腕桡侧伸肌 8. 指内侧伸肌 9. 指总伸肌 10. 指外侧伸肌 11. 腕尺侧伸肌 12. 胸升肌 13. 胸腹侧锯肌 14. 腹外斜肌 15. 腓骨第 3 肌 16. 腓骨长肌 17. 趾外侧屈肌 18. 趾深屈肌 19. 半腱肌 20. 臀骨二头肌 21. 臀中肌 22. 阔筋膜张肌 23. 腹内斜肌 24. 后背侧锯肌 25. 肋间外肌 26. 背腰筋膜 27. 背阔肌 28. 臂三头肌 29. 斜方肌 30. 三角肌 31. 肩胛横突肌

（肖传斌. 动物解剖学及组织胚胎学. 2001）

（一）皮肌

皮肌是分布于浅筋膜内的薄板状肌。只分布于面部、颈部、肩臂部和胸腹部。皮肌收缩时，可使皮肤震动，以驱赶蚊蝇和抖掉皮肤上的灰尘。

（二）头部肌

头部肌分为面部肌和咀嚼肌。面部肌位于口和鼻腔周围，主要有鼻唇提肌、上唇固有提肌、鼻翼开肌、下唇降肌、口轮匝肌和颊肌。咀嚼肌包括闭口肌（咬肌、颞肌和翼肌）和开口肌（枕颌肌和二腹肌）。

（三）躯干肌

躯干肌包括脊柱肌、颈腹侧肌、胸壁肌和腹壁肌。

1. 脊柱肌 指支配脊柱活动的肌肉。分为脊柱背侧肌群和脊柱腹侧肌群。

（1）脊柱背侧肌群。是最发达的肌群，主要有以下两块大的肌肉：

①背最长肌。为全身最长的肌肉，呈三棱形，位于胸、腰椎棘突与横突和肋骨椎骨端所形成的夹角内。自髂骨、荐骨向前，延伸至颈部。

②髂肋肌。位于背最长肌腹外侧，狭长分节，由一系列斜向前下方的肌束组成。它与背最长肌之间形成髂肋肌沟，沟内有针灸穴位。

（2）脊柱腹侧肌群。不发达。主要是位于颈椎、腰椎腹侧的一些肌群。腰椎腹侧的主要

有腰小肌和腰大肌。

2. 颈腹侧肌 位于颈部气管、食管的腹外侧，呈长带状肌。

(1) 胸头肌。位于颈下部的外侧，背侧缘形成颈静脉沟的下界。

(2) 胸骨甲状舌骨肌。位于气管的腹侧，扁平带状，作用为向后牵引舌和喉，以助吞咽。

(3) 肩胛舌骨肌。呈薄带状，位于颈侧臂头肌的深面，在颈前部于颈总动脉和颈静脉之间穿过，形成颈静脉沟的沟底。因此，在颈前部进行静脉注射或采血较为安全。

3. 胸壁肌 位于胸侧壁和胸腔后壁。参与呼吸，可分为吸气肌和呼气肌。

(1) 吸气肌。吸气肌组主要有肋间外肌、膈肌等。

①肋间外肌。位于肋间隙浅层，起于肋骨后缘，止于后一肋骨前缘，肌纤维向后下方。

②膈。为一宽大的圆形肌，位于胸腹腔之间，又称横膈膜。它分为中央的腱质部和周围的肉质部。腱质部由强韧发亮的腱膜构成，凸向胸腔，称中心腱。肉质部附着于剑状软骨背侧面、肋的内侧面及前四个腰椎的腹面。膈上有三个孔：主动脉裂孔位于左、右膈脚间；食管裂孔位于右膈脚中；腔静脉孔位于中心腱处。

(2) 呼气肌。主要为肋间内肌，肋间内肌位于肋间外肌的深面，肌纤维斜向前下，起于后一肋骨前缘，止于前一肋骨后缘。

4. 腹壁肌 构成腹侧壁和腹底壁，由四层纤维方向不同的板状肌构成，其表面覆盖有腹壁筋膜。在牛和马等草食动物，腹壁肌外包的深筋膜含有大量的弹性纤维，呈黄色，称为腹黄膜。它可加强腹壁的强韧性。其深部的腹壁肌自浅至深分别有腹外斜肌、腹内斜肌、腹直肌和腹横肌。

(1) 腹外斜肌。为腹壁肌最外层，位于腹黄膜的深面，以锯齿状自第5至最后肋骨的外侧面起始，肌纤维由前上方斜向后下方，在肋弓下约一掌处变为腱膜，止于腹白线。

(2) 腹内斜肌。位于腹外斜肌深面，其肌质部起自髋结节，呈扇形向前下方扩展，逐渐变为腱膜，止于耻前腱、腹白线及最后几个肋软骨的内侧面。

(3) 腹直肌。为一宽带状肌，左、右二肌并列于腹腔底的白线两侧，肌纤维纵行，有数条横向的腱划将肌纤维分成数段。腹直肌起于胸骨及肋软骨，止于耻骨前缘。

(4) 腹横肌。是腹壁的最内层肌，起自腰椎横突及假肋下端的内侧面，肌纤维横行，走向内下方，以腱膜止于腹白线。

(5) 腹股沟管。位于腹股沟部，是腹外斜肌、腹内斜肌之间的楔形裂隙。是胎儿时期睾丸及副睾从腹腔下降到阴囊的通道。腹股沟管的内口通腹腔，称腹环，由腹内斜肌的后缘及腹股沟韧带围成；外口通皮下，称为皮下环。

(四) 前肢主要肌肉

前肢肌肉按部位可分为肩带肌、肩部肌、臂部肌、前臂部肌和前脚部肌（图2-19、图2-20）。

1. 肩带肌 肩带肌是连接前肢与躯干的肌肉。主要包括斜方肌、菱形肌、背阔肌、臂头肌、胸肌和腹侧锯肌。牛、羊、猪还有肩胛横突肌。

(1) 斜方肌。为三角形薄板状肌，位于肩颈上部浅层，可分为颈斜方肌和胸斜方肌。

(2) 菱形肌。位于斜方肌和肩胛软骨的深面，也分为颈、胸两部分。

(3) 背阔肌。为一块三角形大板状肌,位于胸侧壁的上部。

(4) 臂头肌。位于颈侧部浅层,长带状处,自头伸延到臂部。它形成颈静脉沟的上界。

(5) 肩胛横突肌。前部位于臂头肌深面,后部位于颈斜方肌与臂头肌之间。

(6) 胸肌。位于臂和前臂内侧与胸骨之间。分为胸前浅肌、胸后浅肌、胸前深肌和胸后深肌。

(7) 腹侧锯肌。位于颈、胸部的外侧面,为一宽大的扇形肌,下缘呈锯齿状。

2. 肩部肌 肩部肌分布于肩胛骨的内侧及外侧面,起自肩胛骨,止于臂骨,跨越肩关节。可分为外侧组和内侧组。

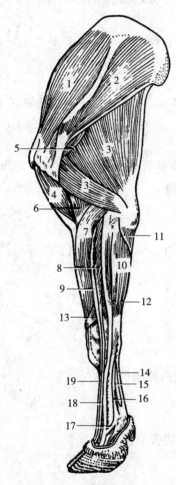

图2-19 牛前肢肌(外侧)
1. 冈上肌 2. 冈下肌 3. 臂三头肌 4. 臂二头肌 5. 小圆肌 6. 臂肌 7. 腕桡侧伸肌 8. 指总伸肌 9. 指内侧伸肌 10. 腕尺侧伸肌 11. 指深屈肌尺骨头 12. 指外侧伸肌 13. 腕斜伸肌 14. 指浅屈肌腱 15. 指深屈肌腱 16. 悬韧带 17. 悬韧带的分支 18. 指总伸肌腱 19. 指内侧深肌腱
(肖传斌.动物解剖学及组织胚胎学.2001)

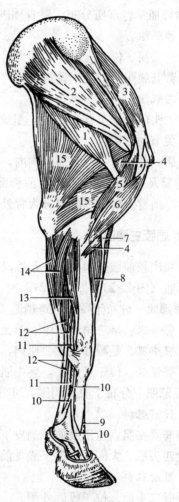

图2-20 牛前肢肌(内侧)
1. 大圆肌 2. 肩胛下肌 3. 冈上肌 4. 臂肌 5. 喙臂肌 6. 臂二头肌 7. 臂二头肌纤维索 8. 腕桡侧伸肌 9. 指内侧伸肌 10. 悬韧带及其分支 11. 指深屈肌腱 12. 指浅屈肌腱 13. 腕桡侧屈肌 14. 腕尺侧屈肌 15. 臂三头肌
(肖传斌.动物解剖学及组织胚胎学.2001)

(1) 外侧组。

①冈上肌。位于肩胛骨冈上窝内。

②冈下肌。位于肩胛骨冈下窝内，一部分被三角肌覆盖。

③三角肌。位于冈下肌的外面，呈三角形。

④小圆肌。较小，呈短索状或楔状，位于三角肌肩胛部的深面。

(2) 内侧组。

①肩胛下肌。位于肩胛骨内侧面。

②大圆肌。呈长梭形，位于肩胛下肌后方。

3. 臂部肌 臂部肌分布于臂骨周围。伸肌组位于臂骨后方，屈肌组在臂骨前方。

(1) 伸肌组。

①臂三头肌。位于肩胛骨和臂骨后方的夹角内，呈三角形。

②前臂筋膜张肌。位于臂三头肌的后缘及内侧面。

(2) 屈肌组。

①臂二头肌。位于臂骨前面，呈圆柱状（牛）或纺锤形（马），主要作用是屈肘关节，也有伸肩关节的作用。

②臂肌。位于臂骨螺旋形肌沟内，作用为屈肘关节。

4. 前臂及前脚部肌 前臂及前脚部肌的肌腹分布于前臂骨的背侧、外侧和掌侧面，多为纺锤形。前臂及前脚部肌可分为背外侧肌群和掌内侧肌群。

(五) 后肢主要肌肉

后肢肌肉较前肢肌肉发达，是推动身体前进的主要动力。可分为臀部肌、股部肌、小腿和后脚部肌（图2-21、图2-22）。

1. 臀部肌 分布于臀部，跨越髋关节，止于股骨。

(1) 臀浅肌。呈三角形。牛、羊无此肌。

(2) 臀中肌。是臀部的主要肌肉，大而厚。

(3) 臀深肌。位于最深层，臀中肌的下面。

2. 股部肌 分布于股骨周围，可分为股前、股后和股内侧肌群。

(1) 股前肌群。

①阔筋膜张肌。位于股前外侧皮下。

②股四头肌。大而厚，位于股骨前面及两侧，被阔筋膜张肌覆盖。

(2) 股后肌群。

①臀股二头肌。位于股后外侧。

②半腱肌。长而大，位于臀股二头肌后方。

③半膜肌。呈三棱形，位于半腱肌后内侧。

(3) 股内侧肌群。

①股薄肌。呈四边形，薄而宽，位于缝匠肌后方。

②耻骨肌。位于耻骨前下方。

③内收肌。呈三棱形，位于耻骨肌后面，半膜肌前，股薄肌深面。

④缝匠肌。呈狭长带状，位于股内侧前部。

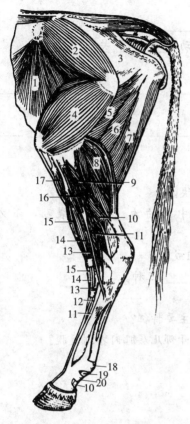 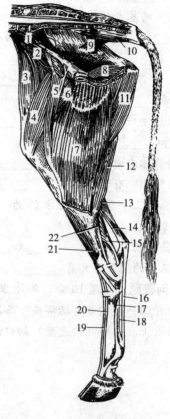

图 2-21 牛后肢肌（外侧）
（阔筋膜张肌和臀股二头已切除）
1. 腹内斜肌 2. 臀中肌 3. 荐结节阔韧带 4. 股四头肌 5. 内收肌 6. 半膜肌 7. 半腱肌 8. 腓肠肌 9. 比目鱼肌 10. 趾深屈肌及其腱 11. 指外侧伸肌及其腱 12. 趾短伸肌 13. 趾长深肌 14. 趾内侧伸肌及其腱 15. 腓骨第3肌及其腱 16. 腓骨长肌 17. 胫骨前肌 18. 跖趾关节跖侧环状韧带 19. 趾浅屈肌腱 20. 趾近侧环状韧带
（肖传斌．动物解剖学及组织胚胎学．2001）

图 2-22 牛后肢肌（内侧）
1. 腰小肌 2. 髂腰肌 3. 阔筋膜张肌 4. 股直肌 5. 缝匠肌 6. 耻骨肌 7. 股薄肌 8. 闭孔内肌 9. 尾骨肌 10. 荐尾腹侧腱 11. 半膜肌 12. 半腱肌 13. 腓肠肌 14. 趾浅屈肌 15. 趾深屈肌 16. 趾浅屈肌腱 17. 悬韧带 18. 趾深屈肌腱 19. 趾长伸肌腱 20. 趾内侧伸肌腱 21. 腓骨第3肌 22. 趾长屈肌
（肖传斌．动物解剖学及组织胚胎学．2001）

3. 小腿和后脚部肌 多为纺锤形肌，肌腹位于小腿部，作用于跗关节和趾关节。可分为背外侧肌群和跖侧肌群。

> 自测练习题

一、名词解释（每题4分，共计20分）
1. 腹白线 2. 副鼻窦 3. 脊柱 4. 骨盆 5. 关节盘

二、填空题（每题1.5分，共计60分）
1. 成年动物的骨髓有_____骨髓和_____骨髓两种；_____骨髓无造血功能，

主要由_____组织构成。

2. 关节的基本构造包括_____、_____、_____和_____四部分。

3. 由_____骨和_____骨构成头部唯一能活动的_____关节。

4. 牛有_____枚胸椎，_____对肋。

5. 前肢骨骼自上而下，包括_____、_____、_____、_____、_____、_____和_____。

6. 后肢关节自上而下，包括_____、_____、_____、_____、_____和_____。

7. 颈静脉沟由_____和_____两块肌肉构成。

8. 颈腹侧肌有_____、_____和_____三块。

9. 膈有三个裂孔：上方的为_____裂孔，中间的为_____裂孔，下方的为_____裂孔。

10. 每块肌肉都是由_____和_____两部分组成。

11. 肌肉的辅助器官有_____、_____和_____三种。

三、问答题（每题10分，共计20分）

1. 椎骨的一般构造包括哪些？各段椎骨各有哪些主要特征？

2. 临床上在髂部（软腹壁）切口做手术时，应切开哪几层肌肉才到腹膜？

第三章　被皮系统

被皮系统包括皮肤和皮肤的衍生物。皮肤衍生物包括蹄、枕、角、毛、乳腺、皮脂腺、汗腺等。

第一节　皮　肤

皮肤覆盖于动物体表，由复层扁平上皮和结缔组织构成，内含大量血管、淋巴管、汗腺及丰富的感受器。一般分为表皮、真皮和皮下组织三层（图3-1）。

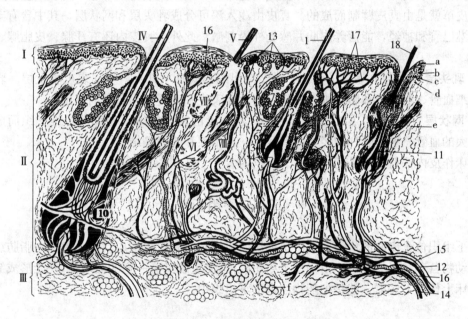

图3-1　皮肤结构的半模式图
Ⅰ.表皮　Ⅱ.真皮　Ⅲ.皮下组织　Ⅳ.触毛　Ⅴ.被毛　Ⅵ.毛囊　Ⅶ.皮脂腺　Ⅷ.汗腺
1.毛干　2.毛根　3.毛球　4.毛乳头　5.毛囊　6.根鞘　7.皮脂腺断面　8.汗腺的断面
9.竖毛肌　10.毛囊内的血窦　11.新毛　12.神经　13.皮肤的感受器　14.动脉　15.静脉
16.淋巴管　17.血管丛　18.脱落的毛
a.表皮角质层　b.颗粒层　c.生发层　d.真皮乳头层　e.网状层　f.皮下组织层内的脂肪组织
（马仲华．家畜解剖学及组织胚胎学．第三版．2001）

一、表　皮

位于皮肤最表层，由角化的复层扁平上皮构成，表皮内无血管和淋巴管，但有丰富的神经末梢。完整的表皮可分为四层，由浅向深依次为角质层、透明层、颗粒层和生

发层。

1. 角质层 位于表皮的最浅层，由几层到几十层扁平无核角质细胞组成，对酸、碱、摩擦等因素有较强的抵抗力。构成了最重要的保护屏障层。角质层的表面细胞常呈小片脱落，形成皮屑。

2. 透明层 位于角质层的深面，由2～3层无核的扁平细胞组成。

3. 颗粒层 位于生发层的浅部，由1～5层棱形细胞组成。

4. 生发层 是表皮的最底层，借基膜与深层的真皮相连。基底层细胞皆附在基底膜上，它是表皮中唯一可以分裂复制的细胞，并可以直接摄取微血管内的养分，以补充细胞分裂复制之所需。

二、真　皮

真皮位于表皮深层，是皮肤最厚也是最主要的一层，由致密结缔组织构成，坚韧且富有弹性，皮革就是由真皮鞣制而成的。真皮由浅入深可分成乳头层和网状层，其中含有丰富的血管、淋巴管和神经，能营养皮肤并感受外界刺激。此外，真皮内还有汗腺、皮脂腺、毛囊等结构。

1. 乳头层 紧接在表皮的深面，由结缔组织形成真皮乳头，突向表皮生发层。乳头层富有毛细血管、淋巴管和感觉神经末梢，起营养表皮和感受外界刺激的作用。

2. 网状层 位于乳头层的深面，较厚，由粗大的胶原纤维束和弹性纤维交织而成，其中有较大的血管、淋巴管和神经，并有汗腺、皮脂腺和毛囊等结构。

临床作皮内注射，就是把药物注入真皮内。

三、皮下组织

皮下组织位于皮肤的最深层，由疏松结缔组织和脂肪组织构成。皮下组织中脂肪组织的多少是动物营养状况的标志。由于皮下组织疏松，使皮肤具有一定的活动性，并能形成皱褶。

临床上作皮下注射，就是把药物注入皮下组织中。

第二节　皮肤衍生物

一、毛

（一）毛的种类及毛流

毛有粗毛和细毛之分。牛、猪、马多为粗毛，羊的为细毛，在动物体的某些部位还有一些特殊的长毛，如牛、马、羊唇部的触毛，公山羊颌部的髯，猪颈背部的猪鬃。毛在体表按一定方向排列，称毛流。

（二）毛的结构

毛是表皮的衍生物，由角化的上皮细胞构成，分毛干和毛根两部分。露在皮肤外面称毛干，埋在真皮和皮下组织内的称毛根。毛根外面包有上皮组织和结缔组织构成毛囊。毛根的末端与毛囊紧密相连，并膨大形成毛球，此处的上皮细胞具有分裂增殖能力，是毛的生长点。毛球底部凹陷，并有结缔组织伸入，伸入毛球内部的结缔组织称毛乳头。毛乳头内富有血管和神经，毛球可通过毛乳头获得营养物质（图3-1）。

（三）换毛

毛有一定寿命，生长到一定时期就会脱落，为新毛所代替，这个过程称为换毛。当毛生长到一定时期，毛乳头的血管萎缩，血流停止，毛球的细胞停止生长，并逐渐退化和萎缩，最后与毛乳头分离，毛根逐渐脱离毛囊，向皮肤表面移动。毛乳头周围的上皮又增殖形成新毛，最后旧毛被新毛推出而脱落。

1. 持续性换毛　换毛不受季节和时间的限制，如马的鬃毛和尾毛、猪鬃、绵羊的细毛。

2. 季节性换毛　每年春秋两季各进行一次换毛，如驼毛、兔毛。

3. 混合性换毛　大部分动物既有持续性换毛，又有季节性换毛，因而是一种混合性换毛。

二、蹄

蹄是牛、羊、猪、马等有蹄类动物指（趾）端着地的部分，由皮肤衍变而成。其结构与皮肤相似，也有表皮、真皮和少量的皮下组织。表皮因角化而构成蹄匣，无血管和神经；真皮含有丰富的血管和神经，呈鲜红色，感觉灵敏，通常称为肉蹄。

（一）牛（羊）蹄的结构

牛、羊为偶蹄动物，每个指（趾）端有四个蹄，直接与地面接触的两个称为主蹄，不与地面接触的两个称悬蹄。主蹄位于3、4指（趾）的远端，两蹄的空隙称为蹄间隙。蹄由蹄匣和肉蹄两部分组成（图3-2）。

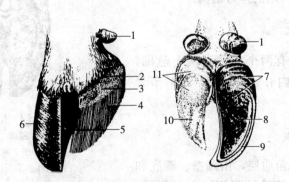

图3-2　牛蹄（左图为蹄背面，右图为蹄底面）
1.悬蹄　2.肉缘　3.肉冠　4.肉壁　5.蹄壁角质的轴面
6.蹄壁角质的远轴面　7.蹄球　8.蹄底　9.白线
10.肉底　11.肉球

1. 蹄匣 蹄匣由表皮衍生而成，高度角质化，分为角质壁、角质底和角质球三部分。

（1）角质壁。分轴面、远轴面。轴面凹，仅后部与对侧主蹄相接；远轴面凸，前端向轴面弯曲并与轴面一起形成角质壁，表面有数条与冠状缘平行的角质轮，其内面有很多较窄的角小叶。角质壁近端有一条颜色稍淡环状带，称蹄冠。蹄冠与皮肤连接部分形成一条柔软的窄带，称蹄缘。蹄缘柔软而有弹性，可减少蹄匣对皮肤的压力。

角质壁由外、中、内三层结构组成。外层又称釉层，它由角化的扁平细胞构成，幼龄明显，成年时常脱落。中层或冠状层是最厚的一层，主要由平行排列的角质小管构成。内层或小叶层主要由许多平行排列的角小叶构成，小叶较柔软，并与肉蹄的肉小叶嵌合。

（2）角质底。是蹄与地面相对而平坦的部分，角质底内有许多小孔，容纳肉蹄的乳头。蹄白线位于蹄底缘，是由蹄壁角小叶层向蹄底伸延而成，是装蹄铁时下钉的标志。

（3）角质球。呈半球形隆起，位于蹄底的后方，角质层较薄，富有弹性。

2. 肉蹄 位于蹄匣的内面，由真皮及皮下组织构成，富有血管和神经，呈鲜红色，分为肉壁、肉底和肉球三部分。

（1）肉壁。与蹄骨的骨膜紧密结合，分肉缘、肉冠和肉叶三部分。

①肉缘。由致密结缔组织与骨膜相接，表面有细而短的乳头，插入角质缘的小孔中，以滋养蹄缘。

②肉冠。肉冠是肉蹄较厚的部分，皮下组织发达，表面有较长的乳头插入蹄冠沟的小孔中，以滋养角质壁。

③肉叶。表面有平行排列的肉小叶嵌入角质小叶中。肉叶无皮下组织，与骨膜紧密相连。

（2）肉底。与角质底相对应，乳头小，插入角质底的小孔中。肉底也无皮下组织，与骨膜紧密相连。

（3）肉球。皮下组织发达，含有丰富的弹性纤维，构成指（趾）端的弹力结构。

（二）猪蹄的特征

猪为偶蹄动物，有两个主蹄和两个悬蹄，结构与牛蹄相似。蹄内有完整的指（趾）节骨（图3-3）。

（三）马蹄的特征

1. 蹄匣 是蹄的角质层，由蹄壁、蹄底和蹄叉组成。蹄壁构成蹄匣的背侧壁和两侧壁，结构与牛相似。蹄底为着地略凹陷的部分，蹄叉呈楔形，位于蹄底的后方，角质层较厚，富有弹性（图3-4）。

2. 肉蹄 由真皮组成，形态与蹄匣相似，含有丰富的血管和神经。

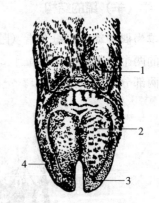

图3-3 猪蹄的底面
1. 悬蹄 2. 蹄球 3. 蹄底 4. 蹄壁
（马仲华. 家畜解剖学及组织胚胎学. 第三版. 2001）

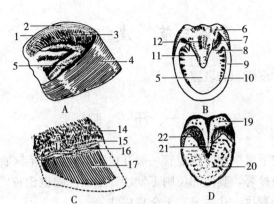

图 3-4 马 蹄

A. 蹄匣 B. 蹄匣底面 C. 肉蹄 D. 肉蹄底面
1. 蹄缘 2. 蹄冠沟 3. 蹄壁小叶层 4. 蹄壁
5. 蹄底 6. 蹄球 7. 蹄踵角 8. 蹄支 9. 底缘
10. 白线 11. 蹄叉侧沟 12. 蹄叉中沟 13. 蹄叉
14. 皮肤 15. 肉缘 16. 肉冠 17. 肉壁
18. 蹄软骨的位置 19. 肉球 20. 肉底
21. 肉枕 22. 肉支

(马仲华. 家畜解剖学及组织胚胎学. 第三版. 2001)

三、角

角是反刍动物额骨角突表面覆盖的皮肤衍生物。分角基、角体、角尖三部分（图 3-5）。由角表皮和角真皮构成。

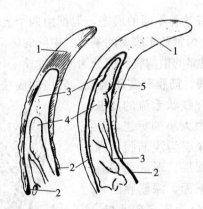

图 3-5 牛角纵切面

1. 角尖 2. 角根 3. 额骨角突
4. 角腔 5. 角真皮

(肖传斌. 动物解剖学及组织胚胎学. 2001)

1. 角表皮 高度角质化，形成坚硬的角质鞘。角质鞘由角质小管和管间角质构成。牛的角质小管排列非常紧密，角真皮乳头伸入此小管中，管间角质很少，羊角则相反。

2. 角真皮 角的真皮直接与角突骨膜相连，其表面有许多发达的乳头。这些乳头伸入角质小管中，使角质鞘和角真皮紧密结合。角无皮下组织，因此角鞘与角突结合牢固。

第三节 皮肤腺

皮肤腺包括汗腺、皮脂腺和乳腺。

一、汗腺

汗腺位于真皮和皮下组织内，排泄管一般开口于毛囊，无毛区直接开口皮肤表面。牛的汗腺以面部和颈部为最显著，其他部位则不发达。猪的汗腺也比较发达，但以蹄间分布为最密。绵羊和马的汗腺最发达，几乎分布于全身皮肤。

二、皮脂腺

动物除指枕、乳头、鼻唇镜的皮肤没有皮脂腺外，全身均有皮脂腺分布。马的皮脂腺最发达，牛、羊次之，猪的皮脂腺不发达，皮脂腺分泌物有润滑皮肤和被毛的作用，保持皮肤的柔韧，防止干燥。绵羊的皮脂与汗液混合形成脂汗，它可影响羊毛的弹性及坚固性。

三、乳腺

乳腺为哺乳动物所特有的皮肤腺。

（一）牛的乳房

1. 形态位置 牛的乳房有各种不同的形态，但都由四个乳腺结合成一整体，位于两股之间的耻骨区的腹下壁，可分为紧贴于腹壁的基部、中间的体部和游离的乳头部三部分，牛乳房有一较明显的纵沟和不明显的横沟将乳房分为四个乳丘，每个乳丘上有一个乳头。

2. 组织构造 乳房由皮肤、筋膜和实质构成。乳房的皮肤薄而柔软，在乳房的后部与阴门裂之间，有一明显的带有线状毛流的皮肤褶，称乳镜，乳镜是泌乳能力大小的标志，乳镜愈宽，产乳量愈高。皮肤深层为浅筋膜和深筋膜，深筋膜位于浅筋膜的深层，形成乳房悬韧带，将乳房悬吊在腹壁的下面，深筋膜的结缔组织伸入实质将乳腺实质分为许多腺小叶。乳腺的实质由分泌部和导管部组成，分泌部包括腺泡和分泌小管。导管部由许多小的输乳管汇合成较大的输乳管，较大的输乳管汇合成乳道，开口于乳头上方的乳池，最后经乳头管开口于外界。每一个乳丘具有一个树状的实质系统，牛乳房有四个这样的系统，互相间不相通。每个乳头只有一个乳头管的开口（图3-6）。

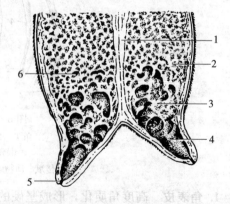

图3-6 牛乳房的构造（纵切面）

1. 乳房中隔 2. 腺小叶 3. 乳池腺部
4. 乳池乳头部 5. 乳头管 6. 乳道

（马仲华. 家畜解剖学及组织胚胎学. 第三版. 2001）

（二）羊的乳房

羊的乳房具有两个乳丘，呈圆锥形，有一对圆锥形乳头，乳头基部有较大的乳池，每个乳头上有一个乳头管的开口。

（三）猪的乳房

猪的乳房位于胸部和腹正中部的两侧，乳房的数目依品种而异，一般 5~8 对，每个乳头上有 2~3 个乳头管。

（四）马的乳房

马的乳房呈扁圆形，位于两股之间，被纵沟分成左、右两部分，有一对左右扁平的乳头。乳头乳池小，并被隔成前后两部分，每个乳头上有两个乳头管的开口。

自测练习题

一、名词解释（每题 5 分，共计 25 分）

1. 皮肤衍生物 2. 蹄白线 3. 换毛 4. 乳镜 5. 毛的生长点

二、选择题（每题 2 分，共计 10 分）

1. 表皮生发层的组成为（　　）。
   A. 单层立方上皮　　　　　　B. 单层矮柱状或立方形细胞
   C. 数层立方形细胞　　　　　D. 数层形态不同的细胞
2. 被皮中无血管分布的结构是（　　）。
   A. 表皮　　　　B. 真皮　　　　C. 蹄匣　　　　D. 肉蹄
3. 大量出汗时，可导致（　　）。
   A. 排尿量减少　　　　　　　B. 机体水分丢失减少
   C. 机体水分丢失增多　　　　D. 无机盐丢失增多
4. 下列部位没有皮脂腺的是（　　）。
   A. 鼻唇镜　　　B. 颈部皮肤　　C. 乳腺　　　　D. 尾部皮肤
5. 汗腺最发达的动物是（　　）。
   A. 马　　　　　B. 猪　　　　　C. 牛　　　　　D. 羊

三、填空题（每空 1 分，共计 25 分）

1. 皮肤的组织结构可分为_____、_____和_____三层。
2. 表皮位于皮肤最表层，由角化的复层扁平上皮构成，表皮内无_____和_____，但有丰富的_____。
3. 表皮可分为_____、_____、_____和_____四层。
4. 角可分为角基、角体、角尖三部分，组织结构由_____和_____构成。
5. 皮内注射是将药物注射到_____，皮下注射是将药物注射到_____。
6. 牛蹄由_____和_____两部分组成。
7. 皮肤腺包括_____、_____和_____。

8. 肉蹄位于蹄匣的内面，由_____及_____构成，富有_____和_____，呈鲜红色。

9. 蹄组织中，蹄匣是由皮肤的_____衍生而来，肉蹄是由皮肤的_____衍生而来。

四、简答题（每题10分，共计40分）

1. 简述皮肤的分层及结构。
2. 简述毛的结构。
3. 简述牛、羊蹄的基本结构。
4. 简述牛乳房的组织结构。

第四章 消化系统

第一节 腹腔与骨盆腔

一、腹　腔

（一）腹腔

腹腔是体内最大的腔，其前壁为膈肌，后与骨盆腔相通，两侧和底壁为腹肌与腱膜，顶壁是腰椎、腰肌和膈肌脚。腹腔内有大部分消化器官和脾、肾、输尿管、卵巢、输卵管、部分子宫和大血管等。

（二）腹腔分区

为了准确地表明腹腔内各器官的位置，将腹腔划分为十个部分（图4-1）。首先通过最后肋骨后缘的最突出点和髋结节前缘各做一个横断面，将腹腔划分为腹前部、腹中部、腹后部三部分。

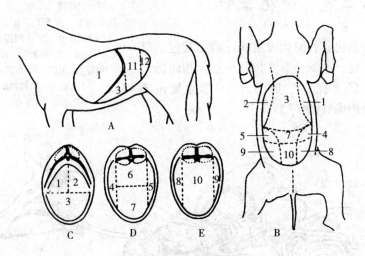

图4-1　腹腔各区的划分
A. 侧面　B. 腹面　C. 腹前部横断面　D. 腹中部横断面　E. 腹后部横断面
1. 左季肋部　2. 右季肋部　3. 剑状软骨部　4. 左髂部　5. 右髂部
6. 腰部　7. 脐部　8. 左腹股沟部　9. 右腹股沟部　10. 耻骨部
11. 腹中部　12. 腹后部
（董常生. 家畜解剖学. 第三版. 2001）

1. 腹前部　以肋弓为界，背侧部称季肋部，腹侧部称剑状软骨部；背侧部又以正中矢面为界分为左、右季肋部。

2. 腹中部 沿腰椎横突两侧顶点各做一个侧矢面，将腹中部分为左、右髂部和中间部；中间部可分为背侧的腰部和腹侧的脐部。

3. 腹后部 把腹中部的两个侧矢面平行后移，使腹后部分为左、右腹股沟部和中间的耻骨部。

二、骨盆腔

骨盆腔为腹腔向后的延续，其背侧为荐骨和前3～4个尾椎，两侧是髂骨和荐坐韧带，底壁是耻骨和坐骨。前口由荐骨岬、髂骨体及耻骨前缘围成；后口由前几个尾椎、荐坐韧带后缘及坐骨弓围成。骨盆腔内有直肠、输尿管、膀胱及雌性动物的子宫后部和阴道或雄性动物的输精管、尿生殖道和副性腺等。

三、腹　　膜

腹腔和骨盆腔内的浆膜称腹膜。贴在腹腔和骨盆腔壁内表面的部分称腹膜壁层；壁层从腔壁折转而覆盖于内脏器官外表面的称腹膜脏层，壁层与脏层之间的腔隙称腹膜腔（图4-2）。

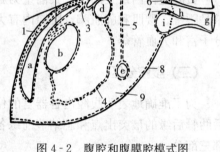

图4-2　腹腔和腹膜腔模式图
a. 肝　b. 胃　c. 胰　d. 结肠　e. 小肠
f. 直肠　g. 阴门　h. 阴道　i. 膀胱
1. 冠状韧带　2. 小网膜　3. 网膜囊孔
4. 大网膜　5. 肠系膜　6. 直肠生殖陷凹
7. 膀胱生殖陷凹　8. 腹膜壁层　9. 腹膜腔
（朱金凤．动物解剖．2007）

第二节　消化器官

消化器官由消化管和消化腺组成。消化管包括口腔、咽、食管、胃、小肠（十二指肠、空肠和回肠）、大肠（盲肠、结肠和直肠）、肛门。消化腺主要由唾液腺、肝、胰等组成（图4-3）。

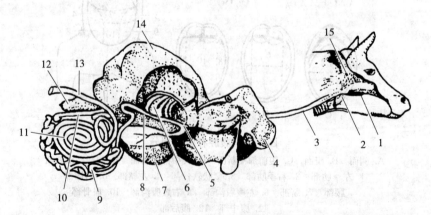

图4-3　牛消化系统模式图
1. 口腔　2. 咽　3. 食管　4. 肝　5. 网胃　6. 瓣胃　7. 皱胃　8. 十二指肠
9. 空肠　10. 回肠　11. 结肠　12. 盲肠　13. 直肠　14. 瘤胃　15. 腮腺
（朱金凤．动物解剖．2007）

一、口　腔

口腔是消化器官的起始部，由唇、颊、硬腭、软腭、口腔底、舌、齿、齿龈及唾液腺组成（图4-4）。具有采食、咀嚼、辨味、吞咽和分泌等功能。其前壁为唇，两侧壁为颊，顶壁为硬腭，底壁为口腔底和舌，后壁为软腭。口腔前有口裂与外界相通，后以咽峡与咽腔相通。唇、颊和齿弓之间的腔隙为口腔前庭，齿弓以内部分为固有口腔。口腔黏膜呈粉红色，常有色素沉着，黏膜上皮为复层扁平上皮。

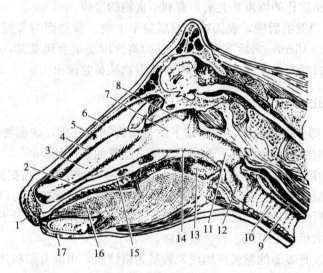

图4-4　牛头纵剖面
1. 上唇　2. 下鼻道　3. 下鼻甲　4. 中鼻道　5. 上鼻甲　6. 上鼻道　7. 鼻咽部　8. 咽鼓管咽口　9. 食管　10. 气管　11. 喉咽部　12. 喉　13. 口咽部　14. 软腭　15. 硬腭　16. 舌　17. 下唇
（朱金凤. 动物解剖. 2007）

（一）唇

唇构成口腔最前壁，其游离缘共同围成口裂，分上唇和下唇两部分。上唇和下唇汇合处称口角。唇黏膜深层有唇腺，腺管直接开口于唇黏膜表面。

1. 牛唇　较坚实、宽厚、不灵活。唇黏膜上有角质乳头，口角处较长，尖端向后。上唇中部和两鼻孔之间的无毛区称鼻唇镜。鼻唇镜内有鼻唇腺，常分泌一种水样液体，使鼻唇镜保持湿润状态，常作为牛是否健康的标志。

2. 羊唇　薄而灵活，上唇中部有一条浅缝，唇表面密生被毛，并掺杂有长的触毛。左、右两鼻孔之间形成无毛的鼻镜。

3. 猪唇　运动不灵活，唇腺少而小。上唇宽厚，与鼻端一起形成吻突，下唇小而尖。口裂很大，口角与3～4前白齿相对。

4. 马唇　运动灵活，是采食的主要器官。唇的皮肤上密生被毛，并掺杂有粗长的触毛。唇的黏膜内常分布有腺体，表面可见黑色素沉着。

（二）颊

颊构成口腔的侧壁，内衬黏膜、外被皮肤。在颊黏膜上有颊腺和腮腺管的开口。牛的颊黏膜上，有许多尖端向后的圆锥状乳头。而猪、马的颊黏膜较平滑。

（三）硬腭和软腭

1. 硬腭 构成固有口腔的顶壁，向后延续成软腭。硬腭黏膜厚而坚实，上皮高度角质化。硬腭向后延续为软腭。硬腭的正中矢面上有一条纵行的腭缝，腭缝的两侧各有一些横行的腭褶，腭褶上有角质化的锯齿状乳头，有利于食物的磨碎。

2. 软腭 构成口腔的后壁，表面被覆复层扁平上皮，背侧面与鼻腔黏膜相连。马的软腭较发达，平均长约15cm，向后下方延伸，其游离缘围绕于会厌基部，将口咽部与鼻咽部隔开，故马不能用口呼吸，病理情况下逆呕时逆呕物从鼻腔流出。

（四）口腔底和舌

1. 口腔底 大部分被舌占据，前部以下颌骨切齿部为基础，表面被覆有黏膜。口腔底前部舌尖下面有一对突出物称为舌下肉阜，为颌下腺管的开口处。

2. 舌 舌主要由舌肌构成，附着在舌骨上，表面被覆有黏膜，占据固有口腔的大部分。分舌尖、舌体和舌根三部分。在舌尖与舌体交界处的腹侧，有黏膜褶与口腔底相连，称为舌系带。牛舌体的背后部有一椭圆形隆起称舌圆枕。舌根是舌体后部附着于舌骨上的部分，其背侧的黏膜内含有大量淋巴组织，称舌扁桃体。

舌主要由舌肌及其表面的黏膜所构成。舌肌为横纹肌，由固有肌和外来肌组成。固有肌由三种走向不同的横肌、纵肌和垂直肌互相交错而成。外来肌起于舌骨和下颌骨，止于舌内，收缩时可改变舌的位置。舌的运动十分灵活，可参与采食、吸吮、咀嚼、吞咽等活动，并有触觉和味觉等功能。

在舌背表面的黏膜形成的乳头状隆起称舌乳头。根据形状将舌乳头分为圆锥状乳头、丝状乳头、菌状乳头、轮廓乳头和叶状乳头五种。其中菌状乳头、轮廓乳头和叶状乳头的黏膜上皮中存在有许多圆形小体，称为味蕾。味蕾主要由味觉细胞和支持细胞构成，能感觉滋味。

（1）牛（羊）的舌。宽厚有力，是采食的主要器官。在舌背上分布有圆锥状乳头、豆状乳头、菌状乳头和轮廓乳头四种。舌圆枕上分布有较大的圆锥状乳头和豆状乳头。菌状乳头数量较多，散在于锥状乳头之间。轮廓乳头较大，成排分布于舌圆枕后部两侧。

（2）猪的舌。长而窄，舌尖薄而尖。舌系带有两条。猪无舌下肉阜。

（3）马的舌。窄而长，舌尖扁平，舌体稍大，柔软而灵活。马无舌圆枕。舌系带两侧各有一个舌下肉阜，是颌下腺的开口处，中兽医称之为"卧蚕"，具有重要的临床诊断意义。

（五）齿

齿是体内最坚硬的器官，具有采食和咀嚼作用，镶嵌于上、下颌骨的齿槽内，因其排列成弓形，所以又分别称之为上齿弓和下齿弓。每一侧的齿弓由前向后顺序排列为切齿、犬齿和臼齿。其中切齿由内向外又依次称为门齿、内中间齿、外中间齿、隅齿。臼齿可分为前臼齿和后臼齿。

1. 齿式 动物齿的排列方式称为齿式。

$$\frac{上齿弓}{下齿弓}=2\left[\frac{切齿·犬齿·前臼齿·后臼齿}{切齿·犬齿·前臼齿·后臼齿}\right]$$

齿在动物的一生中，一般都是在出生后逐个长出。除后臼齿外，其余齿到一定年龄时均按一定顺序进行脱换。脱换前的齿称为乳齿，一般个体较小、颜色乳白，磨损较快；脱换后的齿相对较大，坚硬，颜色较白，称为恒齿。在实践中，常根据齿出生和更换的时间次序来估测动物的年龄。动物的齿式如下：

恒齿式：

牛：$2\left(\frac{0033}{4033}\right)=32$ 猪：$2\left(\frac{3143}{3143}\right)=44$

马（♂）：$2\left(\frac{3133}{3133}\right)=40$ 马（♀）：$2\left(\frac{3033}{3033}\right)=36$

乳齿式：

牛：$2\left(\frac{0030}{4030}\right)=20$ 猪：$2\left(\frac{3130}{3130}\right)=28$ 马：$2\left(\frac{3030}{3030}\right)=24$

2. 齿龈 指被覆于齿颈及邻近骨表面的黏膜，与口腔黏膜相延续，无黏膜下层，与齿根部的齿周膜紧密相连，并随齿伸入齿槽内，移行为齿槽骨膜。齿龈内神经分布少而血管多，呈淡红色，有固定齿的作用。

3. 齿的形态结构 齿在外形上可分为齿冠、齿颈和齿根三部分，埋于齿槽内的部分称齿根，露于齿龈外的称齿冠，介于两者之间被齿龈覆盖的部分称为齿颈。上、下齿冠相对的咬合面称为磨面（图4-5）。

齿壁由齿质、釉质和齿骨质构成（图4-6）。齿质位于内层，呈淡黄色，是构成齿的主体。在齿冠部齿质的外面包以光滑、坚硬、乳白色的釉质，含钙盐97%左右，是体内最坚硬的组织。在齿根部齿质的外面则被覆有略带黄色的齿骨质，结构类似骨组织。齿的中心部为齿髓腔，腔内有富含神经、血管的齿髓。齿髓的作用是生长齿质和营养齿组织，发炎时会引起剧烈的疼痛。

齿可分为长冠齿和短冠齿。牛切齿属短冠齿，齿冠呈铲形；齿颈明显，呈圆柱状。齿根圆细，嵌入齿槽内不甚牢固，老龄动物齿槽常松动。切齿齿冠磨损后的磨面（咀嚼面）外周一圈为釉质，中央为齿质，当磨损到齿髓腔时齿质会出现黄褐色齿星。齿星是齿髓腔周围的新生齿质，初为圆形，后逐渐变为方形。长冠齿在磨面上有被覆釉质的齿漏斗，又称齿坎或齿窝。臼齿属于长冠齿，齿冠较长，部分埋于齿槽内，随着磨面的磨损而不断生长推出。齿颈不明显。齿根较短，形成较晚。

（1）牛齿。无上切齿，代之以坚硬角质化的齿垫。下切齿齿冠呈铲形，齿根细圆，脱换有一定规律，常作为年龄鉴定的依据。乳切齿一般可保留到2岁左右。恒门齿最先出现为2岁，2.5岁时内中间恒齿出现；3岁时外中间恒齿出现；4岁左右隅恒齿出现，14岁后齿冠全部磨损。

（2）猪齿。除犬齿为长冠齿外，其余均为短冠齿。切齿为单形齿，上切齿较小，方向近

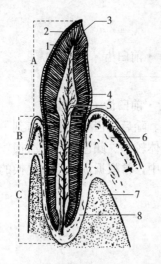

图4-5 牛切齿（短冠齿）的构造
1.齿骨质 2.釉质 3.咀嚼面
4.齿质 5.齿髓腔 6.齿龈
7.下颌骨 8.齿周膜
A.齿冠 B.齿颈 C.齿根
（董常生．家畜解剖学．第三版．2001）

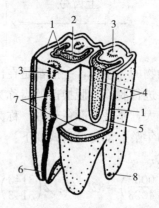

图4-6 牛臼齿（长冠齿）的构造
1.釉质 2.齿坎 3.齿星
4.齿骨质 5.齿质 6.齿根管
7.齿腔 8.齿根尖孔
（董常生．家畜解剖学．第三版．2001）

垂直，排列较疏。下切齿较大，方向近水平，排列紧密。犬齿很发达。

（3）马齿。齿冠长且深入齿槽内，磨面上有一漏斗状齿窝。窝内填充食物残渣，腐败变质后呈黑色，因而称为黑窝（又称齿坎）。当齿磨损后，可在磨面上见到内外两圈明显的釉质褶。它们之间为齿质，以后随着年龄的增长，齿冠磨损加大，黑窝逐渐消失，齿质暴露，成为一黄褐色的斑痕，称为齿星。因此常可根据马切齿的出齿、换齿、齿冠磨损情况、齿星出现等判定马的年龄。

（六）唾液腺

唾液腺是导管开口于口腔，能分泌唾液的腺体。主要有腮腺、颌下腺和舌下腺（图4-7）。

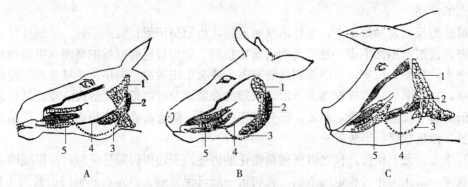

图4-7 唾液腺模式图
A.马 B.牛 C.猪
1.腮腺 2.颌下腺 3.腮腺管 4.颌下腺管 5.舌下腺
（肖传斌．动物解剖学与组织胚胎学．2001）

1. **腮腺** 位于耳根下方，下颌骨后缘。
2. **颌下腺** 位于下颌骨内侧，后部被腮腺所覆盖。
3. **舌下腺** 位于舌体和下颌骨之间的黏膜下，淡黄色。

二、咽

咽位于口腔、鼻腔的后方，喉和食管的前上方，是呼吸道和消化管相交叉的部位，可分鼻咽部、口咽部和喉咽部三部分。咽有7个孔与周围临近器官相通，鼻咽部前上方经两个鼻后孔通鼻腔、前下方经咽峡通口腔、后背侧经食管口通食管、后腹侧经喉口通气管、两侧壁各一耳咽管口通中耳。

咽壁由黏膜、肌层和外膜三层构成。黏膜衬于咽腔内面，内含有咽腺和淋巴组织。咽的肌肉为横纹肌，有缩小和开张咽腔的作用，参与吞咽、反刍、逆呕和嗳气等活动。外膜为颊咽筋膜的延续，是包围在咽肌外的一层纤维膜。

三、食 管

食管是将食物由咽运送入胃的一条肌质性管道，分为颈、胸和腹三段。颈段起始于喉和气管背侧，至颈中部逐渐转向气管的左侧，经胸腔前口入胸腔；胸段又转向气管的背侧并继续向后延伸，经纵隔到达膈肌，经膈肌上的食管裂孔进入腹腔后转为腹段；腹段很短，直接与胃的贲门相连接。

食管管壁具有消化道管壁的一般结构。黏膜上皮为复层扁平上皮。黏膜下层很发达，含有丰富的食管腺，能分泌黏液，润滑食管，有利于食团通过。肌层一般由横纹肌和平滑肌组成。

牛（羊）的肌层比较特殊，食管肌层全由横纹肌构成，较薄，主要分为内环行肌、外纵行肌两层。

猪的食管短而直，其颈段沿气管的背侧向后行，不发生偏转。食管始端、末端较粗，中间段管径较细。食管壁肌层几乎全部为横纹肌，仅接近胃的部分为平滑肌。

马的食管前4/5为横纹肌，后1/5为平滑肌。

四、胃

（一）胃的形态和位置

胃为消化管的膨大部分，位于腹腔内，前接食管，入口处为贲门，后部以幽门通十二指肠。具有暂时贮存食物、进行初步消化和推送食物进入十二指肠的作用。贲门和幽门处有括约肌，可以控制食物的通过。胃可分为多室胃（牛、羊）和单室胃（猪、马）两种类型（图4-8）。多室胃又称反刍胃，又可分为瘤胃、网胃、瓣胃和皱胃四个室。前三个室合称为前胃，黏膜内无腺体。皱胃又称真胃，黏膜内有腺体，可以分泌消化液。胃壁的结构分为黏膜、黏膜下层、肌层和浆膜。

1. 牛、羊的胃 牛、羊的胃为多室胃，依次为瘤胃、网胃、瓣胃和皱胃（图4-9）。前

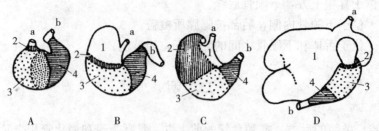

图4-8 动物胃的类型及其黏膜分区
A. 犬 B. 马 C. 猪 D. 反刍动物 a. 食管 b. 十二指肠
1. 无腺部（反刍动物为前胃部） 2. 贲门腺区 3. 胃底腺区 4. 幽门腺区

三个胃没有腺体分布，主要起贮存食物和发酵、分解粗纤维的作用，临床上常称为前胃。皱胃黏膜内分布有消化腺，能分泌胃液，具有化学性消化作用，所以也称真胃。

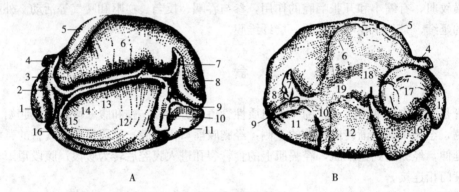

图4-9 牛的胃
A. 左侧 B. 右侧
1. 网胃 2. 瘤网胃沟 3. 瘤胃房 4. 食管 5. 脾 6. 瘤胃背囊 7. 背侧冠状沟 8. 后背盲囊
9. 后沟 10. 腹侧冠状沟 11. 后腹盲囊 12. 瘤胃腹囊 13. 左纵沟 14. 前沟
15. 瘤胃隐窝 16. 皱胃 17. 瓣胃 18. 十二指肠 19. 右纵沟
（董常生. 家畜解剖学. 第三版. 2001）

（1）瘤胃。瘤胃最大，成年牛约占四个胃总容积的80%。呈前后稍长、左右略扁的椭圆形，占据整个腹腔的左半部和右半部的一部分。其前端与第7~8肋间（隙）相对，后端达骨盆腔前口。左面与脾、膈肌和腹壁相邻，称壁面；右面与瓣胃、皱胃、肠、肝、胰等器官相邻，称脏面。

瘤胃的前、后两端各有一条明显的左、右伸延的沟，分别称为前沟和后沟。两条沟分别沿瘤胃的左、右侧伸延，形成了较浅的左纵沟和右纵沟，它们围成的环状沟，将瘤胃分为背囊和腹囊。较明显的后背冠状沟和后腹冠状沟将背囊和腹囊的后部分为后背盲囊和后腹盲囊。背囊和腹囊的前部只有较浅的前背冠状沟，前背盲囊不明显，其基部称为瘤胃前庭，有贲门与食管相连，向前以瘤网口与网胃相通，瘤网口很大。在与瘤胃各沟相对应的内侧面，有光滑的肉柱。

瘤胃壁的黏膜呈棕黑色或棕黄色，无腺体，表面有密集的长约1cm的瘤胃乳头，内含有丰富的血管。但在肉柱和瘤胃前庭黏膜上无乳头。

（2）网胃。是四个胃中最小且位置最靠前的一个胃，占四个胃容积的5%（牛）。网胃呈梨状，是瘤胃背囊向前下方的延续部分，与第6~8肋骨相对。网胃与心包之间仅以膈肌相隔，当牛吞食尖锐物体停留在网胃中时，常可穿通胃壁引起创伤性网胃炎，严重时还可穿过膈肌而刺破心包，引发创伤性心包炎。

网胃黏膜也呈黑褐色，形成许多高低不等的薄板状皱褶，并连接成多边形小房，呈蜂巢状，故又称蜂巢胃。在皱褶上密布角质乳头（图4-10）。

食管沟：食管沟由两个隆起的黏膜厚褶组成，沟的两侧缘有黏膜褶，称为唇，两唇之间为沟底。沟唇起于瘤胃贲门，沿瘤胃前庭和网胃右侧壁伸延到网瓣口，扭转成螺旋状。两唇稍呈交叉状，当幼龄吸吮乳汁或水时，可通过食管沟两唇闭合后形成的管道，经瓣胃底直达皱胃。犊牛的食管沟发育完全，可合并成管，乳汁可由贲门经食管沟和瓣胃直达皱胃。随着年龄的增大、饲料性质的改变，食管沟闭合的功能逐渐减退。成年牛的食管沟闭合不严。

（3）瓣胃。牛的瓣胃占四个胃总容积的7%～8%，羊则是四个胃中最小的。瓣胃呈两侧稍扁的椭圆形，位于右季肋部，与第7～11（12）肋间隙相对，肩关节水平线通过瓣胃中线。瓣胃黏膜表面由角质化的复层扁平上皮覆盖，并形成百余片大小、宽窄不同的叶片，叶片分大、中、小和最小四级，呈有规律地相间排列，故又称为百叶胃。在瓣胃底壁上有一瓣胃沟，前接网瓣孔与食管沟相连，使网瓣口与瓣皱口相通，一些小颗粒饲料和液体自网胃经瓣胃沟直接进入皱胃。

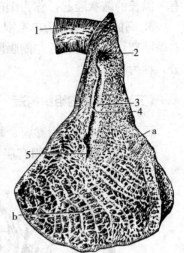

图4-10 牛的食管沟
a. 瘤网褶 b. 网胃黏膜
1. 食管 2. 贲门 3. 食管沟右唇
4. 食管沟左唇 5. 网瓣口
（朱金凤．动物解剖．2007）

（4）皱胃。皱胃的容积占四个胃总容积的7%～8%，前部粗大称为胃底部，与瓣胃相连；后部狭窄称为幽门部，与十二指肠相接。整个胃呈长囊状，位于剑状软骨部和右季肋部，与第8～12肋骨相对。皱胃后部弯向后上方，小弯朝上与瓣胃相邻，大弯朝下与腹腔底壁相邻。

皱胃黏膜形成13～14条平滑而柔软的、纵行的黏膜褶，它们由瓣皱口呈螺旋状向幽门方向延伸。黏膜表面被覆单层柱状上皮，黏膜内有腺体，按其位置和颜色分为贲门腺区（色较淡）、胃底腺区（色深红）和幽门腺区（色黄），可分泌消化液，对食物进行消化。

[附] 犊牛胃的特点

初生犊牛因吃奶，皱胃特别发达，瘤胃和网胃相加的容积约等于皱胃的一半（图4-11）。10～12周龄后，由于瘤胃逐渐发育，皱胃仅为其容积的一半，此时，瓣胃因无功能，仍然很小。4个月后，随着消化植物性饲料能力的出现，瘤胃、网胃和瓣胃迅速增大，瘤胃和网胃相加的容积约达瓣胃和皱胃的4倍。到1岁多时，瓣胃和皱胃的容积几乎相等，4个胃的容积达到成年的比例。

2. **猪的胃** 猪胃为单室混合胃，容积5～7L，呈弯曲的囊状。横位于腹前部，大部分在左季肋部，小部分在右季肋部。胃的凸缘称为大弯，凹缘称为小弯。胃大弯与左腹壁相贴，相当于第11到

图4-11 犊牛胃（右侧）
1. 食管 2. 瘤胃 3. 网胃
4. 瓣胃 5. 皱胃
（朱金凤．动物解剖．2007）

第12肋骨。胃的前面称为膈面，与肝脏、膈肌相邻；后面称为脏面，与大网膜、肠、肠系膜和胰等相接触。猪胃左侧特别发达，并有一明显的隆突，称为胃憩室。在幽门的小弯处，有一纵长的鞍状隆起，称为幽门圆枕，它与对侧的唇形隆起相对，有关闭幽门的作用。

3. 马的胃 马胃为单室混合胃，形态与猪胃相似。大部分位于左季肋部，小部分位于右季肋部。胃盲囊靠近左侧膈肌脚，和第16～17肋上部相对。胃左侧圆形向后上方突出部分，称为胃盲囊。

（二）单室胃的组织构造

胃壁由内向外分为黏膜、黏膜下层、肌层和浆膜。

1. 黏膜 由上皮、固有层和黏膜肌层组成。

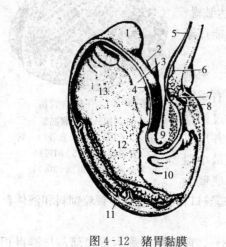

图4-12 猪胃黏膜
1.胃憩室 2.食管 3.无腺部 4.贲门
5.十二指肠 6.十二指肠憩室 7.幽门
8.幽门圆枕 9.胃小弯 10.幽门腺区
11.胃大弯 12.胃底腺区 13.贲门腺区
（董常生．家畜解剖学．第三版．2001）

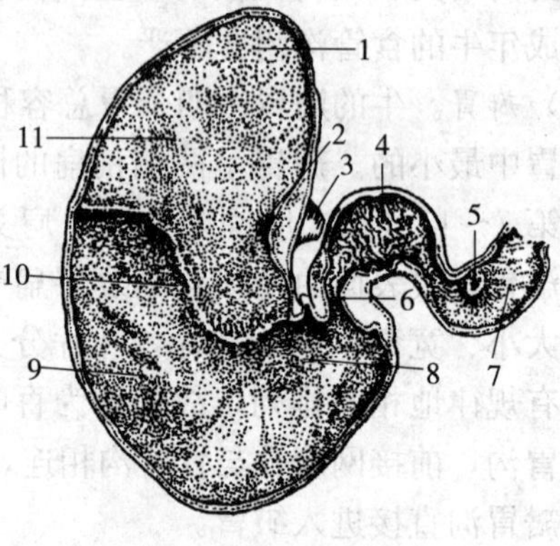

图4-13 马胃黏膜
1.胃盲囊 2.贲门 3.食管
4.十二指肠壶腹 5.十二指肠憩室 6.幽门
7.十二指肠肝门曲 8.幽门腺区
9.胃底腺区 10.褶缘 11.无腺部
（董常生．家畜解剖学．第三版．2001）

根据黏膜内有无腺体而分为有腺部和无腺部两大部分（图4-12、图4-13）。有腺部黏膜有腺体，相当于多室胃的皱胃，其表面形成许多凹陷，称为胃小凹（窝），是胃腺的开口。无腺部的黏膜上皮为复层扁平上皮，颜色苍白，黏膜无腺体，相当于多室胃的前胃。

根据其位置、颜色和腺体的不同，有腺部又分为贲门腺区、幽门腺区和胃底腺区。其中贲门腺区和幽门腺区主要有黏液细胞分泌碱性黏液，以润滑和保护胃黏膜。胃底腺区最大，位于胃底部，是分泌胃消化液的主要部位，其细胞主要有四种：①主细胞：数量较多，可分泌胃蛋白酶原、胃脂肪酶、凝乳酶（幼龄动物），参与消化；②壁细胞（盐酸细胞）：数量较少，夹在主细胞之间，分泌盐酸；③颈黏液细胞：一般成群的分布在腺体的颈部，分泌黏液，保护胃黏膜。④银亲和细胞：广泛存在于动物的消化道，具有内分泌的功能。

2. 黏膜下层 很厚，由疏松结缔组织构成，含有较大的血管、淋巴管和神经丛。

3. 肌层 胃的肌层很厚，可分为三层。内层为斜行肌，仅分布于无腺部，在贲门部最发达，形成贲门括约肌；中层为环形肌，很发达，在胃的幽门部特别增厚，形成强大的幽门括约肌；外层为不完整的纵行肌，主要分布于胃的大弯和小弯处。

4. 浆膜 为最外层，光滑而湿润，被覆于胃的表面。

五、肠

(一) 肠的形态和位置

肠是细长的管道，前连胃的幽门，后端止于肛门。可分大肠和小肠两部分。

小肠可分为十二指肠、空肠和回肠。十二指肠位于右季肋部和腰部，位置较为固定，其弯曲所形成的半个圈或整个圈，称为十二指肠袢，由胃的幽门起，先在腹腔右侧腰下部向后行，在肠系膜前动脉根部转向左侧，再向前行，移行为空肠，有胆（肝）管和胰管通入十二指肠始段。空肠是最长的一段，前连十二指肠，后连回肠，在伸延过程中，形成许多迂曲的肠环，并以肠系膜固定于腹腔顶壁。空肠系膜很长，所以空肠的活动范围大；回肠是小肠的末段，肠管较直，不形成迂曲的肠环，前连空肠，后连盲肠，回肠进入盲肠的入口，称为回盲口。回肠以回盲韧带与盲肠相连。

大肠可分为盲肠、结肠和直肠。草食动物的盲肠特别发达。多数动物盲肠位于腹腔右侧。有的动物的结肠可分为大结肠和小结肠。直肠位于骨盆腔内，前连结肠，后端以肛门与外界相通。在骨盆腔中，其直径增大部，称为直肠壶腹，以直肠系膜连于骨盆腔顶壁。

1. 牛（羊）的肠（图4-14）

(1) 小肠。十二指肠从胃的幽门起始后，向前上方伸延，在肝的脏面形成"乙"状弯曲。然后再向后上方伸延，到髋结节的前方，折转向左前方伸延，形成一弯曲，再向前方伸延，到右肾腹侧，移行为空肠。

空肠位于腹腔右侧，在结肠圆盘周围形成许多迂曲的肠环，借助于空肠系膜悬吊在结肠圆盘周围。

回肠较短，长约50cm，从空肠最后卷曲起，直向前上方伸延至盲肠腹侧，开口于盲肠。回盲口位于盲肠与结肠交界处。在回肠进入盲肠的开口处，黏膜形成回盲瓣。盲肠与结肠相通的口，称为盲结口。

(2) 大肠。盲肠管径较大，呈长圆筒状，位于右髂部。起自于回盲口，沿右髂部的上部向后伸延，盲端可达骨盆腔入口处，前端移行为结肠，两者之间以回盲口为界。

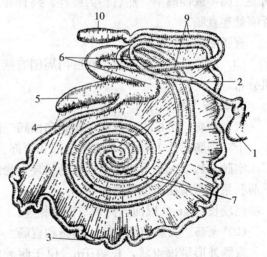

图4-14 牛肠袢模式图
1. 皱胃 2. 十二指肠 3. 空肠 4. 回肠 5. 盲肠
6. 结肠初袢 7. 结肠旋袢向心回 8. 结肠旋袢离心回
9. 结肠终袢 10. 直肠
(朱金凤. 动物解剖. 2007)

结肠借总肠系膜附着于腹腔顶壁。可分为初袢、旋袢和终袢三部分。初袢起自盲结口，整个初袢形成"乙"状弯曲；旋袢位于瘤胃右侧，呈一扁平的圆盘状，分为向心回和离心回。向心回是初袢的延续，以顺时针方向向内旋转约两圈（羊约三圈）至中心曲。离心回自中心曲起，按相反方向旋转约两圈（羊约三圈），移行为终袢。

直肠位于骨盆腔内，不形成直肠壶腹。

(3) 肛门。位于尾根的下方，一般不向外突出。

2. 猪肠 (图4-15)

(1) 小肠。十二指肠较长，起始部形成"乙"状弯曲。总胆管的开口距幽门2.5cm处的十二指肠憩室，而胰管的开口距幽门约10cm。

空肠形成许多迂曲的肠环，以较长的空肠系膜与总肠系膜相连。空肠大部分位于腹腔右半部。

回肠较短，开口于盲肠与结肠的交界处。

(2) 大肠。盲肠呈短而粗的圆锥状盲囊，一般在腹腔左髂部。回肠突入盲肠和结肠之间的部分，呈圆锥状，称为回盲瓣，其口称为回盲口。

结肠由盲结口开始，在结肠系膜中盘曲成圆锥状或哑铃状，称为旋袢。旋袢可分为向心回和离心回，向心回按顺时针方向旋转三圈半或四圈半到锥顶，然后转为离心回；离心回按逆时针方向旋三圈半或四圈半，然后转为终袢。终袢在荐骨岬处连直肠。

直肠形成直肠壶腹。

(3) 肛门。不向外突出，在肛门周围有括约肌分布。

3. 马肠 (图4-16)

(1) 小肠。包括十二指肠、空肠和回肠三部分。

十二指肠长约1m，位于右季肋部和腰部。

空肠长约22m，形成许多迂曲的肠环，借助于前肠系膜悬吊在前位腰椎的下方。

回肠长约1m，以回盲韧带与盲肠相连。

(2) 大肠。大肠包括盲肠、结肠和直肠。

盲肠外形呈逗点状，长约1m。位于腹腔右侧，从右髂部的上部起，沿腹侧壁向前下方伸延，达剑状软骨部。可分为盲肠底（或盲肠头）、盲肠体和盲肠尖三部分。

结肠可分为大结肠和小结肠。大结肠特别发达，长约3m，占据腹腔的大部分，呈双层蹄铁形，可分为四段三个弯曲，从盲结口开始，顺次为右下大结肠→胸骨曲→左下大结肠→骨盆曲→左上大结肠→膈曲→右上大结肠。小结肠长约3m，借后肠系膜连于腰椎腹侧。

直肠比牛的长而粗，长约30cm。后段管径

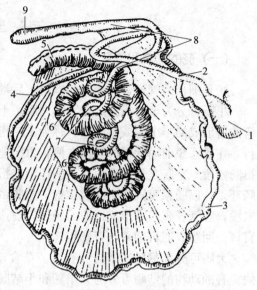

图4-15 猪肠模式图
1. 胃 2. 十二指肠 3. 空肠 4. 回肠 5. 盲肠
6. 结肠圆锥向心回 7. 结肠圆锥离心回
8. 结肠终袢 9. 直肠
（朱金凤.动物解剖.2007）

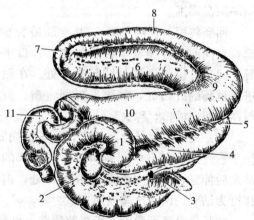

图4-16 马的大肠
1. 盲肠基 2. 盲肠体 3. 盲肠尖 4. 右下大结肠
5. 胸骨曲 6. 左下大结肠 7. 骨盆曲 8. 左上大结肠 9. 膈曲 10. 右上大结肠 11. 小结肠
（朱金凤，动物解剖，2007）

增大,形成直肠壶腹。

(3) 肛门。呈圆锥状,突出于尾根之下。

(二) 肠的组织构造

1. 小肠的组织结构 肠壁分黏膜、黏膜下层、肌层和浆膜四层。

(1) 黏膜。小肠黏膜形成许多环形皱褶和微细的肠绒毛,突入肠腔内,以增加与食物接触的面积(图4-17、图4-18)。

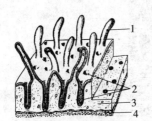

图4-17 小肠黏膜层
1. 绒毛 2. 肠腺 3. 固有层 4. 黏膜肌层
(王树迎. 动物组织学与胚胎学. 1999)

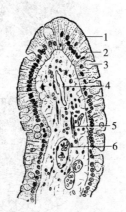

图4-18 小肠绒毛纵切
1. 纹状缘 2. 肠上皮 3. 杯状细胞
4. 中央乳糜管 5. 平滑肌 6. 毛细血管
(王树迎. 动物组织学与胚胎学. 1999)

①上皮。被覆于黏膜和绒毛的表面,由单层柱状上皮构成,上皮细胞之间夹有杯状细胞和内分泌细胞,柱状细胞游离面有明显的纹状缘。

②固有层。由富含网状纤维的结缔组织构成,固有层内除有大量的肠腺外,还有毛细血管、淋巴管、神经和各种细胞成分(如淋巴细胞、嗜酸性粒细胞、浆细胞和肥大细胞等)。固有层中央有一条粗大的毛细淋巴管(绵羊有两条),它的起始端为盲端,称中央乳糜管。中央乳糜管管壁由一层内皮细胞构成,无基膜,通透性很大,一些较大分子的物质可进入管内。

③黏膜肌层。一般由内环、外纵两层平滑肌组成。

(2) 黏膜下层。由疏松结缔组织构成。内有较大的血管、淋巴管、神经丛及淋巴小结等。

(3) 肌层。由内环、外纵两层平滑肌组成。

(4) 浆膜。与胃的浆膜相同。

2. 大肠的组织构造 大肠也由四层构成(图4-19)。

(1) 大肠黏膜没有环形皱襞,黏膜表面没有绒毛。

(2) 黏膜上皮中杯状细胞多,无纹状缘。

(3) 大肠腺比较发达,直而长。杯状细胞较多,分泌碱性黏液,中和粪便发酵的酸性产物。分泌物不含消化酶,但有溶菌酶。

(4) 孤立淋巴小结较多,集合淋巴小结却很少。

(5) 肌层特别发达。

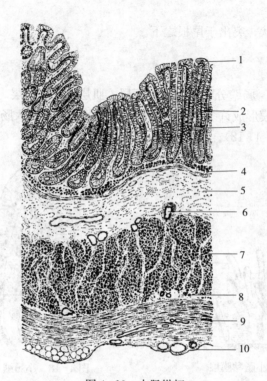

图 4-19 大肠纵切
1. 上皮 2. 肠腺 3. 固有层 4. 黏膜肌层
5. 黏膜下层 6. 血管 7. 内环肌 8. 肌间神经丛
9. 外纵肌 10. 浆膜
（王树迎．动物组织学与胚胎学．1999）

六、肝

（一）肝的形态位置

肝呈红褐色，是动物体内最大的腺体。

肝位于腹前部，膈肌的后方，大部分偏右侧或全部位于右侧。呈扁平状，颜色为红褐色。背侧一般较厚，腹侧缘薄而锐。在腹侧缘上有深线不同的切迹，将肝分成大小不等的肝叶。膈面隆突，脏面凹，中部有肝门。门静脉和肝动脉经肝门入肝，胆汁的输出管和淋巴管经肝门出肝。肝各叶的输出管合并在一起形成肝管。没有胆囊的动物，肝管和胰管一起开口于十二指肠。有胆囊的动物，胆囊的胆囊管与肝管合并，称为胆管，开口于十二指肠。

肝的表面被覆有浆膜，并形成左、右冠状韧带、镰状韧带、圆韧带、三角韧带与周围器官相连。

1. 牛（羊）的肝 牛肝略呈长方形，被胃挤到右季肋部，被胆囊和圆韧带分为左、中、右三叶（图 4-20）。左叶在第 6~7 肋骨相对处，右叶在第 2~3 腰椎下方。分叶不明显，中叶被肝门分为上方的尾叶和下方的方叶。尾叶有两个上突，一个称乳头突，另一个称尾状突突出于右叶以外。胆管在十二指肠的开口距幽门 50~70cm。

2. 猪的肝 猪肝较发达，中央部厚，周围边缘薄，大部分位于腹前部的右侧，左缘与第9或第10肋间隙相对；右缘与最后肋间隙的上方相对；腹缘位于剑状软骨后方，距离剑状软骨3～5cm。肝被三条深的切迹分左外叶，左内叶、右内叶和右外叶。猪肝的小叶间结缔组织发达，所以肝小叶很明显，在肝的表面，用肉眼看得很清楚。胆囊位于右内叶的胆囊窝内。胆管开口于距幽门2～5cm处的十二指肠憩室（图4-21）。

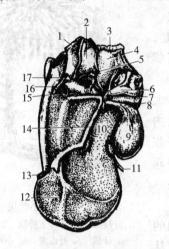
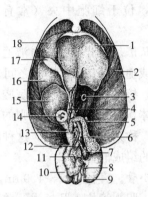

图4-20 牛肝（脏面）

1. 肝肾韧带 2. 尾状突 3. 右三角韧带 4. 肝右叶
5. 肝门淋巴结 6. 十二指肠 7. 胆管 8. 胆囊管
9. 胆囊 10. 方叶 11. 肝圆韧带 12. 肝左叶
13. 左三角韧带 14. 小网膜 15. 门静脉
16. 后腔静脉 17. 肝动脉

（马仲华．家畜解剖学及组织胚胎学．第三版．2001）

图4-21 猪肝脏和胰脏

1. 左外叶 2. 膈 3. 食管 4. 胆管 5. 胃淋巴结
6. 胰左叶 7. 肾上腺 8. 肾淋巴结 9. 输尿管
10. 右肾 11. 胰中叶 12. 门静脉
13. 十二指肠 14. 幽门 15. 右外叶
16. 右内叶 17. 胆囊 18. 左内叶

（朱金凤．动物解剖．2007）

3. 马的肝 马肝的特点是分叶明显，没有胆囊。大部分位于右季肋部，小部分位于左季肋部，其右上部达第16肋骨中上部，左下部与第7～8肋骨的下部相对。肝的背缘钝，腹侧缘薄锐。在肝的腹侧缘上有两个切迹，将肝分为左、中、右三叶。肝脏的输出管为肝总管，由肝左管和肝右管汇合而成，开口于十二指肠憩室（图4-22）。

（二）肝的组织构造

肝的表面大部分被覆一层浆膜，其深面由富含弹性纤维的结缔组织构成的纤维囊，纤维囊结缔组织随血管、神经、淋巴管和肝管等出入肝实质内，构成肝的支架，并将肝分隔成许多肝小叶。

1. 肝小叶 肝小叶为肝的基本单位，呈不规则的多面棱柱状体。每个肝小叶的中央沿长

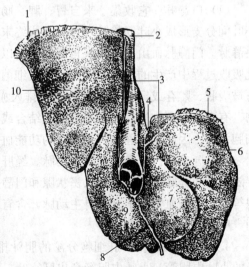

图4-22 马肝（壁面）

1. 右三角韧带 2. 后腔静脉 3. 左、右冠状韧带
4. 食管切迹 5. 左三角韧带 6. 左外叶 7. 左内叶
8. 镰状韧带 9. 中叶（方叶） 10. 右叶

（董常生．家畜解剖学．第三版．2001）

轴都贯穿着一条中央静脉。肝细胞以中央静脉为轴心呈放射状排列，切片上则呈索状，称为肝细胞索，而实际上是些肝细胞呈单行排列构成的板状结构，又称肝板。肝板互相吻合连接成网，网眼内为窦状隙。窦状隙极不规则，并通过肝板上的孔彼此沟通（图4-23）。

（1）肝细胞。呈多面形，胞体较大，界限清楚。胞核圆而大，位于细胞中央（常有双核细胞），核膜清楚。

（2）窦状隙。为肝小叶内血液通过的管道（即扩大的毛细血管或血窦），位于肝板之间。窦壁由扁平的内皮细胞构成，核呈扁圆形，突入窦腔内。此外，在窦腔内还有许多体积较大、形状不规则的星形细胞，以突起与窦壁相连，称为枯否氏细胞。这种细胞是体内单核巨噬细胞系统的组成部分。

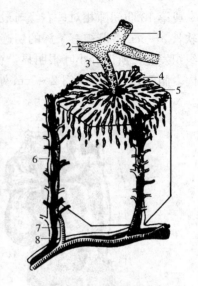

图4-23 肝小叶模式图
1. 肝静脉　2. 小叶下静脉　3. 中央静脉
4. 肝板　5. 肝血窦　6. 小叶间胆管
7. 小叶间动脉　8. 小叶间静脉
（王树迎．动物组织学与胚胎学．1999）

（3）胆小管。直径$0.5\sim1.0\mu m$，由相邻肝细胞的细胞膜围成。胆小管位于肝板内，并互相通连成网，从肝小叶中央向周边部行走，胆小管在肝小叶边缘与小叶内胆管连接。

2. 门管区　由肝门进出肝的三个主要管道（门静脉、肝动脉和肝管），以结缔组织包裹，总称为肝门管。三个管道在肝内分支，并在小叶间结缔组织内相伴而行，分别称为小叶间静脉、小叶间动脉和小叶间胆管。在门管区内还有淋巴管神经伴行。

3. 肝的血液循环　进入肝的血管有门静脉和肝动脉。

（1）门静脉。它收集了来自胃、脾、肠、胰的血液，汇合成门静脉，经肝门入肝，在肝小叶间分支形成小叶间静脉，再分支成终末分支开口于窦状隙，然后血液流向小叶中心的中央静脉。门静脉血由于主要来自胃肠，所以血液内既含有经消化吸收来的营养物质，又含消化吸收过程中产生的毒素、代谢产物及细菌、异物等有害物质。其中，营养物质在窦状隙处可被吸收、贮存或经加工、改造后再排入血液中，运到机体各处，供机体利用；而代谢产物、有毒、有害物质，则可被肝细胞结合或转化为无毒、无害物质，细菌、异物可被枯否氏细胞吞噬。因此，门静脉属于肝脏的功能血管。

（2）肝动脉。它来自于腹主动脉。经肝门入肝后，在肝小叶间分支形成小叶间动脉，并伴随小叶间静脉分支后，进入窦状隙和门静脉血混合。部分分支还可到被膜和小叶间结缔组织等处。这支血管由于是来自主动脉，含有丰富的氧气和营养物质，可供肝细胞物质代谢使用，所以是肝脏的营养血管。

4. 胆汁排出途径　肝细胞分泌的胆汁排入胆小管内。在肝小叶边缘，胆小管汇合成短小的小叶内胆管。小叶内胆管穿出肝小叶，汇入小叶间胆管。小叶间胆管向肝门汇集，最后形成肝管出肝直接开口于十二指肠（在马）或与胆囊管汇合成胆管后，再通入十二指肠内（在牛、羊和猪等）。

肝的血液循环和胆汁排出途径如图4-24所示。

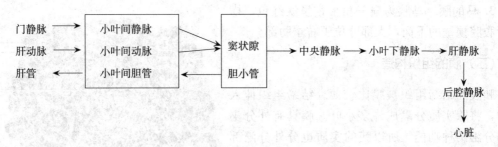

图 4-24　肝血液循环和胆汁排出途径

七、胰

(一) 胰的形态和位置

胰呈淡红黄色，形状很不规则，近似三角形。位于腹腔背侧，靠近十二指肠。胰可分为三个叶，靠近十二指肠的部分称中叶（或胰头），左侧的部分为左叶，右侧的部分称右叶。胰的输出管有的动物（牛、猪）有一条，有的动物（马、犬）有两条，其中一条称胰管，另一条称副胰管。

1. 牛（羊）的胰　牛胰呈不正的四边形，分叶不明显，位于右季肋部和腰部。胰头靠近肝门附近。左叶背侧附着于膈肌脚，腹侧与瘤胃背囊相连。右叶较长，向后伸延到肝尾状叶附近，背侧与右肾邻接，腹侧与十二指肠和结肠为邻（图4-25）。

2. 猪的胰　猪胰由于脂肪含量较多，故呈灰黄色，略呈三角形。胰头稍偏右侧，位于门静脉和后腔静脉腹侧，右叶沿十二指肠向后方伸延到右肾的内侧缘；左叶位于左肾的下方和脾的后方，整个胰位于最后两胸椎和前两个腰椎的腹侧。胰管由右叶末端发出，开口于距幽门10～12cm处的十二指肠内（图4-26）。

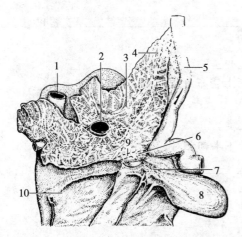

图 4-25　牛胰（腹侧面）

1. 后腔静脉　2. 门静脉　3. 胰　4. 胰管
5. 十二指肠　6. 胆管　7. 胆囊管　8. 胆囊
9. 肝管　10. 肝

（马仲华．家畜解剖学及组织胚胎学．第三版．2001）

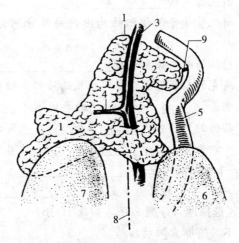

图 4-26　猪胰（背侧面）

1. 胰左叶　2. 胰右叶　3. 门静脉　4. 胃脾静脉
5. 十二指肠降部　6、7. 右、左肾前极
8. 正中平面近侧位置　9. 胰管

（董常生．家畜解剖学．第三版．2001）

3. 马的胰 马胰为扁三角形，呈淡红色，横位于腹腔顶壁的下面，大部分位于右季肋部。

（二）胰的组织构造

胰表面结缔组织被膜比较薄。结缔组织伸入腺内，将腺实质分隔成许多小叶。胰具有外分泌和内分泌两种功能，所以胰的实质也分外分泌部和内分泌部（图4-27）。

1. 外分泌部 属消化腺。分腺泡和导管两部分，占腺体的绝大部分。腺泡分泌液称胰液，一昼夜可分泌6～7L（牛、马）或7～10L（猪），经胰管注入十二指肠。

2. 内分泌部 内分泌部位于外分泌部的腺泡之间，由大小不等的细胞群组成，形似小岛，故名胰岛。胰岛细胞分泌胰岛素和胰高血糖素，经毛细血管进入血液，有调节血糖代谢的作用。

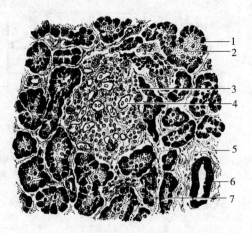

图4-27 胰的组织构造
1. 腺泡 2. 泡心细胞 3. 胰岛 4. 毛细血管
5. 小叶间结缔组织 6. 小叶间导管 7. 闰管
（王树迎．动物组织学与胚胎学．1999）

自测练习题

一、填空题（每空1分，共计30分）

1. 消化系统包括_____和_____两部分。
2. 消化管主要包括_____、_____、_____、_____、_____、_____和肛门。
3. 消化腺包括_____和_____。
4. 消化管管壁的组织结构由内向外分别为_____、_____、_____和_____四层。
5. 动物的唾液腺主要有_____、_____和_____三对。
6. 网胃的黏膜形成许多网格状的皱褶，皱褶上密布角质乳头，故又称_____。
7. 咽是_____和_____的共同通道。
8. 动物的胃可分为_____和_____两大类。
9. 牛的瓣胃约与_____至_____肋间隙下半部相对。
10. 牛的结肠可分为_____、_____、_____三段。
11. 牛（羊）的胃为多室胃，分为_____、_____、_____和皱胃。

二、选择题（每题2分，共计16分）

1. 不具有胆囊的动物是（　　）。
   A. 马　　　　B. 牛　　　　C. 猪　　　　D. 羊
2. 多室胃又称反刍胃，见于（　　）。
   A. 马　　　　B. 牛　　　　C. 猪　　　　D. 狗
3. 瘤胃呈前后稍长，左、右略扁的椭圆形大囊，几乎占据整个腹腔（　　）。

A. 左侧　　　　　B. 右侧　　　　　C. 前部　　　　　D. 后部
4. 皱胃是一端粗一端细的扁长囊，位于（　　）。
　　A. 右季肋部　　　B. 左季肋部　　　C. 剑状软骨部　　D. 脐部
5. 牛的空肠大部分位于（　　）。
　　A. 左季肋部　　　B. 右季肋部　　　C. 右髂部　　　　D. 右腹股沟部
6. 网胃呈梨形，位于（　　）。
　　A. 右季肋部　　　B. 剑状软骨部　　C. 左季肋部　　　D. 季肋部
7. 牛的瓣胃是两侧稍扁的球形，位于（　　）。
　　A. 右季肋部　　　B. 左季肋部　　　C. 剑状软骨部　　D. 脐部
8. 下列动物中，结肠成圆盘状的是（　　）。
　　A. 马　　　　　　B. 兔　　　　　　C. 猪　　　　　　D. 牛

三、判断题（每题1分，共计10分）

1. 口腔的前壁为唇，侧壁颊，顶壁为硬腭，底为下颌骨和舌。（　　）
2. 牛的肝位于右季肋部，分为左外叶、左内叶、右内叶和右外叶。（　　）
3. 颊构成口腔的两侧壁，主要由咬肌构成，外覆皮肤，内衬黏膜。（　　）
4. 硬腭构成固有口腔的顶壁，向后延续为软腭。（　　）
5. 牛的小肠可分为十二指肠、空肠和回肠三部分，大部分位于左季肋部、左髂部和左腹股沟部。（　　）
6. 牛舌可分为圆枕、舌体和舌尖。（　　）
7. 牛舌黏膜面上丝状乳头，锥状乳头和豆状乳头均有味蕾。（　　）
8. 食管可分为头、颈、胸和腹四段。（　　）
9. 成年牛的瘤胃占胃总容积的80%，几乎占据整个腹腔左侧。（　　）
10. 网胃又称百叶胃，位于右季肋部。（　　）

四、简答题（每题5分，共计15分）

1. 骨盆腔内包含有哪些器官？
2. 腹腔是如何划分的？
3. 简述消化管管壁的组成。

五、问答题（共计29分）

1. 牛胃的体表投影位置如何？（10分）
2. 简述小肠和大肠组织构造上的差异。（10分）
3. 犊牛为什么不能用桶直接进行喂乳？（9分）

第五章 呼吸系统

呼吸系统由鼻、咽、喉、气管、支气管、肺组成（图5-1）。鼻、咽、喉、气管和支气管是气体进出肺的通道，称为呼吸道。肺是呼吸的核心器官，是完成气体交换的场所。

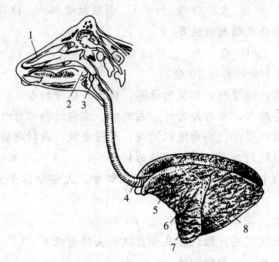

图5-1 牛呼吸系统模式图

1. 鼻腔　2. 咽　3. 喉　4. 气管　5. 左肺前叶前部　6. 心切迹　7. 左肺前叶后部　8. 左肺后叶

（董常生．家畜解剖学．第三版．2001）

第一节　呼吸道

一、鼻

（一）鼻腔

鼻腔被鼻中隔分为左、右两半，前方为鼻孔和鼻翼，后方为鼻后孔，与咽相通。鼻腔侧壁有上、下鼻甲骨，将每侧鼻腔分隔为上、中、下三个鼻道。上鼻道通鼻黏膜的嗅区，中鼻道通副鼻窦，下鼻道最宽大，是鼻孔到咽的主要气流通道。鼻中隔两侧面与鼻甲骨之间形成总鼻道，与上、中、下三个鼻道均相通。鼻腔由鼻孔、鼻前庭和固有鼻腔三部分组成（图5-2）。

1. 鼻孔　鼻孔为鼻腔的入口，由内、外侧鼻翼围成。鼻翼为内含鼻翼软骨和肌肉的皮肤褶。牛的鼻孔小，呈不规则的椭圆形，鼻翼厚而不灵活，两鼻孔间与上唇间形成鼻唇镜。羊和猪鼻孔与上唇处分别形成鼻镜和吻镜。

2. 鼻前庭　为鼻腔前部衬有皮肤的部分，相当于鼻翼所围成的空间；表面长有短毛，并有色素沉着。其内侧壁有鼻泪管的开口，但常被下鼻甲的延长部所覆盖。

3. 固有鼻腔 位于鼻前庭之后，由骨性鼻腔覆以黏膜构成，是鼻腔的主体部位。在每侧鼻腔侧壁上附有上、下两个纵行的鼻甲，将鼻腔分为上、中、下三个鼻道。上鼻道通嗅区，中鼻道通副鼻窦，下鼻道经鼻后孔通咽。鼻中隔两侧沟通上、中、下鼻道的竖缝称总鼻道。

鼻腔内表面衬有皮肤和黏膜，分为鼻前庭、呼吸区和嗅区。前庭区位于鼻孔之内，被覆有面部折转而来的皮肤，着生鼻毛，可过滤空气。呼吸区位于各鼻道，黏膜中含丰富的血管和腺体，可净化、湿润和温暖吸入的空气。嗅区位于筛骨鼻侧，黏膜形成嗅褶，内有嗅细胞，可感受嗅觉刺激。

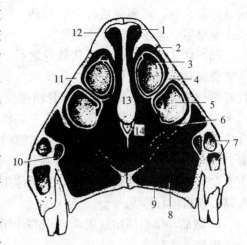

图 5-2 牛鼻腔的横断面
1. 上鼻道 2. 中鼻道 3. 下鼻甲的背侧部 4. 基板
5. 下鼻甲的腹侧部 6. 下鼻道 7. 上颌窦 8. 腭窦
9. 上颌骨的腭突 10. 眶下管和神经 11. 上颌骨
12. 鼻骨 13. 鼻中隔软骨 14. 犁骨
（董常生．家畜解剖学．第三版．2001）

（二）副鼻窦

副鼻窦为鼻腔周围头骨内的含气空腔（详见第二章运动系统中鼻旁窦）。

二、咽

咽是呼吸道和消化管相交叉的部位（详见第四章消化系统中咽）。

三、喉

喉位于下颌间隙的后方，头、颈交界处的腹侧；前端与咽相通，后端与气管相连。喉是气体出入肺的通道，也是机体发声的器官。喉由喉软骨、喉肌、喉腔和喉黏膜构成。

（一）喉软骨和喉肌

1. 喉软骨 喉软骨包括不成对的会厌软骨、甲状软骨、环状软骨和成对的勺状软骨（图5-3）。它们借关节和韧带连接起来，共同构成喉的软骨基础。

（1）会厌软骨。位于喉的前部，较短，呈卵圆形，基部较厚，借弹性纤维附着于甲状软骨上，尖端钝圆，弯向舌根，表面覆盖有黏膜，合称会厌。会厌在吞咽时可关闭喉口，防止食物误入气管。

（2）甲状软骨。是最大的一块，位于会厌软骨和环状软骨之间，呈弯曲的板状，构

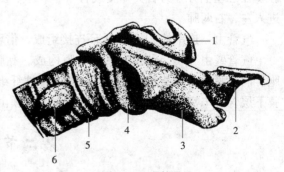

图 5-3 喉软骨
1. 勺状软骨 2. 会厌软骨 3. 甲状软骨
4. 环状软骨 5. 气管软骨环 6. 甲状腺
（朱金凤．动物解剖．2007）

成喉腔的底壁，腹侧面后部有一隆凸，称喉结。后角较长而呈弓形，与环状软骨形成关节。

（3）环状软骨。位于甲状软骨之后，呈环状，由环状软骨板和环状软骨弓构成。环状软骨前缘和后缘以弹性纤维分别与甲状软骨和气管软骨相连。

（4）勺状软骨。成对存在，位于环状软骨前缘两侧和甲状软骨板的内侧，构成喉腔背侧壁的前部。勺状软骨呈三面锥体形，可分为底和尖两部分。底呈三角形，上有发达的肌突，供肌肉附着。尖又称角小突，弯向背内侧，表面包有黏膜。

2. 喉肌　喉肌属横纹肌，它们的作用与吞咽、呼吸及发声等运动有关。

（二）喉腔和喉黏膜

1. 喉腔　喉软骨彼此借关节和韧带等连成支架、内衬黏膜围成的腔隙称喉腔。前端有喉口通咽，后端与气管联通。喉口由会厌软骨、勺状软骨和勺状会厌褶共同围成。在喉腔中部的侧壁上，有一对黏膜褶，称声襞（声带褶），内含声韧带和声带肌，连于勺状软骨声带突和甲状软骨体之间，是发声器官。两声襞之间的裂隙称声门裂（图5-4）。

2. 喉黏膜　喉腔内壁面覆盖有喉黏膜，由上皮和固有膜构成。上皮有两种：被覆于喉前庭和声带的上皮为复层扁平上皮；喉后腔的上皮为假复层柱状纤毛上皮。固有膜由结缔组织构成，含有喉腺，可分泌黏液和浆液，有润滑声带的作用。

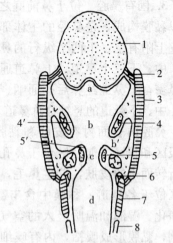

图5-4　喉腔和喉黏膜壁模式图
a. 喉中隐窝　b. 喉前庭　b′. 喉室
c. 声门裂　d. 声门下腔
1. 会厌软骨　2. 勺状会厌襞　3. 甲状软骨
4、4′. 前庭襞及前庭肌
5、5′. 声襞及声带肌　6. 环勺侧肌
7. 环状软骨　8. 气管软骨
（程会昌. 动物解剖学与组织胚胎学. 2007）

四、气管和支气管

气管为连接喉与肺之间的管道。气管呈圆筒状长管，由喉向后，沿颈腹侧正中线进入胸腔，在心基上方分为右尖叶支气管（牛、羊、猪），随后又分出左、右两条主支气管，分别进入左、右两肺。

气管由一连串的U形软骨环连接组成，借环韧带连在一起构成支架。

气管壁由黏膜、黏膜下层和外膜构成。黏膜上皮为假复层柱状纤毛上皮，夹有杯状细胞。固有膜由疏松结缔组织构成，其中弹性纤维较多，还有弥散的淋巴组织和淋巴小结。黏膜下层含有丰富的血管、神经和气管腺。外膜由软骨和结缔组织构成。

第二节　肺

一、肺的形态和位置

肺位于纵隔两侧的左、右胸腔内，右肺通常略大于左肺。健康的肺呈粉红色，质轻软，富有弹性。在每个肺内侧面靠近前端的部位有支气管、血管和神经出入肺，此部位称为肺门。

由于动物左肺小，左心压迹深，左心切迹宽，便使心脏在纵隔中向左偏移，左面心包较多地外露于肺并与左胸壁接触。兽医临床常将左肺心切迹作为心脏听诊部位，上界约在肩关节水平线稍下方，前后位于3～6肋骨之间听取心音。

（一）肺的三个面

1. 肋面 与胸腔侧壁接触，并显有肋骨压迹。

2. 内侧面（纵隔面） 较平，与脊柱和纵隔接触，并有心压迹、食管压迹和主动脉压迹（右肺心压迹浅于左肺心压迹）。在心压迹的后上方有肺门，是主支气管、肺动脉、肺静脉和神经等出入肺的地方，上述这些结构被结缔组织包在一起，称为肺根。

3. 膈面 与膈接触。

（二）肺的三个缘

1. 背侧缘 钝而圆，位于肋椎沟中。

2. 腹侧缘 薄而锐，位于胸外侧壁和纵隔间。腹侧缘有豁口状的心切迹和叶间裂，是肺分叶的依据，家畜左肺心切迹一般大于右肺心切迹，使心脏左壁在此处外露。

3. 后缘（底缘） 位于胸外侧壁与膈之间。

（三）肺的分叶

牛、羊、猪的肺可分七叶，即左尖叶、左心叶、左膈叶、右尖叶（牛、羊右尖叶又分前后两部）、右心叶、右膈叶和副叶。马肺的心叶和膈叶并为心膈叶，因而仅分五叶（图5-5）。

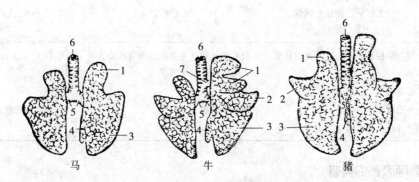

图5-5 马、牛、猪肺分叶模式图

1. 尖叶 2. 心叶 3. 膈叶 4. 副叶 5. 支气管 6. 气管 7. 右尖叶支气管

（朱金凤．动物解剖．2007）

二、肺的组织构造

主支气管经肺门入肺后，反复分支，呈树枝状，故称为支气管树（图5-6）。支气管分支进入每个肺叶，称肺叶支气管，肺叶支气管进而分支进入每个肺段，称肺段支气管。肺段支气管以下多次分支，统称小支气管。其管径在1mm以下称细支气管，细支气管继续分支至直径0.5mm则称终末细支气管。终末细支气管继续分支为呼吸性细支气管，管壁上出现散在的肺泡，呼吸性细支气管再分支为肺泡管，肺泡管再分支为肺泡囊。肺泡管和肺泡囊壁上有较多的肺泡。

终末细支气管以上的各级支气管是空气进出的通道，称导管部。呼吸性细支气管以下的部分，进行气体交换，称呼吸部。

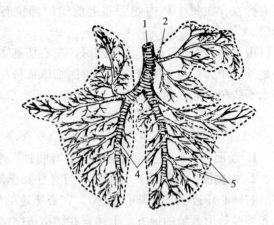

图5-6 牛肺的支气管树
1. 气管 2. 气管支气管 3. 主支气管
4. 膈叶支气管 5. 肺段支气管
（朱金凤. 动物解剖. 2007）

肺表面覆盖光滑、湿润的浆膜（肺胸膜），将膜下的结缔组织伸入肺内，将肺实质分隔成众多肉眼可见的肺小叶。肺小叶一般呈锥体形，锥底朝肺表面，锥尖朝肺门。动物小叶性肺炎即肺以肺小叶为单位发生了病变。

（一）肺导管部的构造

肺导管部的组织构造与气管、主支气管基本相似，只是管径逐渐变小，管壁随之变薄，结构相继简化，其变化情况见表5-1。

表5-1 肺导管部的构造

	支气管（肺叶支气管、肺段支气管、小支气管）	细支气管	终末细支气管
黏膜上皮	假复层柱状纤毛上皮，夹有杯状细胞	假复层柱状纤毛上皮逐渐变成立方纤毛上皮，杯状细胞减少	单层立方上皮，杯状细胞消失
气管腺	逐渐减少	无	无
平滑肌	环形肌束	环形平滑肌	完整的环形肌层
软骨	呈片状，逐渐减少至消失	无	无

（二）肺呼吸部的构造

肺呼吸部包括呼吸性细支气管、肺泡管、肺泡囊和肺泡（图5-7）。

1. 呼吸性细支气管 开始具有气体交换作用，其上皮为单层立方上皮。固有层极薄，有弹性纤维和网状纤维，肌层为不完整的平滑肌束。

2. 肺泡管 管壁上有许多肺泡和肺泡囊的开口，在相邻肺泡开口之间，表面为单层立方或扁平上皮，上皮下有薄层结缔组织和少量环形平滑肌。

3. 肺泡囊 呈梅花状，为多个肺泡共同开口的囊腔，与肺泡管相延续。上皮已全部变为肺泡上皮，平滑肌完全消失。

4. 肺泡 为半球形的囊泡，开口于肺泡囊、肺泡管或呼吸性细支气管，是气体交换的场所。肺泡壁很薄，仅由一层夹杂有立方形分泌细胞的单层扁平上皮细胞构成。肺泡呈多面球体，一面有缺口，与肺泡囊、肺泡管相通，其他各面与相邻肺泡的肺泡壁相贴形成肺泡隔（图5-8）。

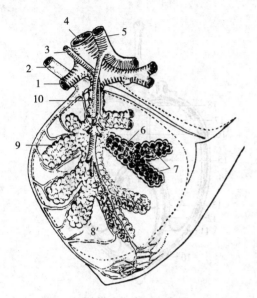
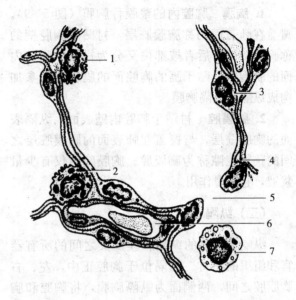

图5-7 肺小叶结构模式图
1. 终末细支气管 2. 肺静脉 3. 支气管动脉
4. 细支气管 5. 肺动脉 6. 肺泡管 7. 肺泡囊
8. 毛细血管网 9. 肺泡 10. 呼吸性细支气管
（朱金凤.动物解剖.2007）

图5-8 肺泡与肺泡隔
1. Ⅱ型肺泡细胞 2. 板层小体 3. Ⅰ型肺泡细胞
4. 肺泡隔 5. 肺泡孔 6. 毛细血管 7. 巨噬细胞
（程会昌.动物解剖学与组织胚胎学.2007）

肺泡内表面的肺泡上皮由Ⅰ型和Ⅱ型细胞共同组成。Ⅰ型细胞占肺泡内表面的95%，细胞扁平且很薄。Ⅰ型细胞为气体交换提供了一个广而薄的面，使气体易于通过。Ⅱ型细胞较少，呈圆形或立方形，位于Ⅰ型细胞之间。Ⅱ型细胞可分泌表面活性物质，在肺泡内表面形成脂蛋白物质层，可降低肺泡表面气—液接触的表面张力，使肺泡不致因表面张力而塌陷。而且，Ⅱ型细胞又是Ⅰ型细胞的后备细胞，当Ⅰ型细胞受损伤时，Ⅱ型细胞可转变为Ⅰ型细胞，以保持呼吸膜的完整性。

5. 肺泡隔 是指相邻肺泡之间的间质，其中含有丰富的毛细血管网、弹性纤维、成纤维细胞和肺巨噬细胞。隔内有丰富的毛细血管网和弹性纤维膜包绕肺泡壁，这样的结构有利于肺泡与血液之间发生气体交换，也使肺泡具有良好的弹性，吸气时能扩张，呼气时能回缩。肺泡隔内的大量弹性纤维则与吸气后肺泡的弹性回缩有关。肺巨噬细胞能吞噬吸入的灰尘、细菌、异物及渗出的红细胞等。肺泡隔内还有一种吞噬细胞，称隔细胞。这种细胞可进入肺泡腔内，吞噬肺泡内尘粒和病菌，又称尘细胞，可随呼吸道分泌物排出。

6. 肺泡孔 相邻肺泡之间有小孔相通，称肺泡孔，它是肺泡间气体通路。当细支气管阻塞时，可通过肺泡孔与邻近肺泡建立侧支通气，有利于气体交换。

第三节 胸膜和纵隔

(一) 胸膜

1. 胸膜 胸腔内的浆膜称胸膜（图5-9）。覆盖在肺表面的称胸膜脏层，衬贴于胸腔壁的称胸膜壁层，后者按部位又分为衬贴于胸壁内面的肋胸膜、贴于膈的胸腔面的膈胸膜和参加构成纵隔的纵隔胸膜。

2. 胸膜腔 衬贴于胸腔内壁表面、纵隔表面的胸膜壁层，与覆盖在肺表面的胸膜脏层之间的狭窄腔隙称为胸膜腔。胸膜腔内仅有少量浆液，起润滑作用。

(二) 纵隔

纵隔是两侧的纵隔胸膜及其之间的所有器官和组织的总称。纵隔位于胸腔正中，左、右胸膜腔之间，两侧面为纵隔胸膜，将胸腔和胸膜腔分隔为左、右两部。除马属动物外，其他动物左、右胸膜腔一般互不相通。纵隔内含有胸腺、心包、心脏、食管、气管、胸导管等器官（图5-9）。

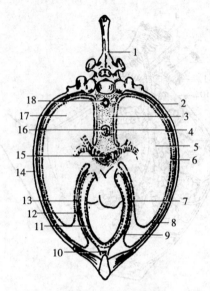

图5-9 胸膜和纵隔
1. 胸椎 2. 肋胸膜 3. 纵隔 4. 纵隔胸膜
5. 左肺 6. 肺胸膜 7. 心包胸膜 8. 胸膜腔
9. 心包腔 10. 胸骨心包韧带 11. 心包浆膜脏层
12. 心包浆膜壁层 13. 心包纤维膜 14. 肋骨
15. 气管 16. 食管 17. 右肺 18. 主动脉
（董常生．家畜解剖学．第三版．2001）

自测练习题

一、填空题（每空1分，共计20分）

1. 呼吸系统由_____、_____、_____、_____、_____和_____构成。
2. 喉软骨是喉的支架，由_____、_____、_____和_____共四种5块构成。
3. 气管壁自内向外以此由_____、_____和_____三层构成。
4. 肺可分七叶，即_____、_____、_____、_____、_____、_____和_____。

二、选择题（每题2分，共计16分）

1. 衬贴于胸腔内壁面、纵隔表面的胸膜壁层与覆盖于肺表面的胸膜脏层之间的狭窄腔隙称为（ ）。
   A. 骨盆腔　　　B. 胸膜腔　　　C. 胸腔　　　D. 腹膜腔
2. 成对的喉软骨是（ ）。
   A. 会厌软骨　　B. 甲状软骨　　C. 环状软骨　　D. 勺状软骨
3. 牛左肺分为（ ）。
   A. 1叶　　　　B. 2叶　　　　C. 3叶　　　　D. 4叶
4. 下列属于动物肺呼吸部的结构是（ ）。

A. 肺泡　　　　B. 支气管　　　C. 气管　　　　D. 鼻腔
5. 动物左侧没有的肺叶是（　　）。
　　A. 尖叶　　　　B. 副叶　　　　C. 膈叶　　　　D. 心叶
6. 呼吸系统中终末支气管以上的部分称为（　　）。
　　A. 呼吸部　　　B. 导管部　　　C. 支气管部　　D. 肺组织部
7. 构成喉腔背侧壁前部的是（　　）。
　　A. 会厌软骨　　B. 甲状软骨　　C. 环状软骨　　D. 勺状软骨
8. 肺的三个面不包括（　　）。
　　A. 肋面　　　　B. 膈面　　　　C. 腹侧面　　　D. 纵隔面

三、判断题（每题2分，共计20分）

1. 鼻腔可分为鼻前庭和固有鼻腔两部分。（　　）
2. 鼻前庭由上鼻甲、中鼻甲和下鼻甲将其分为若干鼻道。（　　）
3. 下鼻道后端经鼻后孔通喉。（　　）
4. 喉软骨有会厌软骨、甲状软骨、环状软骨和勺状软骨四种。（　　）
5. 牛肺分左、右肺。左肺分前叶、中叶、后叶和副叶；右肺分前叶和后叶。（　　）
6. 两侧声带间的狭隙称声门裂，气流通过时振动声带便可发声。（　　）
7. 主支气管经肺门入肺后，反复分支，呈树枝状。（　　）
8. 胸膜壁层又分为肋胸膜、纵隔胸膜和膈胸膜，胸膜脏层又称肺胸膜。（　　）
9. 副鼻窦有减轻头骨重量、温暖和湿润空气及对发音起共鸣作用。（　　）
10. 咽是呼吸通道，也是发声器官。（　　）

四、简答题（每题8分，共计24分）

1. 肺的三个面、三个缘指的是哪些？
2. 简述喉软骨的组成及位置。
3. 纵隔内有哪些器官？

五、问答题（每题10分，共计20分）

1. 简述肺的形态和位置。
2. 简述肺的组织结构。

第六章 泌尿系统

泌尿系统由肾、输尿管、膀胱和尿道组成,其中肾是生成尿液的器官,输尿管是把尿液输送到膀胱的器官,膀胱起着贮存尿液的作用,而尿道则是排出尿液的管道(图6-1)。

第一节 肾

一、肾的形态位置

肾脏是成对的实质性器官,左、右各一,形如蚕豆,红褐色。位于最后几个胸椎和前三个腰椎横突腹侧、腹主动脉和后腔静脉两侧。肾脏表面有一层致密结缔组织包裹的外膜,称为肾包膜,正常情况下易剥离,在某些疾病时,可与肾实质粘连。营养良好的动物,肾包膜外周常常包有脂肪,称为脂肪囊。肾的外侧缘凸,内侧缘中部凹陷,是输尿管、血管(肾动脉、肾静脉)淋巴管和神经出入的地方,称为肾门。肾门凹入肾内形成肾窦,内有肾盂、肾盏、血管、淋巴管和神经等,并填充有脂肪组织。

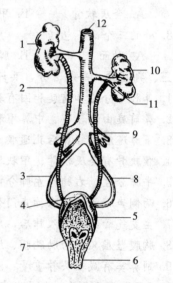

图6-1 牛泌尿器官模式图
1. 右肾 2. 右输尿管 3. 右脐动脉
4. 膀胱顶 5. 膀胱体 6. 膀胱颈
7. 输尿管开口 8. 左脐动脉 9. 左输尿管
10. 左肾 11. 左肾动脉 12. 腹主动脉
(蒋春茂. 畜禽解剖生理. 2002)

二、肾的一般构造

肾由若干肾叶组成,每个肾叶分为皮质和髓质两部分。皮质位于表层,因富含血管,故呈红褐色。皮质由肾小体和肾小管组成,新鲜标本切面上有许多红色细小颗粒即为肾小体。髓质颜色较浅,位于皮质内层。呈圆锥形的髓质部分称肾锥体,锥底与皮质相接,锥尖向肾窦。肾锥体的顶端称为肾乳头,乳头上有许多小孔称乳头孔,形成筛区。终尿就是经筛区流入肾小盏或肾盂内。肾髓质呈花纹状,并呈辐射状延伸入皮质,称为皮质的髓放线(图6-2)。

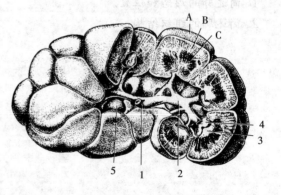

图6-2 牛肾(部分剖开)
1. 输尿管 2. 集收管 3. 肾乳头 4. 肾小盏 5. 肾窦
A. 纤维膜 B. 皮质 C. 髓质
(马仲华. 家畜解剖学及组织胚胎学. 第三版. 2001)

三、肾的组织构造

各种动物肾的形态虽不同，但结构上均由被膜和实质两部分构成。

被膜是包在肾外面的结缔组织膜。分内、外两层，外层致密含胶原纤维和弹性纤维；内层由疏松结缔组织构成，含网状纤维。

肉眼观察肾的水平剖面，可见肾的实质分为内、外两层。内层较淡为髓质，外层因富含血管呈暗红色为皮质。

肾实质主要由许多泌尿小管构成，泌尿小管包括肾单位和集合管系两部分。

（一）肾单位

肾单位是肾的结构和功能单位，每个肾单位都是由肾小体和肾小管两部分组成（图6-3）。

1. 肾小体 分布于皮质内，是肾单位的起始部，由肾小球和肾小囊两部分组成。

（1）肾小球。肾小球是由一团毛细血管网盘曲而成，包裹在肾小囊内，为一过滤装置。肾动脉在肾内反复分支形成入球小动脉。入球小动脉入肾小囊内，再分成数小支，每个小支上又分出许多毛细血管袢，集合成群，使肾小球呈分叶状。毛细血管袢汇集成数支，最后汇集成出球小动脉出肾小囊。入球小动脉的管径较出球小动脉粗大，当血液流过肾小球时，毛细血管血压较高，以利血液中的物质从肾小球毛细血管滤出，进入肾小囊形成原尿。

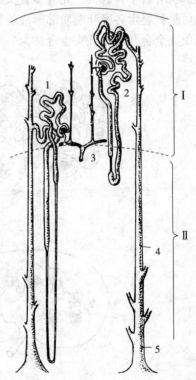

（2）肾小囊。肾小囊是肾小管起始端膨大凹陷形成的杯状囊，囊内容纳肾小球。肾小囊囊壁由单层扁平细胞构成，分为内、外两层，两层间有狭窄的腔隙为肾小囊腔，囊腔内含原尿。

2. 肾小管 肾小管起始于肾小囊，末端连接集合管。依次分别为近曲小管、髓袢（包括降支与升支）和远曲小管。

（1）近曲小管。连接肾小囊，它是肾小管最长、最弯曲的一段，围绕在肾小体附近，末端变直沿髓放线进入髓质。近曲小管的重吸收功能非常强大，当原尿流经近曲小管时，85%以上的水分、全部的糖类、氨基酸及大部分无机盐离子都被重吸收。近曲小管上皮还可向管腔分泌一些物质，如肌酐、马尿酸等。

图6-3 肾单位在肾叶内分布示意图
Ⅰ.皮质　Ⅱ.髓质
1.髓旁肾单位　2.皮质肾单位　3.弓形动脉及小叶间动脉　4.集合小管　5.乳头管
（马仲华.家畜解剖学及组织胚胎学.
第三版.2001）

（2）髓袢。分为降支和升支。降支为近曲小管的延续，沿髓放线入髓质，为直行的上皮管。管径较细，在髓质部折转成袢，延续为升支。降支的作用主要是重吸收水分。升支在髓质沿髓放线返回皮质，到肾小体附近，延续为远曲小管。升支的作用主要是重吸收钠。

(3) 远曲小管。较短，分布在肾小体附近，管径较近曲小管细，但管腔大而明显。远曲小管的作用主要是重吸收水分和钠，还可排钾。

(二) 集合管系

集合管系包括集合管和乳头管。集合管由数条远曲小管汇合而成，自皮质沿髓放线直行入髓质。集合管有浓缩尿的作用，可重吸收钠和水分。乳头管是位于肾乳头部较粗的排尿管，由集合管汇集而成。

四、肾的类型

(一) 肾的类型

肾由许多肾叶构成，根据外形和内部愈合程度不同，可将动物的肾分为复肾、有沟多乳头肾、光滑多乳头肾、光滑单乳头肾四种基本类型。复肾由许多完全分开的肾叶聚集形成的葡萄串状，这些肾叶又称为小肾；有沟多乳头肾各肾叶仅中部合并，肾表面以沟分开，肾内部保留有若干肾乳头；光滑多乳头肾各肾叶进一步合并，肾表面光滑而无分界，但在切面上仍可见到显示各肾叶髓质部形成的肾锥体，其末端为肾乳头；光滑单乳头肾各肾叶的皮质和髓质完全合并，肾乳头也合并为一个总乳头（图6-4）。

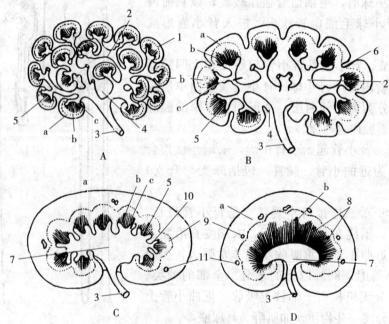

图6-4 哺乳动物肾类型模式图

A. 复肾 B. 有沟多乳头肾 C. 光滑多乳头肾 D. 光滑单乳头肾

1. 小肾（肾小叶） 2. 肾盏管 3. 输尿管 4. 肾窦 5. 肾乳头 6. 肾沟
7. 肾盂 8. 肾总乳头 9. 交界线 10. 肾柱 11. 一切断的弓状血管
a. 泌尿区 b. 导管区 c. 肾盏

(肖传斌. 动物解剖学与组织胚胎学. 2001)

(二) 不同动物的肾脏

1. 牛肾 属表面有沟的多乳头肾。每个肾由 16~22 个大小不等的肾叶构成。右肾呈上下稍扁平的长椭圆形，位于第 12 肋间隙至第 2 或第 3 腰椎横突的腹侧。初生牛犊左、右肾形态相似，位置几乎对称，而成年牛左肾呈三棱形，位置亦不固定，一般位于第 2~5 腰椎左侧横突近椎体处的腹侧。

2. 羊肾 羊肾属表面光肾的单乳头肾。左、右两肾都呈豆形。位置与牛肾相似，但稍靠后。右肾位于最后肋骨至第 2 腰椎腹侧。左肾在瘤胃背囊的后方，第 4 或第 5 腰椎腹侧。瘤胃充盈时也常被挤至体中线右侧。

3. 猪肾 猪肾属表面平滑的多乳头肾。肾叶已经合并在一起，肾表面无叶间沟，但肾乳头仍然分开。猪的左、右肾均呈豆形，上下扁平较长，两肾的位置几乎对称，左肾稍靠前方，位于最后胸椎和前 3 个腰椎横突腹侧。左、右肾的外侧缘凸，与腹侧壁接触；内侧缘的中部凹陷为肾门。

4. 马肾 马肾为表面平滑的单乳头肾。各肾叶完全连合在一起，肾表面、肾叶之间无沟存在，全部肾乳头合成一个总乳头，合并成嵴状突入肾盂中，称为肾嵴。输尿管在肾窦呈漏斗状膨大，形成肾盂。右肾位于最后 2~3 个肋骨椎骨端及第 1 腰椎横突的腹侧，呈钝角等腰三角形。左肾位置偏后，位于最后肋骨椎骨端及第 1~2（3）腰椎横突的腹侧，比右肾狭长呈豆形。

第二节 输尿管、膀胱和尿道

一、输尿管

输尿管是把肾脏生成的尿液输送到膀胱的细长的肌膜性管道，左、右各一。

牛的输尿管起于集收管，猪、羊的输尿管起于肾盂。出肾门后，于腹腔顶壁向后延伸，横过髂外动脉和髂内动脉进入骨盆腔。雄性动物的输尿管在尿生殖褶中，雌性动物的输尿管则沿着子宫阔韧带背侧缘继续延伸，最后斜穿过膀胱背侧壁开口于膀胱。输尿管在膀胱壁内要向后延伸 2~3cm，这种结构有利于防止尿液逆流。

输尿管管壁由黏膜、肌膜和外膜三层构成。黏膜常形成许多纵行皱褶，使管腔横断面呈星状，黏膜上皮为变移上皮。肌膜由平滑肌构成，很发达。外膜为疏松结缔组织与周围结缔组织移行而成，内有较大的血管和神经。

二、膀胱

膀胱是暂时贮存尿液的器官，略呈梨形。前端钝圆为膀胱顶，中部为膀胱体，后端较细为膀胱颈（图 6-1）。膀胱颈以尿道内口与尿道相通，膀胱的形状和位置随尿液充盈程度而有所不同。含尿液少时，一般位于骨盆腔前部。雄性动物膀胱在直肠、尿生殖褶和精囊腺的腹侧。雌性动物膀胱在子宫和阴道的腹侧。充满尿液时则伸入腹腔，在膀胱两侧与骨盆腔侧壁之间有膀胱侧韧带。在膀胱侧韧带的游离缘有一索状物，称为膀胱圆韧带，是胎儿时期脐动脉的遗迹。

三、尿　道

雄性动物的尿道又称为尿生殖道（详见第七章生殖系统中尿道）。雌性动物的尿道很短，起自膀胱的尿道内口，向后开口于尿生殖前庭的腹侧面。

自测练习题

一、填空题（每空2分，共计40分）

1. 泌尿系统由_____、_____、_____、_____组成。其中_____是形成尿液的器官；_____是贮存尿液的器官。
2. 肾是成对的实质器官，呈_____色，_____形。
3. 肾单位是肾的基本结构和功能单位，由_____和_____构成。
4. 根据肾的外形和内部结构不同，可将动物的肾分为_____、_____、_____和_____四种基本类型。
5. 肾小管前连肾小囊，后连集合管，可分为_____、_____和_____三段。
6. 膀胱略呈梨形，可分为_____、_____和_____三部分。

二、选择题（每题2分，共计10分）

1. 有沟多乳头肾见于哪种动物（　　）？
　　A. 马　　　　B. 牛　　　　C. 猪　　　　D. 羊
2. 光滑多乳头肾见于哪种动物（　　）？
　　A. 马　　　　B. 牛　　　　C. 猪　　　　D. 羊
3. 光滑单乳头肾见于哪种动物（　　）？
　　A. 马　　　　B. 牛　　　　C. 猪　　　　D. 羊
4. 有尿道下憩室的动物为（　　）。
　　A. 马　　　　B. 牛　　　　C. 猪　　　　D. 羊
5. 左肾呈蚕豆形，右肾呈钝角三角形见于哪种动物（　　）？
　　A. 马　　　　B. 牛　　　　C. 猪　　　　D. 羊

三、名词解释（每题4分，共计28分）

1. 肾门　2. 肾单位　3. 肾小管　4. 肾小球　5. 肾小囊　6. 有沟多乳头肾　7. 光滑单乳头肾

四、简述题（每题11分，共计22分）

1. 简述牛、羊和猪肾脏的形态和位置。
2. 简述肾脏的组织结构。

第七章 生殖系统

第一节 雄性生殖系统

雄性生殖系统由睾丸、附睾、输精管、副性腺、尿生殖道、阴茎、阴囊和包皮等器官组成（图7-1）。

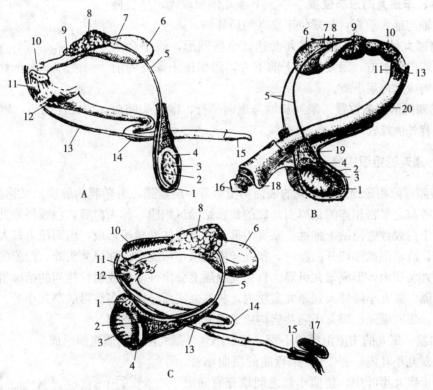

图 7-1 雄性动物生殖器官比较模式图

A. 牛　B. 马　C. 猪

1. 附睾尾　2. 附睾体　3. 睾丸　4. 附睾头　5. 输精管　6. 膀胱　7. 输精管壶腹　8. 精囊腺　9. 前列腺　10. 尿道球腺　11. 坐骨海绵体肌　12. 球海绵体肌　13. 阴茎缩肌　14. 乙状弯曲　15. 阴茎头　16. 龟头　17. 包皮憩室　18. 包皮　19. 精索　20. 阴茎

（肖传斌. 动物解剖学与组织胚胎学. 2001）

一、睾　丸

（一）睾丸的形态位置

睾丸位于阴囊中，左、右各一，呈左右稍扁的椭圆形，表面光滑。外侧面稍隆凸，与阴囊外侧壁接触，内侧面平坦，与阴囊中隔相贴。有附睾附着的一侧，称附睾缘，而另一侧称为游离缘。睾丸可分为头、体、尾三部分，血管和神经进入的一端为睾丸头，有附睾头附着，另一端为睾丸尾，有附睾尾附着，睾丸头和睾丸尾之间为睾丸体，有附睾体附着（图7-2）。

胚胎中早期，睾丸位于腹腔内，在肾脏附近。出生前后，睾丸和附睾通过腹股沟管一起下降至阴囊中，这一过程称为睾丸下降。如果一侧睾丸没有下降到阴囊，称单侧隐睾，如果两侧睾丸都没有下降到阴囊中，称为双侧隐睾。单侧隐睾和双侧隐睾的动物生殖功能弱或无生殖能力，不宜留作种用。

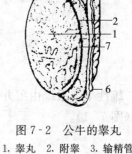

图7-2 公牛的睾丸
1. 睾丸 2. 附睾 3. 输精管
4. 精索 5. 睾丸系膜
6. 阴囊韧带 7. 附睾窦
（朱金凤.动物解剖.2007）

1. 牛、羊睾丸的形态位置 牛、羊睾丸体积较大，呈长椭圆形，长轴与地面垂直，附睾位于睾丸的后外侧。

2. 猪睾丸的形态位置 睾丸发达，呈椭圆形，位于会阴部，长轴斜向后上方，睾丸头位于前下方，附睾位于睾丸的前上方，游离缘朝向后下方。

3. 马睾丸的形态位置 睾丸长轴与地面平行，睾丸头朝前，睾丸尾朝后，附睾缘附着于睾丸的背外侧缘。

（二）睾丸的组织构造

1. 被膜 除附睾缘外，睾丸的表面均覆盖着一层浆膜，为鞘膜的脏层，又称固有鞘膜。在浆膜下并与之紧密相连的是厚而坚韧的致密结缔组织膜，称为白膜，白膜将睾丸实质包于其中。由于白膜致密而缺乏弹性，睾丸内部不断有液体和精子形成，因而压力较大，使睾丸有坚实感，故解剖操作切开白膜时，睾丸实质常从切口流出。在睾丸头处，白膜的结缔组织伸入到睾丸实质内，形成睾丸纵隔。自睾丸纵隔上分出许多呈放射状排列的结缔组织隔，称为睾丸小隔。睾丸小隔伸入到睾丸实质内，将睾丸实质分成许多锥形的睾丸小叶。

白膜、睾丸纵隔、睾丸小隔共同构成了睾丸的结缔组织支架。

2. 实质 睾丸的实质由精曲小管、精直小管、睾丸网和间质组织组成。

每个睾丸小叶内，有2～3条弯曲的精曲小管，盲端游离于睾丸小叶中，精曲小管之间填充有间质组织，由血管、淋巴管、神经纤维和间质细胞组成，间质细胞能分泌雄激素。精曲小管伸向睾丸纵隔，在接近睾丸纵隔处变直，称精直小管。许多睾丸小叶的精直小管进入睾丸纵隔内交织吻合成网状，称为睾丸网。睾丸网汇合成12～25条睾丸输出管，从睾丸头穿出，与附睾管相连（图7-3）。

在睾丸实质中，精子的发生场所在精曲小管。精曲小管直径为0.1～0.2mm，长度为50～80cm，管腔大小不一，精曲小管总长度很长，例如公牛，所有精曲小管的总长度可达4 500m。精曲小管的管

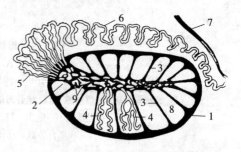

图7-3 睾丸和附睾结构模式图
1. 白膜 2. 睾丸纵隔 3. 睾丸小隔
4. 精曲小管 5. 睾丸输出小管 6. 附睾管
7. 输精管 8. 睾丸小叶 9. 睾丸网
（朱金凤.动物解剖.2007）

壁由基膜和多层上皮细胞组成。上皮细胞包括生精细胞和支持细胞两种类型，生精细胞能生成精子，支持细胞具有支持和营养生精细胞的功能。

二、附睾

附睾可分为附睾头、附睾体和附睾尾三部分，是精子贮存和进一步成熟的场所。附睾头膨大，由睾丸输出管穿出睾丸白膜而构成，位于睾丸头端。睾丸输出管汇合成一条很长的附睾管，迂回弯曲并逐渐增粗，构成附睾体和附睾尾，附睾管在附睾尾处管径增粗，延续为输精管。

附睾尾借附睾韧带（亦称睾丸固有韧带）与睾丸尾相连。附睾韧带延续到阴囊总鞘膜并与之相连的部分，称为阴囊韧带。雄性动物去势时，必须切断阴囊韧带和睾丸系膜，才能取出睾丸和附睾（图7-2）。

三、输精管和精索

1. 输精管 输精管由附睾管直接延续而成，在附睾尾处起始后沿附睾体至附睾头附近，进入精索后缘内侧的输精管褶中，经腹股沟管入腹腔，然后折向后上方进入骨盆腔，在膀胱背侧的尿生殖褶内继续向后延伸，开口于尿生殖道起始部背侧壁的精阜上，与同侧精囊腺的导管汇合，形成短的射精管，开口于尿生殖道。有些动物输精管在膀胱背侧膨大形成输精管壶腹部，其黏膜内有腺体分布，又称输精管腺部。

输精管由黏膜、肌膜和外膜构成。黏膜被覆假复层柱状上皮，末段为单层柱状上皮。肌膜厚，由平滑肌构成。牛、羊的输精管壶腹较小，末端与精囊腺导管共同开口于精阜上。猪无输精管壶腹部。马属动物的输精管壶腹部很发达。

2. 精索 精索为扁平的圆锥形结构，其基部附着于睾丸和附睾，上端达腹股沟内环，由神经、血管、淋巴管、平滑肌束和输精管等组成，外表被有固有鞘膜，并借睾丸系膜固定在总鞘膜的后壁。动物去势时要挫断或剪断精索，必要时要进行结扎。

四、阴囊

阴囊是腹壁下陷形成的囊状结构，借腹股沟管与腹腔相通，内腔容纳睾丸、附睾和部分精索。阴囊壁可分四层，由外向内依次为皮肤、肉膜、筋膜和鞘膜（图7-4）。

1. 皮肤 阴囊皮肤薄而柔软，富有弹性，表面被毛短而细，皮肤内有较多的汗腺和皮脂腺分布。阴囊表面的腹侧正中有阴囊缝，将阴囊从表面分为左、右两部分，可作为去势时的定位标志。

2. 肉膜 紧贴于皮肤的深面，不易剥离。肉膜相当于腹壁的浅筋膜，由含有弹性纤维和平滑肌纤维的致密结

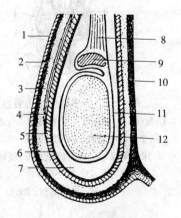

图7-4 阴囊结构模式图
1. 阴囊皮肤 2. 肉膜 3. 精索外筋膜
4. 睾外提肌 5、6. 总鞘膜 7. 鞘膜腔
8. 精索 9. 附睾 10. 阴囊中隔
11. 固有鞘膜 12. 睾丸

（朱金凤. 动物解剖. 2007）

缔组织构成。肉膜在正中线处形成阴囊中隔，将阴囊分为左、右两个互不相通的腔。肉膜收缩和松弛有调节阴囊温度的作用。

3. 筋膜 位于肉膜深面，将肉膜和总鞘膜疏松地连接起来，其深面有睾外提肌，收缩时可上提睾丸，接近腹壁，与肉膜一起有调节阴囊内温度的作用。

4. 鞘膜 包括总鞘膜和固有鞘膜两部分。总鞘膜为附着于阴囊最内层的鞘膜，较发达。由总鞘膜折转到睾丸和附睾表面的为固有鞘膜，折转处形成的浆膜褶，称为睾丸系膜。总鞘膜和固有鞘膜之间的腔隙，称为鞘膜腔，内含少量浆液，鞘膜腔的上段细窄，称为鞘膜管，通过腹股沟管以鞘环与腹膜腔相通。如果鞘环较大，小肠及肠系膜可通过鞘环掉入鞘膜管或鞘膜腔中，形成腹股沟疝或阴囊疝。

五、尿生殖道

雄性动物的尿道兼有排尿和排精作用，故称为尿生殖道。其前端接膀胱颈，沿骨盆腔底壁向后延伸，绕过坐骨弓，再沿阴茎腹侧的尿道沟前行，延伸至阴茎头末端，以尿道外口开口于外界（图7-5、图7-6）。尿生殖道管壁包括黏膜层、海绵体层、肌层和外膜。尿生殖道以坐骨弓为界分为骨盆部和阴茎部两部分。

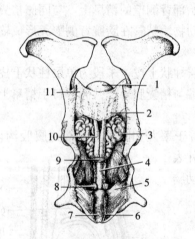

图7-5 公牛尿生殖道骨盆部
1. 膀胱 2. 输尿管 3. 精囊腺 4. 尿生殖道
5. 坐骨海绵体肌 6. 阴茎缩肌 7. 尿道球
8. 尿道球腺 9. 前列腺体 10. 输精管壶腹
11. 尿生殖褶
（朱金凤．动物解剖．2007）

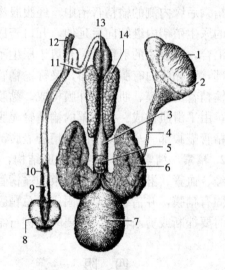

图7-6 公猪生殖系统（背侧）
1. 睾丸 2. 附睾 3. 尿道肌 4. 输精管 5. 前列腺
6. 精囊腺 7. 膀胱 8. 包皮憩室 9. 阴茎头
10. 包皮 11. 阴茎乙状弯曲 12. 阴茎缩肌
13. 球海绵体肌 14. 尿道球腺
（朱金凤．动物解剖．2007）

1. 尿生殖道骨盆部 尿生殖道骨盆部是指从膀胱颈起至骨盆腔后口这一段，位于骨盆腔底壁和直肠之间。在起始部背侧壁的中央有一圆形隆起，称为精阜。精阜上有一对小孔，为输精管和精囊腺排泄管的共同开口。

2. 尿生殖道阴茎部 尿生殖道阴茎部为骨盆部的直接延续，经左、右阴茎脚之间进入阴茎的尿道沟后继续延伸，最终开口于阴茎头。

六、副 性 腺

副性腺包括精囊腺、前列腺和尿道球腺（图7-6）。副性腺分泌物、输精管壶腹部分泌物和精子混合共同形成精液。而幼龄去势的动物，副性腺则不能正常发育。

1. 精囊腺 位于膀胱颈背侧的尿生殖褶中，输精管壶腹部的外侧，左、右各一。精囊腺排泄管与同侧输精管共同开口于精阜。牛、羊的精囊腺较发达，呈分叶状，左、右侧腺体常不对称。猪的精囊腺最发达，外形呈棱形三面体，淡红色。马的精囊腺为囊状，呈长梨形。

2. 前列腺 前列腺位于尿生殖道起始部背侧，腺导管成行的开口于精阜附近的尿生殖道内。前列腺发育程度与动物年龄有关，幼龄时较小，性成熟期较大，老龄时逐渐退化。

3. 尿道球腺 位于尿生殖道骨盆部末端的背面两侧，坐骨弓附近，左、右各一。其导管开口于尿生殖道骨盆部末端背侧的尿生殖道内。

七、阴茎和包皮

（一）阴茎

1. 阴茎的形态、位置 阴茎主要是由阴茎海绵体和尿生殖道阴茎部构成。可分为阴茎根、阴茎体和阴茎头三部分。

（1）阴茎根。阴茎根以两个阴茎脚附着于坐骨弓的两侧，附着在两侧的坐骨结节上，两阴茎脚向前合并成阴茎体。

（2）阴茎体。阴茎体呈圆柱状，位于阴茎脚和阴茎头之间，占阴茎的大部分，在起始部由两条扁平的阴茎悬韧带固着于坐骨联合的腹侧面。

（3）阴茎头。阴茎头位于阴茎的前端，常位于包皮内。

2. 不同动物的阴茎 不同动物阴茎形态不同（图7-1）。

（1）牛、羊的阴茎。牛、羊的阴茎呈圆柱状，细而长。阴茎体呈乙状弯曲，位于阴囊后方，勃起时伸直。阴茎头长而尖，游离端形成阴茎头帽。羊的阴茎头还伸出长3~4cm的尿道突。

（2）猪的阴茎。和牛、羊类似，猪的阴茎体也有乙状弯曲，但位于阴囊前方，阴茎头尖细呈螺旋状扭转，尿生殖道外口位于阴茎头的腹外侧。

（3）马的阴茎。马的阴茎粗大、平直，无乙状弯曲，呈左右压扁的圆柱状，阴茎头端膨大。

（二）包皮

包皮为皮肤折转而形成的管状鞘，容纳和保护阴茎头。牛的包皮长而狭窄，完全包裹退缩的阴茎头。猪的包皮腔很长，前部背侧壁有一发达的卵圆形盲囊，为包皮憩室，常聚积有余尿和腐败的脱落上皮，具有特殊腥臭味。马的包皮为双层皮肤褶，包皮的皮肤内有汗腺和包皮腺，其分泌物和脱落的上皮细胞共同形成一种黏稠而难闻的包皮垢。

第二节 雌性生殖系统

雌性生殖系统由卵巢、输卵管、子宫、阴道、尿生殖前庭和阴门等器官组成。卵巢、输卵管、子宫和阴道为内生殖器官，尿生殖前庭和阴门为外生殖器官（图7-7）。

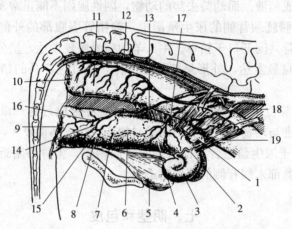

图7-7 母牛生殖器官位置关系（右侧观）
1. 卵巢 2. 输卵管 3. 子宫角 4. 子宫体 5. 膀胱 6. 子宫颈管 7. 子宫颈阴道部
8. 阴道 9. 阴门 10. 肛门 11. 直肠 12. 荐中动脉 13. 髂内动脉 14. 尿生殖动脉
15. 子宫后动脉 16. 阴部内动脉 17. 子宫中动脉 18. 子宫卵巢动脉 19. 子宫阔韧带
（马仲华．家畜解剖学及组织胚胎学．第三版．2001）

一、卵 巢

（一）卵巢的形态位置

卵巢是产生卵子和分泌雌性激素的器官，卵巢以卵巢系膜附着于腰部，肾的后下方或骨盆腔前口的两侧。卵巢后端借卵巢固有韧带与子宫角的末端相连，前端接输卵管伞。卵巢的两个缘分别为游离缘和卵巢系膜缘。卵巢的血管、神经和淋巴管由卵巢系膜缘出入卵巢，此处称为卵巢门。

（二）卵巢的组织构造

卵巢由被膜和实质两部分组成，实质又分为皮质和髓质（图7-8）。

1. 被膜 卵巢表面除卵巢系膜附着部外都被覆生殖上皮；在生殖上皮下面为结缔组织构成的白膜。

2. 皮质 由基质、不同发育阶段的卵泡、闭锁卵泡和黄体构成。

（1）基质。皮质内的结缔组织称为基质，内含大量的网状纤维和少量弹性纤维。

（2）卵泡。卵泡由一个卵母细胞和包在其周围的卵泡细胞所构成。

①原始卵泡。位于卵巢皮质表层，数量多，体积小。每个原始卵泡一般由一个大而圆的初级卵母细胞和其周围单层扁平的卵泡细胞构成。原始卵泡到动物性成熟才开始陆续成长发育。

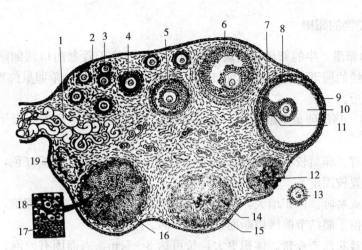

图7-8 卵巢结构模式图

1. 血管 2. 生殖上皮 3. 原始卵泡 4. 早期生长卵泡（初级卵泡） 5、6. 晚期生长卵泡（次级卵泡）
7. 卵泡外膜 8. 卵泡内膜 9. 颗粒膜 10. 卵泡腔 11. 卵丘 12. 血体 13. 排出的卵
14. 正在形成中的黄体 15. 黄体中残留的凝血 16. 黄体 17. 膜黄体细胞 18. 颗粒黄体细胞 19. 白体

（马仲华．家畜解剖学及组织胚胎学．第三版．2001）

②生长卵泡。卵泡开始生长的标志是原始卵泡的卵泡细胞由扁平变为立方或柱状，根据发育阶段不同可分为初级卵泡和次级卵泡。

初级卵泡是指从卵泡开始生长到出现卵泡腔之前的卵泡。卵母细胞体积增大，卵泡细胞由扁平变为立方或柱状，并通过分裂增生而成为多层。卵母细胞周围逐渐形成主要成分为黏多糖蛋白和透明质酸的透明带。当初级卵泡体积逐渐增大时，围绕卵泡的结缔组织细胞分化成卵泡膜。

次级卵泡是指从卵泡腔开始出现到卵泡成熟前这一阶段的卵泡。当卵泡体积继续增大，卵泡细胞达6～12层，在卵泡细胞之间开始出现一些充有卵泡液的间隙，并逐渐汇合成一个新月形的腔，称为卵泡腔。随着卵泡液的增多，卵泡腔继续增大，使卵母细胞及其周围的一些卵泡细胞位于卵泡的一侧，并突向卵泡腔内，形成卵丘。其余卵泡细胞密集排列成数层而演变成颗粒细胞，在次级卵母细胞后期卵丘上紧靠透明带的颗粒细胞呈柱状，围绕透明带呈放射状排列，称为放射冠。

③成熟卵泡。由于卵泡液激增，成熟卵泡的体积显著增大。牛成熟卵泡直径约15mm，羊、猪为5～8mm，马约为70mm。随着内压升高，最后导致卵泡破裂，卵母细胞及其周围的放射冠随着卵泡液一同排出的过程称为排卵。

（3）闭锁卵泡。在正常情况下，卵巢内绝大多数的卵泡不能发育成熟，而在各发育阶段中逐渐退化。这些退化的卵泡称为闭锁卵泡。

（4）黄体。成熟卵泡排卵后，卵泡壁塌陷形成皱褶，残留在卵泡壁的卵泡细胞和内膜细胞向内浸润，逐渐形成黄体。如果排出的卵已经受精，黄体可继续发育直到妊娠后期，称为妊娠黄体或真黄体。如未受精或未妊娠，黄体则逐渐退化，称为暂时黄体或假黄体。

黄体是内分泌腺，能分泌孕酮，有刺激子宫腺分泌和乳腺发育的作用，并保证胚胎附植和在子宫内发育。

3. 髓质 髓质为疏松结缔组织，和皮质间并没有明显的界限，含有丰富的弹性纤维、血管、淋巴管及神经等。

（三）不同动物的卵巢

1. 牛、羊的卵巢 牛的卵巢呈稍扁的椭圆形，一般位于骨盆前口两侧附近，经产母牛卵巢位于耻骨前缘的前下方，成熟卵泡和黄体可突出于卵巢表面。羊卵巢位置和牛相似，但体积较小，呈圆形。

2. 猪的卵巢 猪的卵巢一般较大，呈卵圆形，其位置、形态和大小因年龄和个体不同而有很大变化。

（1）性成熟前。卵巢较小，约为0.4cm×0.5cm，表面光滑，呈淡红色，位于荐骨岬两侧稍靠后方，位置较固定。

（2）接近性成熟时。体积增大，约为1.5cm×2cm，表面有突出的卵泡，呈桑葚状，位置稍下垂前移，位于髋结节前缘横断面处的腰下部。

（3）性成熟后及经产母猪。体积更大，长可达3~5cm，表面因有卵泡、黄体突出而呈结节状，位于髋结节前缘约4cm的横断面上。

3. 马的卵巢 呈豆形，平均长约7.5cm，厚2.5cm，表面平滑，卵巢借卵巢系膜悬于腰下部肾的后方，约在第4或第5腰椎横突腹侧。马卵巢的皮质和髓质位置正好和其他动物相反，皮质位于中央。在卵巢腹缘有一凹陷部，称为排卵窝。

二、输 卵 管

输卵管是连于卵巢和子宫间的一条弯曲细管，输送卵子至子宫，也是受精的部位。可分为漏斗部、壶腹部和峡部三段。

1. 漏斗部 输卵管的前端扩大成输卵管漏斗，边缘形成许多不规则皱褶而呈伞状，称输卵管伞。漏斗的中央为输卵管腹腔口，与腹膜腔相通。

2. 壶腹部 壶腹部为位于漏斗部和峡部之间的膨大部分，较长，壁薄而弯曲，黏膜形成复杂的皱褶，为卵子完成受精的场所。

3. 峡部 位于壶腹部之后，较短，细而直，管壁较厚，末端以小的输卵管子宫口与子宫角相通。

三、子 宫

子宫是一个中空的肌质性器官，富于伸展性，是胎儿完成生长发育的场所。

（一）形态位置

子宫借子宫阔韧带附着于腰下部和骨盆腔侧壁，大部分位于腹腔内，小部分位于骨盆腔内，在直肠和膀胱之间，前端与输卵管相接，后端和阴道相通。由子宫角、子宫体和子宫颈三部分构成。

1. 子宫角 子宫角一般成对，位于子宫前部，呈弯曲的圆筒状，位于腹腔内（未经产的动物常位于骨盆腔内）。其前端以输卵管子宫口与输卵管相通，后端会合而成为子宫体。

2. 子宫体 位于骨盆腔内，部分在腹腔内，呈圆筒状，向前与子宫角相连，向后延续为子宫颈。

3. 子宫颈 为子宫后段的缩细部，位于骨盆腔内，壁很厚，黏膜形成许多纵褶，内腔狭窄，称为子宫颈管，前端以子宫颈内口与子宫体相通。子宫颈向后突入阴道内的部分，称为子宫颈阴道部。子宫颈管平时闭合，发情时稍松弛，分娩时扩大。

（二）组织构造

子宫壁由子宫内膜、肌层和外膜三层组成。

1. 子宫内膜 子宫内膜包括黏膜上皮和固有膜。牛、羊、猪的子宫黏膜上皮为假复层或单层柱状上皮，马子宫黏膜上皮细胞呈高柱状。固有膜内有弯曲的子宫腺，分泌物可供给附植前早期胚胎的营养。

2. 肌层 为平滑肌，由强而厚的内环行肌和较薄的外纵行肌构成。在内、外肌层之间为血管层，内有许多血管和神经分布，牛、羊子宫的血管层在子宫阜处特别发达。

3. 外膜 由疏松结缔组织和间皮组成。

（三）不同动物的子宫

1. 牛、羊的子宫 大部分位于腹腔内。子宫角较长，牛为35～40cm，羊10～20cm。子宫体短，牛为3～4cm，羊约2cm。子宫颈壁厚，牛长约10cm，羊约4cm。子宫体和子宫角的黏膜上有特殊的圆形隆起，称为子宫阜，是胎膜和子宫壁结合的部位（图7-9）。

2. 猪的子宫 猪的子宫角特别长，经产母猪可达1.2～1.5m，2月龄以前的小母猪，子宫角细而弯曲，似小肠。子宫体短，长约5cm；子宫颈较长，无子宫颈阴道部（图7-10）。黏膜褶形成两行半圆形隆起，交错排列，使子宫颈管呈狭窄的螺旋形。

图7-9 母牛的生殖器官（背侧面）
1. 输卵管伞 2. 卵巢 3. 输卵管 4. 子宫角 5. 子宫内膜
6. 子宫阜 7. 子宫体 8. 阴道穹隆 9. 前庭大腺开口
10. 阴蒂 11. 剥开的前庭大腺 12. 尿道外口 13. 阴道
14. 膀胱 15. 子宫颈外口 16. 子宫阔韧带
（马仲华．家畜解剖学及组织胚胎学．第三版．2001）

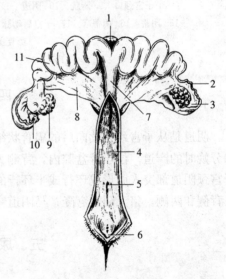

图7-10 母猪的生殖器官（背侧面）
1. 膀胱 2. 输卵管 3. 卵巢囊 4. 阴道黏膜
5. 尿道外口 6. 阴蒂 7. 子宫体 8. 子宫阔韧带
9. 卵巢 10. 输卵管腹腔口 11. 子宫角
（马仲华．家畜解剖学及组织胚胎学．第三版．2001）

3. 马的子宫 子宫呈 Y 形，子宫角稍弯曲成弓形，背缘凹，子宫体较长，子宫颈阴道部明显（图 7-11）。

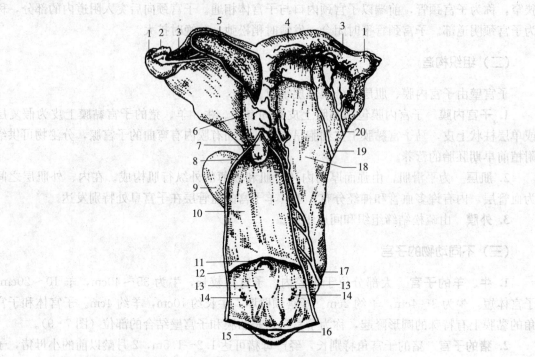

图 7-11 母马的生殖器官（背侧面）
1. 卵巢 2. 输卵管伞 3. 输卵管 4. 子宫角 5. 子宫内膜 6. 子宫体 7. 子宫颈阴道部
8. 子宫颈口 9. 膀胱 10. 阴道 11. 阴瓣 12. 尿道口 13. 尿生殖前庭 14. 前庭大腺
15. 阴蒂 16. 阴蒂窝 17. 子宫后动脉 18. 子宫阔韧带 19. 子宫中动脉 20. 子宫卵巢动脉
（彭克美．畜禽解剖学．2005）

四、阴　道

阴道是从子宫颈延续向后的扁管状结构，向后延接尿生殖前庭，为雌性动物的交配器官和分娩时的产道。位于骨盆腔内，背侧为直肠，腹侧为膀胱和尿道。有些动物阴道前部因有子宫颈阴道部突入而形成环行或半环行的隐窝，称为阴道穹隆。如牛的阴道穹隆呈半环状，在背侧和两侧；猪无阴道穹隆；马阴道穹隆呈环状。

五、尿生殖前庭和阴门

尿生殖前庭和阴道相似，位于骨盆腔内，直肠的腹侧，呈扁管状，前端腹侧以一横行的黏膜褶（阴瓣）与阴道为界，向后以阴门与外界相通。紧靠阴瓣腹侧后方有一尿道外口。母牛的阴瓣不明显，在尿道外口的腹侧，有一个伸向前方的短盲囊（长约 3cm），称尿道下憩室，导尿时切忌把导尿管插入憩室内。

阴门位于肛门腹侧，由左、右两片阴唇构成。两阴唇间的裂缝称阴门裂。

第三节 胎膜与胎盘

一、胎 膜

胎膜是胚胎在发育过程中逐渐形成的一个暂时性器官，主要由羊膜、尿囊和绒毛膜组成。

1. 羊膜 羊膜包围着胎儿，形成羊膜囊，囊内充满羊水，胎儿浮于羊水中。羊水有保护胎儿和分娩时润滑产道的作用。

2. 尿囊 尿囊在羊膜囊的外面，内有尿囊液。尿囊与胎儿的脐尿管相通，故有贮存胎儿代谢产物的作用。

3. 绒毛膜 绒毛膜位于最外层，与尿囊相贴，表面有绒毛，与子宫黏膜紧密相贴，是构成胎盘的基础。牛和羊的绒毛聚集成许多丛，称为绒毛叶，除绒毛叶外，绒毛膜的其余部分是平滑的。猪和马的绒毛分布于整个绒毛膜的表面。

二、脐 带

胎盘借脐带和胎儿连接起来。脐带中有尿囊柄、脐动脉和脐静脉通过。胎儿体内的尿液可通过脐带中的尿囊柄贮存于尿囊腔内，脐动脉将胎儿体内血液输送至胎盘，而脐静脉将胎盘处的血液输送至胎儿体内。

三、胎 盘

胎盘是胎儿与母体进行物质交换的器官，是由胎儿的绒毛膜和母体的子宫内膜共同构成的。牛和羊的胎盘为绒毛叶胎盘（子叶胎盘），胎儿绒毛膜上的绒毛在绒毛膜表面集合成群，构成绒毛叶，由绒毛叶与子宫阜互相嵌合而成。猪和马的胎盘为弥散胎盘，这种胎盘的绒毛比较均匀地分布在整个绒毛膜表面，是由绒毛膜上密布的绒毛与子宫内膜的凹陷部分互相嵌合而成。

胎儿与母体之间的血液并不直接流通，它们之间的物质交换是通过渗透和弥散作用来实现的。胎盘的渗透和弥散作用是具有选择性的，它既能保证胎儿获得有益的物质，又可保护胎儿不受有害物质的影响，构成了胎儿和母体之间的一道屏障，称胎盘屏障。

自测练习题

一、名词解释（每题4分，共计28分）

1. 睾丸纵隔　2. 副性腺　3. 胎膜　4. 胎盘　5. 黄体　6. 排卵　7. 睾丸下降

二、选择题（每题2分，共计16分）

1. 构成睾丸小叶的结构是（　　）。
　　A. 精曲小管　　　B. 精直小管　　　C. 间质细胞　　　D. 间质

2. 无子宫颈阴道部的动物是（　　）。
　　A. 牛　　　　　B. 羊　　　　　　C. 猪　　　　　　D. 马
3. 生成雄性激素的细胞是（　　）。
　　A. 支持细胞　　B. 生精细胞　　　C. 间质细胞　　　D. 黄体细胞
4. 下列动物子宫角特别发达，形似小肠的是（　　）。
　　A. 牛　　　　　B. 羊　　　　　　C. 猪　　　　　　D. 马
5. 在卵巢上有排卵窝的动物是（　　）。
　　A. 牛　　　　　B. 羊　　　　　　C. 猪　　　　　　D. 马
6. 输精管末端开口于（　　）。
　　A. 膀胱颈　　　B. 尿道内口腹侧　C. 精阜　　　　　D. 阴茎头
7. 牛的胎盘是（　　）类型。
　　A. 子叶型　　　B. 弥散型　　　　C. 混合型　　　　D. 带状胎盘
8. 雌激素是由卵巢内的（　　）分泌的，孕酮是（　　）分泌的。
　　A. 卵母细胞　　B. 卵泡细胞　　　C. 黄体　　　　　D. 支持细胞

三、填空题（每空1分，共计36分）

1. 睾丸是产生_____和_____的器官。
2. 副性腺包括_____、_____和_____。
3. 精曲小管的内层细胞结构是_____上皮，其中的两类细胞是_____细胞和_____细胞。
4. 阴囊壁由内向外由_____、_____、_____、_____和_____构成。
5. 给雄性动物去势，切开阴囊后，首先要剪断_____和_____，才能结扎_____，除去睾丸和附睾。
6. 卵泡是由中央_____细胞和围绕在其周围的_____细胞组成。
7. 雄性生殖系统中_____是产生精子的器官；_____是贮存和成熟精子的器官；_____是运送精子的器官。
8. 雌性生殖系统中，_____是产生卵子的器官；_____是运送及完成受精的器官；_____是胚胎发育的场所。
9. 胎膜是胚胎发育过程中的一个暂时性器官，由外向内主要由_____、_____、_____三层组成。
10. 胎盘是由胎儿的_____和母体的_____共同构成的；牛、羊的胎盘为_____型胎盘，猪、马的胎盘为_____型胎盘。
11. 卵巢的实质可分为_____和_____两部分。
12. 动物子宫多是双子宫，可分为_____、_____和_____三部分。

四、简答题（每题10分，共计20分）

1. 简述不同动物卵巢的形态位置。
2. 比较牛、羊和猪的子宫形态结构特点。

第八章 心血管系统

第一节 心　　脏

一、心脏的形态和位置

心脏为一中空的肌质器官，呈倒圆锥形，外有心包。心脏上部大称为心基，有进出心脏的大血管，位置较固定；下端小称为心尖，游离于心包腔内。心脏前缘凸呈弧形，大致与胸骨平行；后缘短而直。

心脏表面有一环行的冠状沟和左、右纵沟。冠状沟是环绕心脏的环状沟，是心房和心室在外表的分界线。心脏上部为心房，下部为心室。在心脏的左前方有左纵沟，由冠状沟向下延伸，几乎与心的后缘平行。在心脏的右后方有右纵沟，由冠状沟向下伸延至心尖。纵沟相当于两心室的分界，纵沟的右前方为右心室，纵沟的左后方为左心室。冠状沟和纵沟内含有冠状血管和脂肪（图8-1、图8-2）。

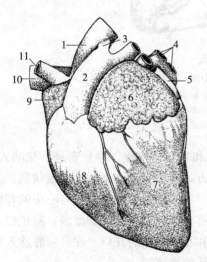

图8-1　牛的心脏（左侧面）
1. 主动脉　2. 肺动脉　3. 动脉韧带
4. 肺静脉　5. 左奇静脉　6. 左心房
7. 左心室　8. 右心室　9. 右心房
10. 前腔静脉　11. 臂头动脉总干
（彭克美．畜禽解剖学．2005）

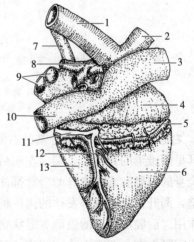

图8-2　牛的心脏（右侧面）
1. 主动脉　2. 臂头动脉总干　3. 前腔静脉
4. 右心房　5. 右冠状动脉　6. 右心室
7. 左奇静脉　8. 肺动脉　9. 肺静脉
10. 后腔静脉　11. 心大静脉
12. 心中静脉　13. 左心室
（彭克美．畜禽解剖学．2005）

心脏位于胸腔纵隔内，两肺之间，略偏左侧。牛的心基大致位于肩关节水平线上，心尖距离膈2～5cm，与第6肋骨正对，离胸骨约2cm处。马的心脏位于第3～6肋骨之间，心基的最高点到达第1肋骨中部的水平线处，心尖达第6肋骨下端，距胸骨约1cm处。猪的心脏位于第2~5肋之间，心尖位于第7肋骨和肋软骨连结处。

二、心腔的构造

心脏借房中隔和室中隔分为左、右两半，左、右互不相通。每半又分为上部心房和下部心室。因此心腔可分为左心房、右心房、左心室和右心室四个部分。相应的心房和心室以房室孔相通（图8-3）。

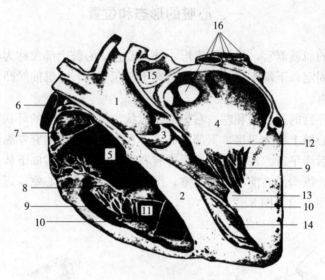

图8-3 马心纵切面
1. 主动脉 2. 室中隔 3. 主动脉瓣 4. 左心房 5. 右心房 6. 前腔静脉 7. 梳状肌 8. 三尖瓣 9. 腱索 10. 隔缘肉柱 11. 右心室 12. 二尖瓣 13. 乳头肌 14. 左心室 15. 肺动脉 16. 肺静脉
（彭克美．畜禽解剖学．2005）

1. 右心房 右心房占据心基的右前部，由静脉窦和右心耳构成。静脉窦是静脉的入口。右心耳呈圆锥形的盲端，尖端向左向后到达肺动脉前方，内壁有许多肉嵴，称梳状肌。

全身的静脉和心脏本身的静脉都注入右心房。前、后腔静脉分别开口于右心房的背侧壁和后壁，两开口之间有一发达的肉柱称为静脉间嵴，有分流前、后腔静脉血液，避免相互冲击的作用。后腔静脉口的腹侧有冠状窦，为心大静脉和心中静脉的开口。在后腔静脉入口附近的房间隔上有一凹窝，称卵圆窝，是胎儿时期卵圆孔的遗迹。

右心房通过右房室口和右心室相通。

2. 右心室 右心室位于心脏右前部，右心房之下，下端不达心尖。其入口为右房室口，出口为肺动脉口。

右房室口位于右心室的右上方，由纤维环围绕而成。环上附有三片三角形的瓣膜，称三尖瓣或右房室瓣。瓣膜的游离缘垂入心室，并由腱索和心室壁的乳头肌连接。乳头肌是心室壁上圆锥状肌肉突起，共三个。其中一个位于心室侧壁上，另两个在室中隔口。由于乳头肌和腱索的牵引，可使瓣膜不被反向冲开，可防止血液倒流入右心房。

肺动脉口为右心室的血液进入肺动脉的入口，附着有三片半月形的瓣膜，称半月瓣。瓣膜关闭可防止血液倒流入右心室。

右心室的肌肉较薄，室中隔和心室侧壁的心横肌可防止心室舒张时过度扩张。

3. 左心房 左心房位于心基的左后部，构造与右心房相似。其背侧壁上有6～8个肺静脉的入口。它的左前方有一圆锥形盲囊，为左心耳，其内壁也有梳状肌。

左心房下方有左房室口，是左心房通向左心室的出口。

4. 左心室 左心室位于左心房的下方，心脏的左后部，较右心室狭长，下端到达心尖。左心室的入口为左房室口，出口为主动脉口。

左房室口呈圆形，位于左心室的上后方。口的周围有纤维环，环上附着两片强大的瓣膜，称为二尖瓣。二尖瓣的构造与功能与三尖瓣相同，游离缘借腱索连在心室侧壁的两个乳头肌上。

主动脉口呈圆形，其构成与肺动脉口相似，也有三片半月瓣，称为主动脉瓣，附着在主动脉口纤维环上。牛的主动脉口纤维环内有两块心骨；马为心软骨。

左心室壁的肌层较右心室壁厚约三倍，也有数条心横肌和不发达的肉柱。

三、心壁的组织构造

心壁由心外膜、心肌和心内膜组成。

1. 心外膜 心外膜为心包浆膜脏层，表面光滑，由间皮和结缔组织构成，紧贴于心肌外面。血管、淋巴管和神经等沿心外膜深面延伸。

2. 心肌 心肌是心壁最厚的一层，主要由心肌纤维构成，内有血管、淋巴管和神经等。心肌由房室口的纤维环分为心房和心室两个独立的肌系，所以心房和心室可分别收缩和舒张。心房肌较薄，分为深、浅两层。心室肌较厚，也分为深、浅两层。其中左心室肌最厚，有些地方是右心室壁的几倍，但心尖部较薄。

3. 心内膜 心内膜薄而光滑，紧贴于心肌内面，并与血管的内膜相延续。其深面有血管、淋巴管、神经和心传导纤维等。心内膜在房室口和动脉口褶成双层结构的瓣膜。

四、心　包

心包是包围在心脏外面的浆膜囊，分为脏层和壁层（图8-4）。脏层紧贴在心脏的外面，构成心外膜。脏层在心基处向外折转移行构成壁层。脏层和壁层之间的腔隙，称为心包腔，腔内有少量浆液，即心包液，起润滑作用。心脏大部分游离于心包腔内。

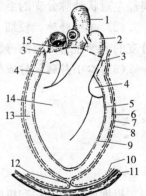

图8-4　心包结构模式图
1. 主动脉　2. 肺动脉干　3. 心包脏层转到壁层的地方　4. 心房肌　5. 心外膜　6. 心包壁层　7. 纤维性心包　8. 心包胸膜　9. 心　10. 肋胸膜　11. 胸壁　12. 胸骨心包韧带　13. 心包腔　14. 心室肌　15. 前腔静脉

（彭克美．畜禽解剖学．2005）

五、心脏的传导系统

心脏的传导系统包括窦房结、房室结、房室束和浦肯野纤维，是由特殊的肌纤维构成，能自动地产生兴奋和传导兴奋，使心脏有节律的收缩和舒张（图8-5）。

1. 窦房结 窦房结位于前腔静脉口与右心房交界处的心外膜下，呈半月状。除分支到心房肌外，还分出数支结间束与房室结相连。

2. 房室结 房室结位于右心房冠状窦前方，在房中隔的心内膜下，呈结节状。

3. 房室束 房室束是房室结向下的直接延续，在室中隔上端分为较薄的右脚和较厚的左脚。两脚分别沿室中隔的两心室面向下伸延并分支，其中一些经心横肌到心室侧壁。以上的小分支在心内膜下分散成浦肯野纤维，与普通心肌纤维相连接。

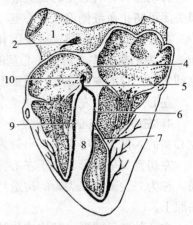

图8-5 心传导系统示意图
1. 前腔静脉 2. 窦房结 3. 后腔静脉
4. 房间隔 5. 房室束 6. 房室束左脚
7. 隔缘小梁 8. 室间隔 9. 房室束右脚
10. 房室结

（郭和以．家畜解剖学．第二版．2000）

六、心脏的血管

心脏本身的血液循环为冠状循环，由冠状动脉和心静脉组成。

1. 冠状动脉 冠状动脉分为左、右两支，分别由主动脉根部发出，沿着冠状沟和左、右纵沟内分支，分布于心房和心室，在心肌内形成丰富的毛细血管网。

2. 心静脉 心静脉包括心大静脉、心中静脉和心小静脉。

（1）心大静脉。较粗，起自心尖附近。沿左纵沟上行，再沿冠状沟向后向右行，主要汇集经左冠状动脉分支的毛细血管回流的静脉血。

（2）心中静脉。较细，起自心尖附近。沿右纵沟上行至冠状沟，主要汇集经右冠状动脉分支的毛细血管回流的静脉血。心大静脉和心中静脉均注入右心房的冠状窦。

（3）心小静脉。分成数支，在冠状沟附近直接开口于右心房。

第二节 血 管

一、血管的种类及构造

根据血管的结构和机能不同，可分为动脉、静脉和毛细血管三种。

1. 动脉 动脉是把血液导出心脏的血管。动脉的一端接心室，逐步分支变细，形成毛细血管。动脉管壁厚，富有弹性，管腔空虚时仍张开不会塌陷。血管破裂时，血液呈喷射状流出。根据动脉管径大小和结构的不同，又可分为大动脉、中动脉和小动脉，三者是逐渐移行的，没有明显分界。

动脉管壁一般可分为内层、中层和外层三层。内层也称内膜，由内皮、薄层的结缔组织和弹性纤维组成。内皮为单层扁平上皮，表面光滑，可减少血流阻力；内皮下的一薄层疏松结缔组织，有再生血管内皮的能力；最外层的弹性纤维能舒张血管。中层也称中膜，由平滑肌、弹性纤维和胶质纤维组成，由于血管管径大小不同，它们之间的比例各有差异。大动脉以弹性纤维为主；中型动脉由平滑肌和弹性纤维混合而成；小动脉以平滑肌为主。外层也称外膜，较中膜薄，由结缔组织构成。

2. 静脉 静脉是把血液引流回心脏的血管。管壁构造与动脉相似，也分为三层，但中膜较薄，所以管壁薄，管腔大。无血液时，血管常常塌陷。出血时血液呈流水状流出。在静脉的内壁常有成对的呈袋状的静脉瓣，其游离缘向着心的方向，可防止血液逆流。

3. 毛细血管 毛细血管是动脉和静脉之间的微细血管，短而密，互相吻合成网状。管壁很薄，仅由一层内皮细胞构成，有的甚至只由1～2个内皮细胞围成，所以管壁具较大的通透性。

二、肺循环血管

肺循环又称小循环，是静脉血由右心室流经肺动脉到达肺脏，经过气体交换，静脉血成为动脉血，再通过肺静脉到达左心房的血液循环过程。肺循环的血管包括肺动脉、毛细血管和肺静脉。

肺动脉干起自右心室的肺动脉口，经主动脉的左侧面斜向后上方，在心基的后上方分为左、右两支，分别与左、右支气管一起经肺门入肺。牛、猪、羊的右肺动脉在右肺门处还分出一支到右肺的尖叶。肺动脉在肺内随支气管不断分支，最后在肺部周围形成丰富的毛细血管网，在此进行气体交换。毛细血管网陆续汇集成6～8条肺静脉，经肺门出肺后注入左心房。

三、体循环血管

体循环是动脉血自左心室射出，经主动脉到达全身组织器官，通过毛细血管进行气体交换后，动脉血成为静脉血，再由前、后腔静脉返回右心房的血液循环路径。体循环血管也包括动脉、毛细血管和静脉（图8-6）。

（一）体循环的动脉

主动脉是体循环的动脉主干，全身的动脉支都是直接或间接由主动脉发出的。主动脉起始于左心室的主动脉口，向上向后呈弓状，延伸到第6胸椎腹侧，这一段称为主动脉弓；主动脉弓沿胸椎腹侧向后延伸至膈，这一段称为胸主动脉；胸主动脉通过膈的主动脉裂孔到达腹腔，这一段称为腹主动脉。腹主动脉在第5或第6腰椎腹侧分为左、右髂内动脉和左、右髂外动脉，分别至左、右侧的骨盆和后肢（图8-7）。

1. 主动脉弓

（1）左、右冠状动脉。由主动脉的根部分出，主要分布到心脏，只少量小分支到大血管的起始部。

（2）臂头动脉总干。为输送血液到头、颈、前肢和胸壁前部的总动脉干。牛、羊、马的臂头动脉总干出心房后沿气管腹侧、前腔静脉的左上方向前延伸，在第1对肋骨处分出左锁骨下动脉后，移行为臂头动脉。臂头动脉在胸前口附近分出双颈动脉干后，移行为右锁骨下动脉。猪的左锁骨下动脉则与臂头动脉总干同起于主动脉弓，臂头动脉干只发出右锁骨下动脉。

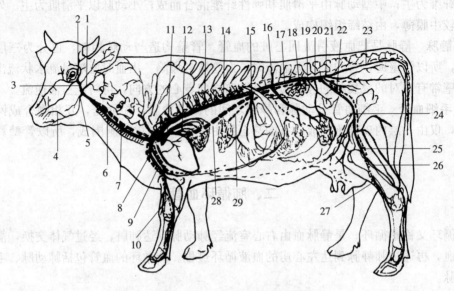

图 8-6 牛全身动、静脉分布图
1. 枕动脉 2. 颌内动脉 3. 颈外动脉 4. 面动脉 5. 颌外动脉 6. 颈动脉 7. 颈静脉 8. 腋动脉 9. 臂动脉 10. 正中动脉 11. 肺动脉 12. 肺静脉 13. 胸主动脉 14. 肋间动脉 15. 腹腔动脉 16. 肠系膜前动脉 17. 腹主动脉 18. 肾动脉 19. 精索内动脉 20. 肠系膜后动脉 21. 髂内动脉 22. 髂外动脉 23. 荐中动脉 24. 股动脉 25. 腘动脉 26. 胫后动脉 27. 胫前动脉 28. 后腔静脉 29. 门静脉

（朱金凤. 动物解剖. 2007）

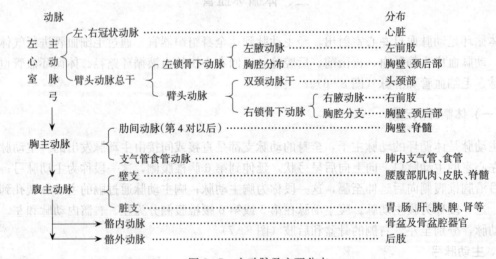

图 8-7 主动脉及主要分支

（3）锁骨下动脉。向前下方及外侧呈弓状延伸，绕过第 1 肋骨前缘出胸腔，延续为前肢的腋动脉。在胸腔内左锁骨下动脉发出的分支有肋颈动脉、颈深动脉、椎动脉、胸内动脉和颈浅动脉；右侧的肋颈动脉、颈深动脉和椎动脉自臂头动脉干发出，胸内动脉和颈浅动脉自右锁骨下动脉发出。主要分布于鬐甲部、颈背侧部、胸下壁、胸侧壁及肩前部的皮肤和肌肉。

(4) 双颈动脉干。在胸前口处气管的腹侧分为左、右颈总动脉，是分布于头、颈的动脉主干。

2. 胸主动脉 是主动脉弓在第 6 胸椎向后的延续。它的主要分支是肋间动脉和支气管食管动脉。马还分支出膈前动脉分布于膈脚。

（1）肋间背侧动脉。成对，每一肋间动脉在肋间隙的上端分为背侧支和腹侧支。背侧支穿过肋间隙分布于背部的肌肉、皮肤和脊髓。腹侧支沿肋骨的后缘向下伸延，与胸内动脉的分支相吻合，分布于胸侧壁的肌肉和皮肤。

（2）支气管食管动脉。在第 6 胸椎处起于胸主动脉，很短，分为两支。即支气管动脉和食管动脉。分布于食管和肺内支气管。

3. 腹主动脉 腹主动脉为腹腔内动脉的主干。沿腰椎腹侧向后延伸至骨盆入口处，分为左、右髂外动脉和左、右髂内动脉。腹主动脉在腹腔内的分支分为壁支和脏支。壁支为成对的腰动脉，分布于腰腹部的肌肉、皮肤和脊髓。脏支较粗大，分支多，分布于腹腔的内脏器官，由前向后依次为：腹腔动脉、肠系膜前动脉、肾动脉、肠系膜后动脉、睾丸动脉或子宫卵巢动脉（图 8-8）。

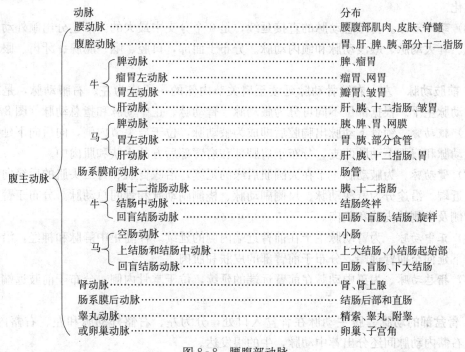

图 8-8 腰腹部动脉

（1）腹腔动脉。是分布于胃、脾、肝、胰和十二指肠的动脉干。在主动脉裂孔后方起自腹主动脉。主要有肝动脉、脾动脉和胃左动脉 3 个大的分支。

（2）肠系膜前动脉。是腹主动脉最大的分支。在第 1 腰椎腹侧起于主动脉，分布于大部分肠管。

（3）肾动脉。成对，在离肠系膜前动脉不远处由腹主动脉分出，由肾门入肾。在肾内分支形成丰富的毛细血管网。入肾前有分支进入肾上腺、输尿管和肾淋巴结。

（4）肠系膜后动脉。比肠系膜前动脉细小，约在第 4 腰椎腹侧由腹主动脉分出。在降结肠系膜中分为结肠左动脉和直肠前动脉。前者分布于小结肠（马）或结肠后部（牛），后者分布于直肠。

（5）睾丸动脉。在肠系膜后动脉附近，起自腹主动脉两侧。细长而直，向后向下延伸至腹股沟管，进入精索，分布于睾丸、附睾输精管和鞘膜。

（6）子宫卵巢动脉。较睾丸动脉粗短，较弯曲，特别是经产的雌性动物。在卵巢系膜中向后伸延，主要分布于卵巢，可分为输卵管支和子宫支。前者主要分布于输卵管，后者分布于子宫角前部。

4. 头颈部动脉 双颈动脉干是头颈部动脉的主干，由臂头动脉分出。沿气管腹侧向前延伸至胸前口处分为左、右颈总动脉。前者位于食管外侧，后者位于气管外侧。马的颈总动脉在寰枕关节处分为3支，即枕动脉、颈内动脉和颈外动脉。牛的颈总动脉分为枕动脉和颈外动脉。猪的枕动脉和颈内动脉动脉以一总干起自颈总动脉。

（1）枕动脉。在颌下腺的深面向寰椎延伸，分布于环枕关节附近的皮肤和肌肉，还分出侧支分布于脑和脊髓。

（2）颈内动脉。在3个分支是最小的，由破裂孔进入颅腔，分布于脑和脑膜。成年牛此血管退化。

（3）颈外动脉。为颈总动脉的直接延续，是3个分支中最大的。沿途分出颌外动脉、咬肌动脉、耳大动脉、颞浅动脉和颌内动脉。分布于面部、口腔、咽、腮腺、牙齿、眼球和泪腺等。

5. 前肢动脉 左、右锁骨动脉延续至肩关节内侧的一段成为左、右腋动脉，是左、右前肢的动脉主干。根据部位不同可分为腋动脉、臂动脉、正中动脉和指总动脉（图8-9）。

（1）腋动脉。锁骨下动脉出胸腔后即成为腋动脉，位于肩关节内侧，向后向下延伸分为肩胛上动脉和肩胛下动脉两支，分布于肩胛部和肩臂部后方的皮肤和肌肉中。

（2）臂动脉。为腋动脉主干在大圆肌后缘的延续，沿喙臂肌和臂二头肌的后缘向下延伸至前壁近端。沿途分为臂深动脉、尺侧副动脉、桡侧副动脉和骨间总动脉。分布于臂部、前臂部背侧及掌侧的皮肤和肌肉。

（3）正中动脉。为臂动脉主干在前臂近端内侧的延续。伴随正中静脉和神经，沿前臂正中沟向下延伸至前臂远端，分布于前臂部的皮肤和肌肉。

（4）指总动脉。为正中动脉在前臂远端的延续，位于掌骨内侧。分布于前肢远端的皮肤和肌肉。

6. 骨盆部的动脉 腹主动脉在骨盆入口处，分为左、右髂外动脉和左、右髂内动脉。在左、右髂内动脉间还分出荐中动脉，牛的很发达。

髂内动脉是骨盆部动脉的主干，在荐坐韧带的内侧面向后伸延，途中分出许多侧支，分布于骨盆内器官、荐臀部及尾部的皮肤和肌肉。

7. 后肢的动脉 髂外动脉是后肢动脉的主干，沿髂骨前缘和后肢的内侧面向下延伸到趾端。按部位可分为髂外动脉、股动脉、腘动脉、胫前动脉和跖背侧动脉（牛）或跖背外侧动脉（马）（图8-10）。

（1）髂外动脉。在第5腰椎腹侧由腹主动脉分出，在腹髂筋膜覆盖下，沿骨盆入口的边缘向后向下伸延，斜行横过腰小肌腱的内侧至耻骨前缘延续为股动脉。其分支有旋髂深动脉、股深动脉、阴部腹壁动脉干、精索外动脉或子宫中动脉。

第八章 心血管系统

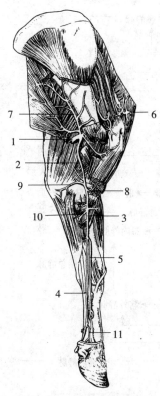

图8-9 牛的前肢动脉
1. 腋动脉 2. 臂动脉 3. 正中动脉
4. 指总动脉 5. 正中桡动脉 6. 肩胛上动脉 7. 肩胛下动脉 8. 桡侧副动脉 9. 尺侧副动脉 10. 骨间总动脉 11. 第三指动脉
（马仲华．家畜解剖学及组织胚胎学．第三版．2001）

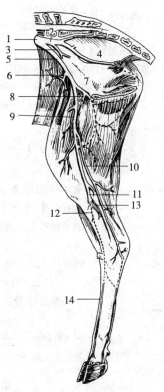

图8-10 牛的后肢动脉
1. 腹主动脉 2. 髂内动脉 3. 脐动脉
4. 阴部内动脉 5. 髂外动脉 6. 旋髂深动脉 7. 股深动脉 8. 腹壁阴部动脉干 9. 股动脉 10. 隐动脉 11. 腘动脉 12. 胫前动脉 13. 胫后动脉
14. 跖背侧动脉
（马仲华．家畜解剖学及组织胚胎学．第三版．2001）

（2）股动脉。为髂外动脉的延续，在股薄肌深面伸向后肢远端，分布到股前、股后和股内侧肌群。其分支有股前动脉、股后动脉及隐动脉。牛的隐动脉发达，下行到趾部。

（3）腘动脉。股动脉延续至膝关节后方成为腘动脉，被腘肌覆盖。在小腿近端分出胫后动脉后，主干延续为胫前动脉。

（4）胫前动脉。穿过小腿间隙，沿胫骨背外侧向下延伸至跗关节前面分出，穿过跗动脉后，转为跖背侧动脉（牛）或跖背外侧动脉（马）。

（5）跖背侧动脉或跖背外侧动脉。跖背侧动脉沿跖骨背侧面的沟中向下延伸至跖骨下端转为跖背侧总动脉，分支分布于后趾。跖背外侧动脉沿跖骨背外侧向下延伸，分支分布于后趾。

（二）体循环静脉

体循环静脉系包括心静脉系、前腔静脉系、后腔静脉系和奇静脉系（图8-11）。

1. 心静脉系 是心脏冠状循环的静脉。心脏的静脉血通过心大静脉、心中静脉和心小

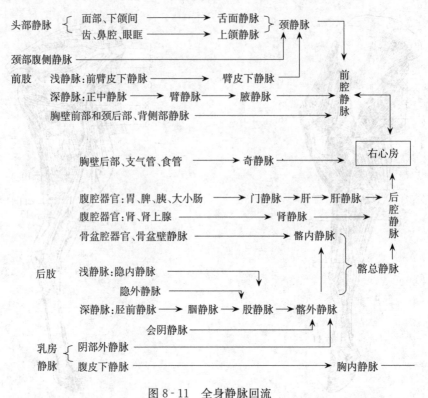

图 8-11 全身静脉回流

静脉注入右心房。

2. 前腔静脉系 前腔静脉是汇集头、颈、前肢、部分胸壁和腹壁静脉血的静脉干。由左、右颈静脉和左、右腋静脉汇合而成。前腔静脉位于心前纵隔内向后延伸，注入右心房。

（1）颈静脉。主要收集头颈部的静脉血，沿颈静脉沟浅层向后延伸，在胸前口处注入前腔静脉。临床上颈静脉常用作静脉注射和采血的部位（图 8-12）。

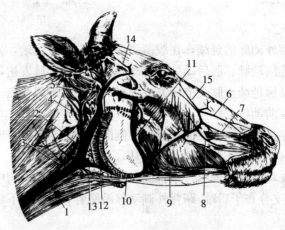

图 8-12 牛头部的静脉

1. 颈静脉 2. 上颌静脉 3. 枕静脉 4. 耳大静脉 5. 颞浅静脉 6. 鼻背静脉 7. 鼻外侧静脉 8. 上唇静脉
9. 下唇静脉 10. 面静脉 11. 颊静脉 12. 咬肌静脉 13. 舌面静脉 14. 角静脉 15. 鼻额静脉

（郭和以. 家畜解剖学. 第二版. 2000）

(2) 腋静脉。主要收集前肢深部肌肉的静脉血。起自蹄静脉丛，与同名动脉伴行，在胸前口处注入前腔静脉。

(3) 臂皮下静脉。是前肢浅静脉的主干，也称头静脉，汇集前肢浅部皮下静脉血。起自于蹄静脉丛，向上不断延伸为掌部的掌心浅内侧静脉，前臂部为前臂皮下静脉（图8-13）。

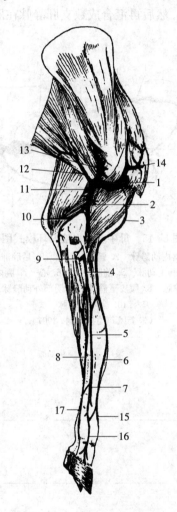

图 8-13 牛前肢静脉
1. 腋静脉 2. 臂静脉 3. 臂皮下静脉 4. 正中静脉 5. 前臂皮下静脉 6. 副皮下静脉 7. 掌心浅内侧静脉 8. 掌心浅外侧静脉 9. 骨间总静脉 10. 尺侧副静脉 11. 臂深静脉 12. 胸背静脉 13. 肩胛下静脉 14. 肩胛上静脉 15. 指背侧静脉 16. 第三指内侧静脉 17. 指总静脉
（肖传斌．动物解剖学与组织胚胎学．2001）

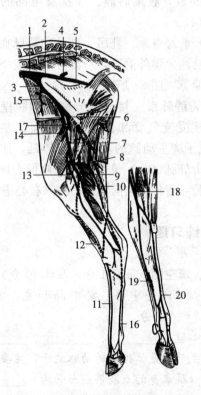

图 8-14 牛后肢静脉
1. 髂总静脉 2. 髂内静脉 3. 髂外静脉 4. 臂前静脉 5. 阴部内静脉 6. 股深静脉 7. 股静脉 8. 股后静脉 9. 腘静脉 10. 胫后静脉 11. 跖背侧第2总静脉 12. 胫前静脉 13. 内侧隐静脉 14. 旋股外侧静脉 15. 旋髂深静脉 16. 足底内侧静脉 17. 阴部腹壁静脉 18. 外侧隐静脉 19. 足底外侧静脉 20. 趾背侧第3～4总静脉
（肖传斌．动物解剖学与组织胚胎学．2001）

3. 后腔静脉系 后腔静脉是收集腹部、骨盆部、尾部及后肢静脉血液的静脉干。在第5、6腰椎腹侧由左、右髂总静脉汇合而成。后腔静脉在脊柱下面,沿腹主动脉右侧向前延伸。通过肝时,部分埋在肝内,然后穿过膈的腔静脉裂孔进入胸腔,最后注入右心房。它的主要属支有:

(1) 门静脉。位于后腔静脉的下方,收集胃、脾、胰、小肠和大肠(直肠后段除外)静脉血的静脉干。经肝门入肝后在肝内反复分支成窦状隙,然后再汇合成数支肝静脉在肝脏壁面注入后腔静脉。

(2) 腹腔内其他属支。包括腰静脉、睾丸静脉或卵巢静脉、肾静脉和肝静脉。

(3) 髂总静脉。由同侧的髂内静脉和髂外静脉汇合而成,收集后肢、骨盆及尾部的静脉血(图8-14)。

(4) 乳房静脉。乳房大部分的静脉血液经阴部外静脉注入髂外静脉,一部分经腹皮下静脉注入胸内静脉(图8-15)。

4. 奇静脉系 接受部分胸壁和腹壁的静脉血,也接受支气管和食管的静脉血。左奇静脉(牛)位于胸主动脉的左侧向前伸延,注入右心房;右奇静脉(马)位于胸椎腹侧偏右面,与胸主动和胸导管伴行向前伸延,注入右心房。

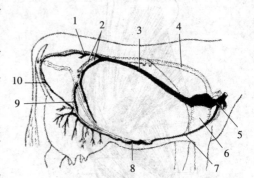

图8-15 母牛乳房血液循环模式图
1. 髂内动静脉 2. 髂外动静脉 3. 后腔静脉
4. 胸主动脉 5. 前腔静脉 6. 心 7. 胸内静脉 8. 腹皮下静脉 9. 阴部外动静脉
10. 会阴动静脉

(朱金凤. 动物解剖. 2007)

自测练习题

一、填空题(每空1分,共计20分)

1. 心腔以房中隔、室中隔和左、右房室隔分为_____、_____、_____和_____四个部分。
2. 心壁由_____、_____、_____三层组成。
3. 主动脉是体循环的动脉主干,主要包括_____、_____、_____、_____。
4. 心脏本身的血液供应血管为_____。
5. 血管按其结构和功能的不同分为_____、_____、_____。
6. 体循环的静脉系包括_____、_____、_____。
7. 临床上_____常作为静脉注射和采血的部位。

二、选择题(每题2分,共计16分)

1. 动物心脏的肺动脉口的瓣膜为( )。
   A. 二尖瓣 B. 三尖瓣 C. 半月瓣 D. 肌肉瓣
2. 动物心脏的主动脉口的瓣膜为( )。
   A. 二尖瓣 B. 三尖瓣 C. 半月瓣 D. 肌肉瓣
3. 右房室口纤维环上附着有( )。
   A. 三尖瓣 B. 二尖瓣 C. 半月瓣 D. 都不是

4. 左房室口纤维环上附着有（　　）。
   A. 三尖瓣　　　　B. 二尖瓣　　　　C. 肺动脉干瓣　　　D. 主动脉瓣
5. 心外膜就是（　　）。
   A. 纤维性心包　　B. 浆膜性心包壁层　C. 浆膜性心包脏层　D. 都不是
6. 属于腹主动脉壁支的动脉有（　　）。
   A. 肾动脉　　　　B. 腹腔动脉　　　　C. 腰动脉　　　　D. 肠系膜前动脉
7. 从腹主动脉分出成对的脏支是（　　）。
   A. 肠系膜前动脉　B. 腹腔动脉　　　　C. 肾动脉　　　　D. 肠系膜后动脉
8. 从腹主动脉分出的单一脏支是（　　）。
   A. 肾动脉　　　　B. 腹腔动脉　　　　C. 睾丸动脉　　　D. 子宫卵巢动脉

三、判断题（每题1分，共计5分）
1. 右心室入口为右房室口，出口为主动脉口。（　　）
2. 右心房包括静脉窦和右心耳两部分。（　　）
3. 左心室入口为左房室口，出口为肺动脉口。（　　）
4. 动脉起自心房，沿途反复分支，最后移行为毛细血管。（　　）
5. 静脉起自毛细血管，沿途逐渐汇合成小、中、大静脉，最后汇集到右心房。（　　）

四、名词解释（每题3分，共计15分）
1. 窦房结　　2. 体循环　　3. 肺循环　　4. 心包　　5. 门静脉

五、简答题（每题6分，共计24分）
1. 简述心脏的形态结构。
2. 简述心脏的传导系统。
3. 简述血管的种类及其构造特征。
4. 简述母牛乳房血液循环途径。

六、问答题（每题10分，共计20分）
1. 经口服给动物用的药物，依次经过哪些血管才能到达肾脏？
2. 颈部肌肉注射药物经何途径到前蹄？

第九章 免疫系统

第一节 免疫系统的组成

免疫系统由免疫器官、免疫组织和免疫细胞组成。该系统产生的免疫作用是机体的一种保护性反应，通过免疫防御、免疫稳定和免疫监视等作用抵抗病原微生物入侵和维持机体内环境的稳定。

1. 免疫器官　是由免疫组织和其他网状组织一起由被膜包裹而形成的相对独立的结构，包括中枢免疫器官（骨髓、胸腺）和周围免疫器官（淋巴结、脾脏、扁桃体）。

2. 免疫组织　机体中的免疫组织分布很广，存在形式多种多样。有些免疫组织没有特定结构，淋巴细胞弥散性分布，与周围组织无明显界限，称为弥散免疫组织，常分布于咽、消化道及呼吸道等与外界接触较频繁的部位或器官的黏膜内；有的密集成球形或卵圆形，轮廓清晰，称为淋巴小结；单独存在的淋巴小结称为淋巴孤结，成群存在时称淋巴集结，如回肠黏膜内的淋巴孤结和淋巴集结。

3. 免疫细胞　凡是参与机体免疫反应的细胞统称为免疫细胞，包括淋巴细胞、单核巨噬细胞系统的细胞、抗原提呈细胞及各种粒细胞等。

第二节 中枢免疫器官

中枢免疫器官也称为中枢淋巴器官，是免疫细胞发生、分化和成熟的基地。

一、骨　髓

骨髓既是造血器官又是中枢免疫器官。骨髓中的多能造血干细胞经增殖、分化，演化为髓系干细胞和淋巴系干细胞。髓系干细胞是颗粒白细胞和单核吞噬细胞的前身；淋巴干细胞则演变为淋巴细胞。哺乳动物的 B 淋巴细胞直接在骨髓内分化、成熟，然后进入血液和淋巴中发挥免疫作用。

二、胸　腺

胸腺既是免疫器官，又是内分泌器官。骨髓中的淋巴干细胞转移到胸腺后，在胸腺激素的作用下，分化成具有免疫活性的淋巴细胞，这种依赖胸腺才能发育分化成为具有免疫活性的淋巴细胞称 T 淋巴细胞。

（一）胸腺的形态位置

胸腺位于胸腔前部纵隔内，分颈部胸腺、胸部胸腺两部分，呈粉红色或红色，幼龄动物发达，胸腺的大小和结构随年龄有很大变化，性成熟后逐渐退化，到老龄阶段几乎被脂肪组织所代替。

1. 牛、羊胸腺　粉红色，犊牛很发达。牛的胸部胸腺位于心前纵隔内；颈部胸腺分左、右两叶，自胸前口沿气管、食管向前延伸至甲状腺的附近（图 9-1）。4～5 岁时开始退化，

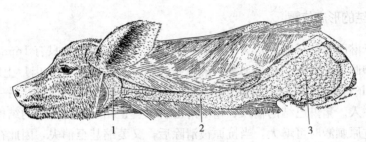

图 9-1　犊牛胸腺
1. 腮腺　2. 颈部胸腺　3. 胸部胸腺
（彭克美．畜禽解剖学．2005）

至 6 岁时退化完。羊的胸腺呈淡黄色，由心脏伸至甲状腺附近，1～2 岁时开始退化。

2. 猪的胸腺　仔猪胸腺发达，呈灰红色，在颈部沿左、右颈总动脉向前伸延至枕骨下方（图 9-2）。

3. 马的胸腺　幼驹的胸腺发达，呈灰白粉红色，位于心前纵隔中，向前延伸至颈部。2 岁以后胸腺退化。

（二）胸腺的组织构造

胸腺的表面有一层被膜，被膜的结缔组织向内伸入将胸腺实质分成许多胸腺小叶，每个小叶分为皮质和髓质两部分。

1. 皮质　主要由胸腺上皮细胞和密集排列的胸腺细胞（T 细胞）及巨噬细胞组成。

2. 髓质　髓质与皮质无明显分界，结构与皮质相似，但胸腺细胞数量较少。

3. 血-胸屏障　胸腺皮质的毛细血管与周围组织具有屏障结构，能阻止血液内大分子抗原物质进入胸腺内，称为血-胸屏障，从而使淋巴细胞在没有抗原物质存在的条件下完成增殖分化。

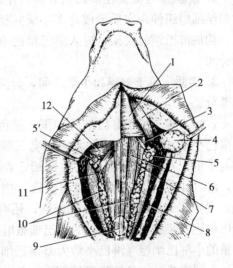

图 9-2　猪的胸腺、甲状旁腺和
甲状腺位置
1. 下颌舌骨肌　2. 二腹肌　3. 舌下神经
4. 下颌腺　5、5′. 左、右甲状旁腺
6. 喉的位置　7. 颈总动脉　8. 颈外静脉
9. 甲状腺的位置　10. 颈部胸腺
11. 肩胛舌骨肌　12. 茎舌骨肌
（郭和以．家畜解剖学．第二版．2000）

第三节　周围免疫器官

周围免疫器官也称周围淋巴器官或次级淋巴器官，包括淋巴结、脾、扁桃体等。周围免疫器官内的免疫细胞来自中枢免疫器官内，在抗原的刺激下进一步增殖分化，以执行免疫功能，是免疫反应的重要场所。

一、淋巴结

(一) 淋巴结的形态位置

淋巴结位于淋巴管的径路上，大小不一，大的达几厘米，小的只有1mm，多成群分布。形态有球形、卵圆形、肾形、扁平形等。淋巴结在活体上呈微红色，肉尸上略呈黄灰白色。淋巴结的一侧凹陷为淋巴结门，是输出淋巴管、血管、神经出入的地方；另一侧隆凸，有多条输入淋巴管注入。猪淋巴结的输入、输出淋巴管位置正相反。淋巴结的结构经常处于动态变化之中，受抗原刺激时可增大，当抗原被清除后，又萎缩甚至消失，因此在临床上局部淋巴结肿大，可反映其收集区域有病变，对临床诊断及兽医卫生检测有重要实践意义。

(二) 淋巴结的组织构造

淋巴结由被膜和实质构成（图9-3）。

1. 被膜　为覆盖在淋巴结表面的结缔组织膜。被膜结缔组织伸入实质形成许多小梁并相互连接成网，构成淋巴结的支架，进入淋巴结的血管则沿小梁分布。

2. 实质　位于被膜和小梁之间，分皮质和髓质两部分。

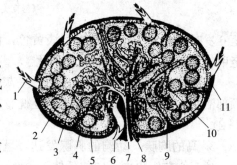

图9-3　淋巴结构造模式图
1. 输入淋巴管　2. 生发中心　3. 髓质窦
4. 皮质窦　5. 淋巴小结　6. 输出淋巴管
7. 静脉　8. 动脉　9. 小梁　10. 髓索
11. 被膜
（周其虎．畜禽解剖生理．2006）

(1) 皮质。位于淋巴结的外围，颜色较深，包括淋巴小结、副皮质区和皮质淋巴窦三部分。

①淋巴小结。呈圆形或椭圆形，在皮质区浅层，淋巴小结分为中央区和周围区。中央区着色淡，主要有B淋巴细胞、巨噬细胞，还有少量的T淋巴细胞和浆细胞等，此区的淋巴细胞增殖能力较强，称为生发中心。周围区着色深，聚集大量的小淋巴细胞。淋巴小结为B淋巴细胞的主要分化、增殖区。

②副皮质区。又称胸腺依赖区，是分布在淋巴小结之间及皮质深层的一些弥散淋巴组织。副皮质区主要是T淋巴细胞的分化、增殖区。

③皮质淋巴窦。是被膜下、淋巴小结和小梁之间互相通连的腔隙，为淋巴流通的部位，接收来自输入淋巴管的淋巴，淋巴在皮质淋巴窦内缓慢流动，有利于巨噬细胞的吞噬活动。

(2) 髓质。位于淋巴结中央和淋巴结门附近，由髓索和髓质淋巴窦组成。

①髓索。是密集排列呈索状的淋巴组织，它们彼此吻合成网，并与副皮质区的弥散淋巴组织相连续。髓索主要由B淋巴细胞组成，还有浆细胞和巨噬细胞。

②髓质淋巴窦。位于髓索之间以及髓索与小梁之间，结构与皮质淋巴窦相同，接收来自皮质淋巴窦的淋巴并将其汇入输出淋巴管。

3. 猪淋巴结的组织构造特点　猪的淋巴结形态因部位不同差异较大，如肠系膜淋巴结多合并成串，淋巴结门不明显。淋巴结的皮质、髓质位置正相反，即淋巴小结和弥散的淋巴组织位于中央区，髓质则分布于外周。

（三）淋巴细胞再循环

有些淋巴细胞离开淋巴结进入血液循环后，又穿过淋巴结副皮质区内的毛细血管后微静脉返回淋巴结，有些淋巴细胞则从这一淋巴器官转移到另一淋巴器官的淋巴组织中，这种现象不断重复称为淋巴细胞再循环。参加再循环的淋巴细胞主要是长寿的 T 记忆细胞及 B 记忆细胞。淋巴细胞再循环有利于发现和识别抗原，在机体免疫活动中具有重要意义。

（四）淋巴结的分布

牛、羊淋巴结的体积大，但数量少，牛约有 300 个，马的淋巴结很小，数目最多（全身会有 8 000 个左右），常集合成淋巴结群。淋巴结或淋巴结群在身体的同一部位，收集同一区域的淋巴，称为该区域的淋巴中心。牛、马有 19 个淋巴中心，羊、猪有 18 个淋巴中心（图 9-4）。

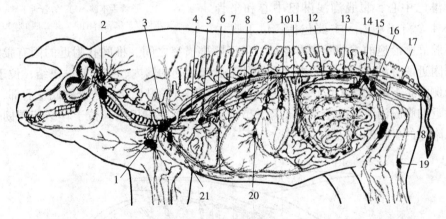

图 9-4　猪体主要深层淋巴结

1. 第 1 腋淋巴结　2. 咽后内侧淋巴结　3. 颈深后淋巴结　4. 纵隔前淋巴结　5. 气管支气管左淋巴结　6. 气管支气管中淋巴结　7. 胸主动脉淋巴结　8. 纵隔后淋巴结　9. 胃淋巴结　10. 脾淋巴结　11. 空肠淋巴结　12. 结肠淋巴结　13. 腰主动脉淋巴结　14. 髂内侧淋巴结　15. 荐淋巴结　16. 髂股淋巴结　17. 肛门直肠淋巴结　18. 髂下淋巴结　19. 腘淋巴结　20. 肝淋巴结　21. 胸骨前淋巴结

（朱金凤．动物解剖．2007）

1. 头部主要淋巴结　头部有腮腺、下颌、咽后共 3 个淋巴中心。主要包括：位于颞下颌关节后下方的腮腺淋巴结；位于下颌间隙内、血管切迹后方的下颌淋巴结；位于咽附近的咽后内、外侧淋巴结；位于甲状舌骨附近的舌骨前、舌骨后淋巴结等。其中下颌淋巴结是兽医卫生检验和兽医临床诊断的重要淋巴结（图 9-5）。

2. 颈部主要淋巴结　颈部有颈浅、颈深 2 个淋巴中心。主要包括：位于肩关节前方的颈浅淋巴结（肩前淋巴结）；位于颈部气管两侧附近的颈深前淋巴结、颈深中淋巴结、颈深后淋巴结。

3. 前肢主要淋巴结 仅有腋淋巴中心。主要包括：位于肩关节与胸壁间由一群淋巴结组成的腋淋巴结；位于冈下肌后缘的冈下肌淋巴结。

4. 后肢主要淋巴结 主要包括位于膝关节后方的腘淋巴结；位于髂骨体前方的腹股沟深淋巴结；位于近耻骨处腹直肌内面的腹壁淋巴结。

5. 胸部主要淋巴结 胸部有胸背侧、胸腹侧、纵隔和支气管 4 个淋巴中心。主要包括：位于胸主动脉与胸椎椎体之间脂肪内的胸主动脉淋巴结；位于各肋间隙近端的肋间淋巴结；位于胸骨背侧胸廓内的胸骨淋巴结；位于后腔静脉裂孔附近的膈淋巴结；位于纵隔中的纵隔前、纵隔中、纵隔后淋巴结；位于支气管附近的支气管左、中、右淋巴结；位于肺内支气管附近的肺淋巴结等（图 9-6）。

6. 腹壁及骨盆壁主要淋巴结 有腰淋巴中心、髂荐淋巴中心、腹股沟浅淋巴中心和坐骨淋巴中心 4 个淋巴中心。主要包括：位于腹主动脉和后腔静脉沿途的主动脉腰淋巴结；位于腰椎横突之间、椎间孔附近的固有腰淋巴结；位于肾门附近的肾淋巴结；位于左、右髂外动脉起始处的髂内、髂外侧淋巴结；位于荐结节阔韧带内侧的腹下淋巴结；位于直肠后部背侧的肛门直肠淋巴结；位于腹底壁后部、腹股沟管外环附近的腹股沟浅淋巴结；位于膝关节前上方的髂下淋巴结；位于荐结节阔韧带外侧、坐骨大孔附近的坐骨淋巴结等。

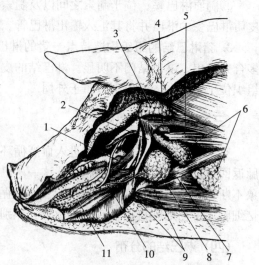

图 9-5 猪的头部深层（除去左侧下颌骨）
1. 腭扁桃体 2. 枕骨颈静脉突下端 3. 腮腺上端
4. 咽后内侧淋巴结 5. 头长肌 6. 颈部胸腺
7. 肩胛舌骨肌 8. 下颌腺 9. 二腹肌
10. 长管舌下腺 11. 短管舌下腺
（郭和以．家畜解剖学．第二版．2000）

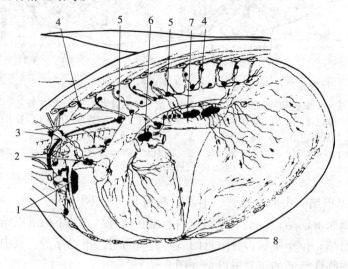

图 9-6 牛胸腔淋巴结
1. 胸骨前淋巴结 2. 纵隔前淋巴结 3. 肋颈淋巴结 4. 肋间淋巴结 5. 胸主动脉淋巴结 6. 气管支气管左淋巴结 7. 纵隔后淋巴结 8. 胸骨后淋巴结
（郭和以．家畜解剖学．第二版．2000）

7. 腹腔内脏主要淋巴结 有腹腔淋巴中心、肠系膜前淋巴中心、肠系膜后淋巴中心 3 个淋巴中心。主要包括：位于腹腔动脉起始处附近的腹腔淋巴结；位于门静脉沿途的肝门淋巴结；分布于胃的血管沿途的胃淋巴结（牛、羊因有 4 个胃，故淋巴结的位置各异，名称亦不同）；位于十二指肠系膜附近的胰十二指肠淋巴结；位于肠系膜前动脉起始处附近的肠系膜前淋巴结；分布在空肠系膜内、沿结肠旋袢与空肠间呈念珠状分布的空肠淋巴结；分布于回肠、盲肠之间的盲肠淋巴结；位于结肠旋袢附近的结肠淋巴结；分布于肠系膜后动脉起始处至结肠左动脉和直肠前动脉之间系膜内的肠系膜后淋巴结（图 9-7）。

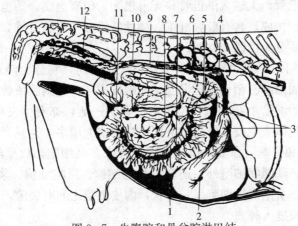

图 9-7 牛腹腔和骨盆腔淋巴结
1. 皱胃腹侧淋巴结 2. 皱胃背侧淋巴结 3. 肝淋巴结 4. 胸导管 5. 胰十二指肠淋巴结 6. 乳糜池 7. 空肠淋巴结 8. 结肠淋巴结 9. 腰淋巴干 10. 髂内侧淋巴结 11. 盲肠淋巴结 12. 肛门直肠淋巴结

（郭和以. 家畜解剖学. 第二版. 2000）

二、脾

（一）脾的形态位置

脾是动物体内最大的免疫器官，不同动物的脾形态不同（图 9-8）。

1. 牛脾 长而扁的椭圆形，呈蓝紫色，质地较硬。位于瘤胃背囊的左前方。

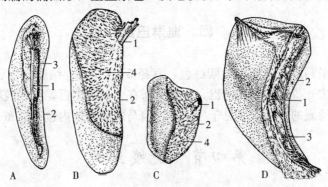

图 9-8 脾的形态
A. 猪 B. 牛 C. 羊 D. 马
1. 脾门 2. 前缘 3. 胃脾韧带 4. 脾和瘤胃粘连处血管

（朱金凤. 动物解剖. 2007）

2. 羊脾 呈扁平状，钝角三角形，红紫色，质地柔软。位于瘤胃左侧。

3. 猪脾 长舌形，上宽下窄，红紫色，质地较软。位于胃大弯左侧，以宽松的胃脾韧带与胃大弯相连。

4. 马脾 呈扁平镰刀形，上宽下窄，蓝红或铁青色。位于胃大弯左侧。

（二）脾的组织构造

脾是血液循环通路上的一个滤器，有造血、滤血、储血、调节血量及参与机体免疫活动等功能。脾有输出淋巴管，无输入淋巴管；无淋巴窦，但有血窦。脾也分被膜和实质。被膜由浆膜和致密结缔组织构成，含有胶原纤维、弹性纤维和平滑肌纤维，被膜的结缔组织伸入实质中形成小梁。实质分为白髓和红髓。

1. 白髓 由淋巴组织环绕动脉构成，分布于红髓之间，它分为动脉周围淋巴鞘和淋巴小结两种结构。动脉周围淋巴鞘相当于淋巴结的副皮质区，属胸腺依赖区；淋巴小结即脾小结，结构与淋巴结内的淋巴小结相似，位于淋巴鞘的一侧，亦有生发中心，主要为B淋巴细胞，当抗原刺激引起体液免疫反应时，淋巴小结则增大增多。

2. 红髓 由脾索和脾窦（血窦）组成，因含有许多红细胞，故呈红色。脾索为彼此吻合成网的淋巴组织索，除网状细胞外，还有B淋巴细胞、巨噬细胞、浆细胞和各种血细胞；脾窦分布于脾索之间，窦壁内皮细胞呈长杆状，内皮细胞之间有裂隙，基膜也不完整，这些均有利于血细胞从脾髓进入脾窦。

3. 边缘区 位于白髓与红髓的交界处，为淋巴细胞从血液进入红髓和白髓的门户，是血液进入红髓的滤器，有很强的吞噬滤过作用，是脾内首先捕获抗原和引起免疫应答的重要部位。

三、扁桃体

扁桃体位于舌、软腭和咽的黏膜下组织内，形状和大小因动物种类不同而异，仅有输出淋巴管，注入附近的淋巴结，参与机体的免疫防御。根据扁桃体存在部位不同，可分为腭扁桃体、舌扁桃体和腺样体。腭扁桃体位于口咽部两侧，舌扁桃体位于舌根部，腺样体位于咽喉的最上部和鼻腔最后端的交界处。

四、血淋巴结

血淋巴结一般呈圆形或卵圆形，紫红色，直径5~12mm，结构似淋巴结，但无淋巴输入管和输出管，其中充盈血液而无淋巴。主要分布在主动脉附近，胸腹腔脏器的表面和血液循环的通路上，有滤血的作用。多见于牛、羊，但马属动物体内也有分布。

第四节 免疫细胞

一、淋巴细胞

1. T细胞 是骨髓内形成的淋巴干细胞在胸腺内分化、成熟的淋巴细胞，也称胸腺依赖淋巴细胞，用胸腺（thymus）一词英文字头"T"来命名。成熟后进入血液和淋巴，参与细胞免疫。

2. B 细胞 是淋巴干细胞直接在骨髓分化、成熟的淋巴细胞，也称骨髓依赖淋巴细胞，用骨髓（bone marrow）一词的英文字头"B"冠名。B 细胞进入血液和淋巴后在抗原刺激下转为浆细胞，产生抗体，参与体液免疫。

3. K 细胞 是发现较晚的淋巴样细胞，分化途径尚不明确，具有非特异性杀伤功能，它能杀伤与抗体结合的靶细胞。

4. NK 细胞 亦称自然杀伤细胞，它不依赖抗体，不需抗原作用即可杀伤靶细胞，尤其是对肿瘤细胞及病毒感染细胞，具有明显的杀伤作用，能使靶细胞溶解。

二、单核巨噬细胞系统

单核巨噬细胞是指分散在许多器官和组织中的一些形态不同，但都来源于血液的单核细胞，具有吞噬能力的一类细胞。主要包括血液中的单核细胞、结缔组织内的组织细胞、肺内的尘细胞、肝内的枯否氏细胞、脾及淋巴结内的巨噬细胞、脑和脊髓中的小胶质细胞等。血液中的中性粒细胞虽有吞噬能力，但不是由单核细胞转变而来，故不属于单核巨噬细胞系统。

三、抗原呈递细胞

抗原呈递细胞指在特异性免疫应答中，能够摄取、处理转递抗原给 T 细胞和 B 细胞的细胞，作用过程称抗原呈递。有此作用的细胞主要有巨噬细胞、B 细胞等。

四、粒性白细胞

细胞质中含有颗粒的白细胞称为粒性白细胞，主要包括嗜中性粒细胞、嗜酸性粒细胞、嗜碱性粒细胞，其形态结构及免疫活动见第一章中的白细胞相关内容。

第五节 淋巴和淋巴管

淋巴管以毛细淋巴管起于组织间隙，逐级汇集成大的淋巴管，最后回到前腔静脉，因此，它属于血液循环中静脉循环的一个分支。

一、淋 巴

血液经动脉输送到毛细血管时，其中一部分液体经毛细血管动脉端滤出，进入组织间隙形成组织液。组织液与周围组织和细胞进行物质交换后，大部分渗入毛细血管静脉端，少部分则渗入毛细淋巴管，成为淋巴。淋巴为无色或微黄色的液体，由淋巴浆和淋巴细胞组成，没通过淋巴结的淋巴没有淋巴细胞。淋巴经毛细淋巴管、淋巴管、淋巴干、淋巴导管注入前腔静脉。由此可见，淋巴回流是血液循环的辅助部分。

二、淋巴管

淋巴管是运送淋巴的管道，依其汇集顺序、管径粗细、管壁厚薄分为毛细淋巴管、淋巴管、淋巴干、淋巴导管几种。

（一）毛细淋巴管

毛细淋巴管以略膨大的盲端起于组织间隙，彼此吻合成网，毛细淋巴管和毛细血管彼此相邻，但不相通。毛细淋巴管壁均由单层内皮细胞构成，但较毛细血管有更大的通透性，一些不易进入毛细血管的大分子物质，如细菌、异物等，可进到毛细淋巴管内。

（二）淋巴管

淋巴管由毛细淋巴管汇集而成，其形态结构与静脉相似，但管腔比相应静脉小，数目较多，彼此吻合比静脉更广泛。管壁薄、瓣膜很多，游离缘向心排列，有防止淋巴倒流的作用。淋巴管延伸过程中要通过一个或多个淋巴结，进入淋巴结的为输入淋巴管，离开淋巴结的为输出淋巴管。

（三）淋巴干

淋巴干为身体一个区域内大的淋巴集合管，由淋巴管汇集而成，多与大血管伴行。

1. 气管淋巴干 左、右侧各1条，由咽后淋巴结的输出淋巴管汇合而成。伴随左、右颈总动脉，沿气管的腹内侧后行，分别收集左、右侧头颈、肩胛部和前肢的淋巴。左气管淋巴干注入胸导管，右气管淋巴干注入右淋巴导管、前腔静脉或颈静脉（右）。

2. 腰淋巴干 左、右侧各1条，由髂内淋巴结的输出管淋巴管形成，沿腹主动脉和后腔静脉前行，收集腹壁、骨盆壁、盆腔器官、后肢及结肠后段的淋巴，注入乳糜池。

3. 腹腔淋巴干 由胃、肝、脾、胰、十二指肠等处淋巴结的输出淋巴管汇合形成，并收集相应器官组织的淋巴，它有时与肠淋巴干汇合成内脏淋巴干，注入乳糜池。

4. 肠淋巴干 由空肠和结肠淋巴结的输出淋巴管汇成，它参与形成内脏淋巴干或单独注入乳糜池。肠淋巴干收集空肠、回肠、盲肠和部分结肠的淋巴。因肠淋巴干汇入了肠绒毛内的毛细淋巴管（中央乳糜管），它吸收了肠腔内的脂类物质而使淋巴呈乳白色粥状，此处称为乳糜池。

（四）淋巴导管

淋巴导管由淋巴干汇集而成，包括右淋巴导管和胸导管。

1. 右淋巴导管 短而粗，位于胸腔入口附近，由右气管淋巴干汇集右侧头颈部、肩带部、前肢和右半胸壁及胸腔器官的淋巴形成，注入前腔静脉。

2. 胸导管 是全身最大的淋巴管，收集除右淋巴导管辖区以外的全身的淋巴。起于乳糜池，穿过膈的主动脉裂孔入胸腔，沿胸主动脉右上方前行，越过食管、气管的左侧向下走，在胸腔入口处注入前腔静脉。乳糜池是胸导管的起始部，呈长梭形膨大，位于最后胸椎和前 1～3 个腰椎的腹侧，牛、马的最长达 10cm，直径达 1.5～2cm，猪、羊的直径约 1cm。

自测练习题

一、填空题（每空 1 分，共计 30 分）

1. 免疫系统由_____、_____和_____三部分组成。
2. 中枢免疫器官包括_____、_____。
3. 周围免疫器官主要包括_____、_____、_____。
4. 皮、髓质位置与其他动物不同的动物为_____。
5. 淋巴管按其结构和汇集顺序的不同分为_____、_____、_____和_____。
6. 胸腺既有_____功能又有_____功能。
7. T 淋巴细胞参与机体的_____免疫，B 淋巴细胞参与机体的_____免疫。
8. 免疫细胞主要包括_____、_____、_____和_____。
9. 淋巴结皮质部由_____、_____和_____构成。髓质由_____和_____构成。
10. 头部有_____、_____和_____共 3 个淋巴中心。

二、选择题（每题 2 分，共计 20 分）

1. 具有自然杀伤功能的细胞为（　　）。
   A. T 细胞　　　　B. B 细胞　　　　C. K 细胞　　　　D. NK 细胞
2. 沿淋巴管流动的浅黄色液体为（　　）。
   A. 乳糜液　　　　B. 组织液　　　　C. 淋巴　　　　　D. 心包液
3. 位于最后胸椎和前三个腰椎腹侧的膨大部分称为（　　），它是胸导管的起始部。
   A. 法氏囊　　　　B. 乳糜池　　　　C. 圆小囊　　　　D. 血结
4. 在兽医卫生检验中最重要的淋巴结是（　　）。
   A. 下颌淋巴结　　B. 股前淋巴结　　C. 腋淋巴结　　　D. 腹股沟浅淋巴结
5. 收集后肢、骨盆、腹部、左胸器官、左前肢和左头颈部淋巴的淋巴导管是（　　）。
   A. 胸导管　　　　B. 右淋巴导管　　C. 淋巴干　　　　D. 中央乳糜管
6. 属于周围免疫器官者是（　　）。
   A. 法氏囊　　　　B. 胸腺　　　　　C. 血淋巴结　　　D. 红骨髓
7. 犊牛胸腺比较发达，但到（　　）时大部分被脂肪所代替。
   A. 4～5 个月　　　B. 2 岁　　　　　C. 5～6 岁　　　　D. 都不是
8. 以盲端起始与组织间隙的细小管道是（　　）。
   A. 淋巴导管　　　B. 淋巴管　　　　C. 淋巴干　　　　D. 毛细淋巴管
9. 分布在空肠系膜内、沿结肠旋襻与空肠间呈念珠状的淋巴结是（　　）。
   A. 空肠淋巴结　　B. 颈前背侧淋巴结　C. 腋淋巴结　　　D. 腹股沟浅淋巴结
10. 猪脾呈（　　）。
    A. 长而扁的椭圆形　B. 短而扁的三角形　C. 镰刀形　　　　D. 长舌形

三、名词解释（每题 4 分，共计 20 分）

1. 淋巴循环　2. 乳糜管　3. 生发中心　4. 淋巴　5. 弥散淋巴组织

四、简答题（每题10分，共计30分）

1. 简述淋巴结的组织结构。
2. 简述单核吞噬细胞系统的组成细胞。
3. 简述不同动物脾的形态位置特征。

第十章 神经系统

第一节 神经系统概述

神经系统能接受来自体内器官和外界环境的各种刺激,并将刺激转变为神经冲动进行传导,以保持机体内环境的稳定和适应外界环境的变化。

(一) 神经系统的基本结构

神经系统由神经组织构成。神经组织包括神经元和神经胶质细胞。神经元是一种高度分化的细胞,是神经系统的结构和功能单位,神经元借突触彼此连接完成神经冲动的传导。神经胶质细胞起支持、营养、保护和绝缘作用。

(二) 神经系统的活动方式

神经系统基本活动方式是反射,完成一个反射活动,要通过的神经通路称为反射弧。反射弧包括感受器、传入神经、中枢、传出神经和效应器五部分。其中任何一部分受到破坏时,反射活动就不能进行。因此,临床上常利用破坏反射弧的完整性对动物进行麻醉,以便实施外科手术。

(三) 神经系统的组成

神经系统由中枢神经和外周神经组成(图10-1)。中枢神经包括脑和脊髓,外周神经包括从脑发出的脑神经、从脊髓发出的脊神经以及控制心肌、平滑肌和腺体活动的植物性神经(交感神经和副交感神经)。

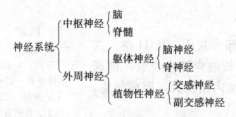

图10-1 神经系统的组成

(四) 神经系统的常用术语

1. 灰质和皮质 在中枢部,神经元的胞体及其树突集聚的地方,在新鲜标本上呈灰白色,称为灰质。被覆在大脑半球和小脑表面的灰质,分别称为大脑皮质(大脑皮层)和小脑皮质(小脑皮层)。

2. 白质和髓质 白质是泛指神经纤维集聚的地方,大部分神经纤维有髓鞘,呈白色,如脊髓白质。而分布在小脑皮质深面的白质又称髓质。

3. 神经核和神经节 在中枢神经内，由功能和形态相似的神经元细胞体和树突集聚而成的灰质团块称为神经核。在外周部，神经元的细胞体集聚形成神经节。

4. 神经纤维束 起止行程和功能基本相同的神经纤维集聚成束，在中枢内称为神经纤维束。由脊髓向脑传导感觉冲动的神经束称为上行束，由脑传导运动冲动至脊髓的称下行束。

5. 网状结构 在中枢神经内，神经纤维交织成网状，神经元的胞体参与其中形成的结构称网状结构。

第二节 中枢神经

一、脊 髓

（一）形态和位置

脊髓位于椎管内，呈背腹略扁的圆柱形。前端经枕骨大孔与延髓相连，后端伸延至荐骨中部，并逐渐变细呈圆锥形，称脊髓圆锥。脊髓圆锥向后延伸成细的终丝，终丝与其左、右两侧的神经根聚集成马尾状，合称马尾。根据脊髓在椎管内的位置，可将脊髓分为颈、胸、腰、荐四部分。脊髓各段粗细不一，在颈后部和胸前部较粗，称颈膨大，发出的神经大都分布于前肢；在腰荐部也较粗，称腰膨大，发出的神经大都分布于后肢。

脊髓的背侧有纵向的浅沟，称背正中沟；腹侧正中有一纵向的裂隙，称腹正中裂。脊髓的背腹两侧附有成对的脊神经根，背外侧有背侧根（感觉根），腹外侧有腹侧根（运动根）。背侧根的外侧有脊神经节，是感觉神经元胞体集结的地方（图10-2）。

（二）脊髓的内部构造

脊髓外周为白质，中部为灰质，呈H形。灰质中央有一条贯穿脊髓全长的脊髓中央管，前通第四脑室，后端在脊髓圆锥内稍膨大，形成终室，内含脑脊液。

1. 灰质 从横断面上看，灰质分别向背侧和腹侧突出，形成背角和腹角，胸腰段脊髓灰质还有向外侧突出的侧角。从整体上看，它们在脊髓内前后延伸成柱状，称背侧柱、腹侧柱和外侧柱。灰质主要由神经元的胞体构成，背角由联络神经元胞体构成，接受脊神经节内的感觉神经元传来的神经冲动，并传导至运动神经元或下一个联络神经元。腹角由运动神经元胞体构成，支配骨骼肌的活动。侧角由植物性神经元胞体构成。

2. 白质 白质主要由纵行的神经纤维束构成，被灰质柱、背正中沟和腹正中裂分成左、

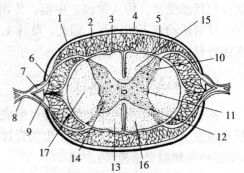

图10-2 脊髓横断面模式图

1. 硬膜 2. 蛛网膜 3. 软膜 4. 硬膜下腔 5. 蛛网膜下腔 6. 背根 7. 脊神经节 8. 脊神经 9. 腹根 10. 背角 11. 侧角 12. 腹角 13. 白质 14. 灰质 15. 背侧索 16. 腹侧索 17. 外侧索

（周其虎. 动物解剖生理. 2008）

右对称的三对索：背侧索、腹侧索和外侧索。一般靠近灰质柱的白质都是一些短的纤维，主要联络各段的脊髓，称为脊髓固有束，其他都是远程的连于脑和脊髓间的上行（感觉）、下行（运动）纤维束。其中，背侧索主要由感觉神经元发出的上行纤维束构成；腹侧索主要由运动神经元发出的下行纤维束构成；外侧索是由脊髓背侧柱的联络神经元的上行纤维束和来自大脑与脑干中间神经元的下行纤维束构成。

二、脑

脑为神经系统的高级中枢，位于颅腔内，后端与脊髓相连。脑可分为大脑、小脑和脑干三部分（图10-3）。

（一）脑干

脑干由后向前依次为延髓、脑桥、中脑和间脑。

1. 延髓 形似脊髓，后端在枕骨大孔处与脊髓相连，前端连脑桥，背侧为小脑。延髓的腹侧面有一浅沟，称腹正中裂。延髓的背侧面构成第四脑室后底壁，内含有第6～12对脑神经的感觉核、运动核以及植物性神经核。延髓的网状结构也是唾液分泌、吞咽、呕吐、呼吸、心跳等生命中枢所在地。

2. 脑桥 脑桥位于延髓前方，小脑腹侧，其背侧面构成第四脑室前底壁。脑桥腹侧部呈横行隆起，内含横行纤维，纤维向两侧通入小脑，为大脑皮层与小脑之间的中间站。背侧部主要为网状结构，脑桥发出第5对脑神经。

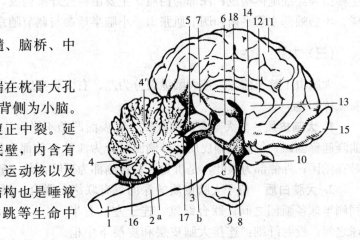

图10-3 牛脑的矢状面
1.脊髓 2.延髓 3.脑桥 4.小脑 4′.小脑树 5.四叠体 6.丘脑间黏合 7.松果腺 8.灰结节和漏斗 9.垂体 10.视神经 11.大脑半球 12.胼胝体 13.穹隆 14.透明隔 15.嗅球 16.后髓帆和脉络丛 17.前髓帆 18.第三脑室脉络丛
a.第四脑室 b.中脑导水管 c.第三脑室
（董常生．家畜解剖学．第三版．2001）

3. 第四脑室 位于延髓、脑桥和小脑间的腔隙，前通中脑导水管，后接脊髓中央管。

4. 中脑 中脑位于脑桥的前方，内有中脑导水管，前通第三脑室，后接第四脑室。中脑导水管的背侧面有4个丘状隆起，称四叠体。腹侧称大脑脚，大脑脚又分为背侧部和腹侧部。

5. 间脑 间脑位于中脑的前方，大部分被两侧的大脑半球覆盖，内有第三脑室。间脑主要由丘脑、丘脑下部等组成。

（1）丘脑。丘脑为一对略呈卵圆形灰质核团。左、右两丘脑的内侧部相连，横断面呈圆形，称丘脑间黏合（中间块）。左、右丘脑的背侧后方与中脑四叠体之间有松果腺，为内分泌腺。

(2) 丘脑下部。位于丘脑的腹侧，是内脏神经的重要中枢。从脑底面看，由前向后依次为视交叉、视束、灰结节、漏斗、脑垂体、脑乳头体等结构。丘脑下部的核团中，有一对在视束的背侧，称视上核；另一对在第三脑室两侧，称室旁核。它们都有纤维伸向脑垂体，具有神经分泌功能。

(3) 第三脑室。丘脑间黏合周围的环状裂隙称第三脑室。向前以一对室间孔与左、右大脑半球的侧脑室相通，向后接中脑导水管。

（二）小脑

小脑略呈球形，位于大脑后方、延髓和脑桥的背侧，构成第四脑室的顶壁。其表面有许多凹陷的沟和凸出的回。小脑两侧为小脑半球，正中为蚓部。小脑表面的灰质称小脑皮质，主要由神经细胞体构成；深部为白质，主要由神经纤维构成，呈树枝状伸至小脑各叶，称髓树。小脑蚓部主管平衡和调节肌张力，小脑半球参与调节随意运动。

（三）大脑

大脑位于脑干前方，被大脑纵裂分为左、右大脑半球，之间借由横行神经纤维束构成的胼胝体相连。

1. 大脑皮质 为大脑表面的灰质，其表面凹凸不平，沟状凹陷称脑沟；脑沟之间的弯曲隆起称脑回。每侧大脑皮质背外侧面可分为4叶：前部为额叶，是运动区；后部为枕叶，是视觉区；外侧部为颞叶，是听觉区；背侧部为顶叶，是一般感觉区（图10-4）。

2. 大脑白质 位于大脑皮质的深面，有联络、联合、投射3种纤维。联络纤维：连于同侧半球各脑回之间；联合纤维：连于左、右半球之间；投射纤维：连接大脑皮层和皮层下中枢的传入和传出纤维。

3. 基底核 为大脑半球白质中的灰质核团，也是皮层下中枢，主要由尾状核和豆状核组成。在大脑皮质的控制下，可调节骨骼肌运动。

4. 嗅脑 嗅脑位于大脑腹侧，发出第1对脑神经。

5. 侧脑室 在每侧大脑半球内有一个呈半环形的狭窄裂隙，称侧脑室。分别经室间孔与第三脑室相通。

三、脑脊膜和脑脊液

（一）脑脊膜

脑和脊髓外面包着3层结缔组织膜，由内向外依次为软膜、蛛网膜和硬膜（图10-5）。

1. 软膜 软膜薄而富含血管，紧贴于脑、脊髓的表面。在侧脑室、第三脑室和第四脑室的脑

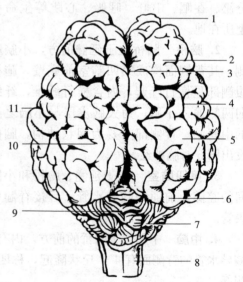

图10-4 牛脑（背侧面）
1. 嗅球 2. 额叶 3. 大脑纵裂 4. 脑沟
5. 脑回 6. 枕叶 7. 小脑半球 8. 延髓
9. 小脑蚓部 10. 顶叶 11. 颞叶
（董常生．家畜解剖学．第三版．2001）

软膜含有大量的血管丛,形成的脉络丛,能产生脑脊液。脊软膜两侧在每一脊神经背根和腹根之间,形成一系列齿状韧带,附着于脊硬膜。

2. 蛛网膜 蛛网膜薄,包围于软膜的外面,并以无数结缔组织小梁与软膜相连。蛛网膜与软膜之间的腔隙,称为蛛网膜下腔,内含脑脊液。

3. 硬膜 硬膜较厚,包围于蛛网膜外面。硬膜与蛛网膜之间的腔隙称硬膜下腔,内含少量液体。脊髓硬膜与椎管之间有一较宽的腔隙,称硬膜外腔,内含脂肪、静脉,并有脊神经根通过。临床上常用的硬膜外腔麻醉,即将麻醉药物注入硬膜外腔,以麻醉脊神经根。脑硬膜紧贴于颅腔壁,无腔隙存在(图10-6)。

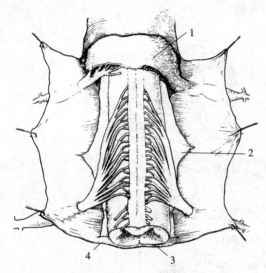

图 10-5 脊髓、脊神经及脊髓膜
1. 蛛网膜 2. 齿状韧带 3. 软膜 4. 硬膜
(田九畴. 畜禽神经解剖学.1999)

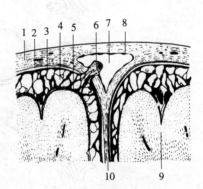

图 10-6 脑膜构造模式图
1. 硬膜 2. 硬膜下腔 3. 蛛网膜 4. 蛛网膜下腔 5. 软膜 6. 蛛网膜粒 7. 静脉窦 8. 内皮 9. 大脑皮质 10. 大脑镰
(周其虎. 动物解剖生理.2008)

(二)脑脊液

脑脊液是由各脑室脉络丛产生的无色透明的液体,充满于脑室、脊髓中央管和蛛网膜下腔,有营养脑、脊髓和转运代谢产物的作用。

各脑室脉络丛产生的脑脊液汇集到第四脑室,经第四脑室正中孔和外侧孔进入蛛网膜下腔,再经蛛网膜粒透入脑硬膜中的静脉窦,回到血液循环中。若脑脊液循环发生障碍,可导致脑积水或颅内压升高。

第三节 外周神经

外周神经是神经系统的外周部分,即中枢神经以外的所有的神经干、神经节、神经丛及神经末梢等的总称。它们一端借助神经根与中枢神经相联系,另一端同动物体各器官的感受器或效应器相连。根据其功能和分布不同,外周神经可分为躯体神经和内脏神经。

躯体神经分布于体表和骨骼肌，又可分为脑神经和脊神经。脑神经连于脑，主要分布于头颈部；脊神经与脊髓相连，主要分布于躯干和四肢。

内脏神经分布于内脏、腺体和血管。根据其功能不同又分为交感神经和副交感神经。

一、脑 神 经

脑神经共十二对（表10-1），多数从脑干发出，通过颅骨的一些孔出颅腔。脑神经按其所含神经纤维种类不同，可分为感觉神经、运动神经和混合神经三类。此外，在第Ⅲ、Ⅶ、Ⅸ、Ⅹ对脑神经中还含有副交感神经纤维（图10-7）。

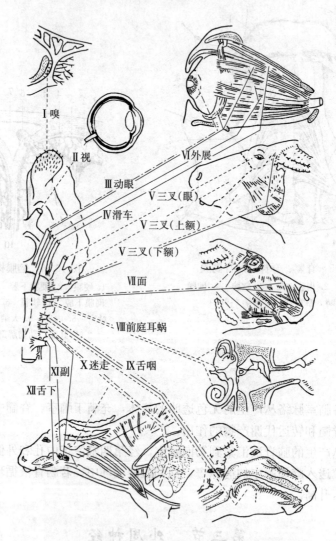

图 10-7 脑神经分布示意图
----- 感觉纤维
——— 运动纤维
----- 副交感纤维

（马仲华．家畜解剖学及组织胚胎学．第三版．2001）

表 10-1　脑神经分布简表

顺序及名称	连脑部位	性质	分布范围
Ⅰ.嗅神经	嗅球	感觉	鼻黏膜嗅区
Ⅱ.视神经	间脑	感觉	视网膜
Ⅲ.动眼神经	中脑	运动	眼球肌
Ⅳ.滑车神经	中脑	运动	眼球肌
Ⅴ.三叉神经	脑桥	混合	面部皮肤，口、鼻腔黏膜，咀嚼肌
Ⅵ.外展神经	延髓	运动	眼球肌
Ⅶ.面神经	延髓	混合	鼻唇肌肉、耳肌、眼睑肌、唾液腺等
Ⅷ.听神经	延髓	感觉	内耳
Ⅸ.舌咽神经	延髓	混合	舌、咽和味蕾
Ⅹ.迷走神经	延髓	混合	咽、喉、食管、胸腔、腹腔内大部分脏器及腺体
Ⅺ.副神经	延髓和颈部脊髓	运动	咽、喉、食管、斜方肌、臂头肌、胸头肌
Ⅻ.舌下神经	延髓	运动	舌肌和舌骨肌

［附］脑神经名称的记忆口诀：

一嗅二视三动眼，四滑五叉六外展，

七面八听九舌咽，十迷一副舌下全。

二、脊 神 经

脊神经为混合神经，含有感觉神经纤维和运动神经纤维，在椎间孔附近由背侧根（感觉根）和腹侧根（运动根）聚集而成。出椎孔后，分为背侧支和腹侧支，分别分布于脊柱背侧和腹侧的肌肉和皮肤。脊神经按照连接脊髓的部位分为颈神经、胸神经、腰神经、荐神经和尾神经（表 10-2）。

表 10-2　不同动物脊神经数目　　　　　　　　　　　　　　　　　　　　单位：对

名　称	牛、羊	猪	马
颈神经	8	8	8
胸神经	13	14～15	18
腰神经	6	7	6
荐神经	5	4	5
尾神经	5～6	5	5～6
合　计	37～38	38～39	42～43

脊神经腹侧支的分布范围较广，除分布于脊柱腹侧的肌肉和皮肤外，还形成臂神经丛和腰神经丛，分别发出走向前肢和后肢的神经干。

（一）躯干部的神经

1.颈神经　分为背侧支和腹侧支，分布于颈部背、外侧的肌肉、皮肤及前肢，参与组成臂神经丛和膈神经。

2. 膈神经 为膈肌的运动神经。由第5～7颈神经的腹侧支联合组成。入胸腔后，沿纵隔向后延伸，分布于膈。

3. 肋间神经 为胸神经的腹侧支，随血管在肋间隙中沿肋骨后缘下行，分布于肋间肌、膈、皮肤。最后1对肋间神经在第1腰椎横突末端前下缘进入腹壁，分布到腹部的肌肉和皮肤（图10-8）。

4. 髂下腹神经 为第1对腰神经的腹侧支。牛的经第2腰椎横突腹侧及第3腰椎横突末端的外侧缘；马的经第2腰椎突末端腹侧分成深浅两支，分布于腹膜、腹壁肌肉和皮肤。

5. 髂腹股沟神经 为第2腰神经的腹侧支。牛的经第4腰椎横突末端外侧缘；马的经第3腰椎横突末端腹侧分为深、浅两支，分布于腹壁肌肉和皮肤。

6. 精索外神经 为第2、3、4腰神经的腹侧支，沿腰肌间下行，分为前、后两支，向下伸延穿过腹股沟管，雄性动物分布于睾外提肌、阴囊和包皮；雌性动物分布于乳房。

7. 阴部神经 为第2～4荐神经的腹侧支。

8. 直肠后神经 来自第4、5（牛）或第3、4（马）荐神经的腹侧支。

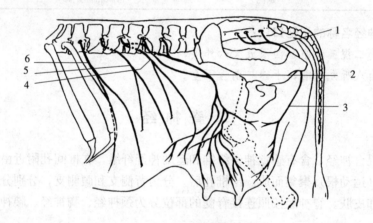

图10-8 母牛的腹壁神经

1. 阴部神经 2. 精索外神经 3. 会阴神经的乳房支 4. 髂腹股沟神经
5. 髂下腹神经 6. 最后肋间神经

（马仲华. 家畜解剖学及组织胚胎学. 第三版. 2001）

（二）前肢神经

由第6、7、8颈神经的腹侧支和第1、2胸神经的腹侧支，在肩关节内侧构成臂神经丛，再由此丛发出分布于前肢的神经（图10-9）。

1. 肩胛上神经 经肩胛下肌和冈上肌之间，绕过肩胛骨前缘，分布于冈上肌和冈下肌。

2. 肩胛下神经 通常有2～4支，分布于肩胛下肌和肩关节囊。

3. 腋神经 经肩胛下肌与大圆肌之间，在肩关节后分成数支，分布到肩关节的屈肌及前臂背侧皮肤等。

4. 桡神经 臂神经丛中最粗的分支。由臂神经丛发出后向前下方延伸至腕、掌部，分布于第3、4指的背侧。桡神经易受压迫，在临床上常见桡神经麻痹。

5. 尺神经 在臂内侧随同血管下行，经臂骨内侧髁与肘突之间进入前臂，沿尺沟向下伸延。分布于腕指关节的屈肌及皮肤。

6. 正中神经 前肢最长的神经，在臂内侧随同血管下行至肘关节内侧，进入前臂的正中沟。

（三）后肢神经

由第4、5、6腰神经的腹侧支和第1、2荐神经的腹侧支，在腰荐部腹侧构成腰荐神经丛。由此丛发出分布于后肢的神经（图10-10）。

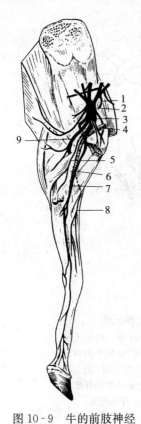

图10-9 牛的前肢神经
（内侧面）

1. 肩胛上神经 2. 臂神经丛
3. 腋神经 4. 腋动脉 5. 尺神经 6. 正中神经和肌皮神经总干 7. 正中神经 8. 肌皮神经皮支 9. 桡神经
（马仲华.家畜解剖学及组织胚胎学.第三版.2001）

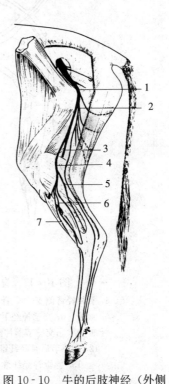

图10-10 牛的后肢神经（外侧面切去股二头肌）

1. 坐骨神经 2. 肌支 3. 胫神经
4. 腓总神经 5. 小腿外侧皮神经
6. 腓浅神经 7. 腓深神经
（马仲华.家畜解剖学及组织胚胎学.第三版.2001）

1. 股神经 行经腰大肌与腰小肌之间和缝匠肌深面而进入股四头肌。股神经分出肌支分布于髂腰肌，还分出一隐神经分布于股部、小腿部及跖部内侧面的皮肤。

2. 坐骨神经 为全身最粗最长的神经。由坐骨大孔走出盆腔，沿荐坐韧带的外侧面向后下方伸延，经大转子与坐骨结节之间绕过髋关节后方，沿股二头肌沟下行，并分为腓神经和胫神经。

三、内脏神经

内脏神经又称植物性神经，由感觉（传入）和运动（传出）神经组成。感觉神经的背侧根入脊髓，或随同相应的脑神经入脑。通常所讲的内脏神经是指其运动神经。植物性神经又可以分为交感神经和副交感神经（图10-11）。

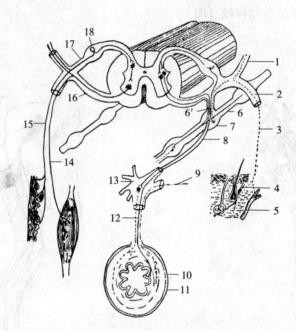

图10-11 脊神经和植物性神经反射径路模式图
1.脊神经背侧支 2.脊神经腹侧支 3.交感节后神经纤维 4.竖毛肌
5.血管 6.交感神经干 6′.交通支 7.椎神经节 8.交感节前神经
纤维 9.副交感节前神经纤维 10.副交感节后神经纤维 11.消化管
12.交感节后神经纤维 13.椎下神经节 14.脊神经运动神经纤维
15.感觉神经纤维 16.腹侧根 17.背侧根 18.脊神经节
（范作良.家畜解剖.2001）

（一）植物性神经与躯体神经的区别

（1）躯体神经支配骨骼肌，而植物性神经支配平滑肌、心肌和腺体。

（2）躯体神经运动神经元的胞体存在于脑和脊髓，神经冲动从中枢到效应器只需经过一个运动神经元。而植物性神经的神经冲动从中枢到达效应器需通过两个神经元，第一个神经元称节前神经元，第二个神经元称节后神经元，节前神经元和节后神经元以突触相连。

（3）躯体运动神经纤维一般为较粗的有髓神经纤维；而植物性神经的节前纤维为细的有髓神经纤维，节后神经纤维为细的无髓神经纤维。

（4）躯体神经一般都受意识支配；而植物性神经一般不受意识的控制，有相对的自主性（表10-3）。

表 10-3　植物性神经与躯体神经的区别

	植物性神经	躯体神经
效应器	平滑肌、心肌、腺体	骨骼肌
受支配情况	不受意识支配，有自主性	受意识支配
神经元数目	两个	一个
神经纤维	节前纤维是细的有髓纤维，节后纤维是细的无髓纤维	较粗的有髓纤维，以干的形式分布到效应器
传导刺激	传导来自内脏的冲动，调节机体内环境	传导来自体表浅部感觉和躯体深部感觉的刺激，调节机体的运动和平衡
作用性质	双重性（交感神经和副交感神经）	单一性
胞体的位置	脑、脊髓内（节前神经元）、植物性神经节内（节后神经元）	脑、脊髓内

（二）交感神经

交感神经的低级中枢（节前神经元）位于胸腰部脊髓的灰质外侧柱内。交感神经干按部位可分为颈部、胸部、腰部和荐尾部交感神经干。其中颈部的交感神经干与迷走神经并行，外包结缔组织膜，称为迷走交感干（图 10-12）。

交感神经干位于脊柱两侧，自颈前端伸延到尾部，由许多椎神经节与连接这些神经节的交感神经纤维（节间支）所组成。节前纤维到达交感神经干，一部分在相应部位的椎神经节内更换神经元或通过椎神经节而至椎下神经节内更换神经元；另一部分通过椎神经节向前、后伸延，在前、后段的椎神经节内更换神经元。椎神经节的节后纤维部分离开交感神经干，又返回到脊神经，随脊神经分布到体壁和四肢的血管、汗腺、竖毛肌等处。椎下神经节的节后纤维直接分布于平滑肌或腺体。

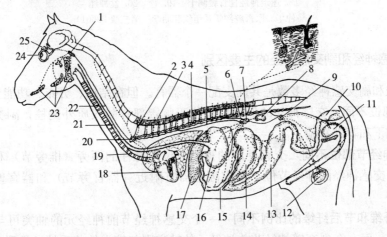

图 10-12　交感神经分布模式图（实线示节前神经纤维，虚线示节后神经纤维）
1. 颈前神经节　2. 白交通支　3. 灰交通支　4. 交感神经干　5. 内脏大神经　6. 内脏小神经　7. 腹腔肠系膜前神经节　8. 肾　9. 肠系膜后神经节　10. 直肠　11. 膀胱　12. 睾丸　13. 大结肠　14. 盲肠　15. 小肠　16. 胃　17. 肝　18. 心　19. 气管　20. 星状神经节　21. 食管　22. 颈部交感干　23. 唾液腺　24. 眼球　25. 泪腺

（马仲华．家畜解剖学及组织胚胎学．第三版．2001）

（三）副交感神经

副交感神经的低级中枢（节前神经元）位于中脑、延髓和荐部脊髓。由脑干发出的副交感神经与某些脑神经一起行走，分布到头、颈和胸腹腔器官。

迷走神经是体内分布最广泛、行程最长的混合神经。感觉纤维来自消化管、呼吸道及外耳等；运动纤维分别为支配咽喉横纹肌的躯体运动纤维和支配食管、支气管、心、肺、胃、肠和肾等器官的副交感神经纤维。迷走神经的运动纤维中，大部分为副交感神经的节前纤维，在终末神经节内更换神经元后，节后纤维分布于上述器官（图10-13）。

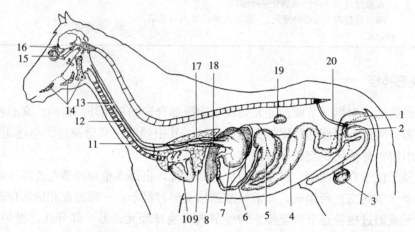

图10-13　副交感神经分布模式图（实线示节前神经纤维，虚线示节后神经纤维）
1.直肠　2.膀胱　3.睾丸　4.大结肠　5.盲肠　6.小肠　7.胃　8.肝　9.肺　10.心　11.气管　12.食管　13.迷走神经　14.唾液腺　15.眼球　16.泪腺　17.迷走神经食管背侧干　18.迷走神经食管腹侧干　19.肾　20.盆神经
（马仲华．家畜解剖学及组织胚胎学．第三版．2001）

（四）交感神经和副交感神经的主要区别

交感神经和副交感神经多数是共同支配一个器官。但在结构、分布、功能上存在差异。

1. 中枢部位不同　交感神经的低级中枢位于胸腰部脊髓灰质外侧柱；副交感神经的低级中枢位于脑干和荐部脊髓。

2. 周围神经节部位不同　交感神经的神经节位于脊柱的两旁（椎旁节）和脊柱的腹侧（椎下节）；副交感神经的神经节位于所支配的器官附近（器官旁节）和器官壁内（器官内节）。

3. 节前纤维和节后纤维的比例不同　一个交感神经节前神经元的轴突可与许多节后神经元形成突触；而一个副交感神经节前神经元的轴突则与较少的节后神经元形成突触。

4. 分布范围不同　一般认为，交感神经的分布范围较广，分布于胸、腹腔内脏器官，头颈各器官及全身的血管和皮肤。副交感神经的分布不如交感神经广泛，大部分的血管、汗腺、竖毛肌、肾上腺髓质均无副交感神经的分布。

5. 对同一器官所起的作用不同　交感神经和副交感神经对同一器官的作用，既是相互对抗，又是相互统一的。如交感神经活动加强，则副交感神经的活动减弱，使心搏动加强，血压升高；而副交感神经活动加强，则交感神经的活动减弱，使心搏动减慢，血压降低。

自测练习题

一、填空题（每空1分，共计20分）

1. 中枢神经系统包括_____和_____。
2. 反射弧包括_____、_____、_____、_____和_____五部分。
3. 脑干由后向前依次为_____、_____、_____和_____。
4. 脑室主要包括为_____、_____、_____和_____。
5. 植物性神经根据其功能不同又分为_____和_____。
6. 脊髓外面有3层结缔组织膜，由内向外依次为_____、_____和_____。

二、选择题（每题2分，共计10分）

1. （　　）是皮层下中枢，在大脑皮质的控制下，调节骨骼肌运动。
   A. 基底核　　　B. 视上核　　　C. 室旁核　　　D. 豆状核
2. 临床上常用的脊髓麻醉部位是（　　）。
   A. 蛛网膜下腔　B. 硬膜下腔　　C. 硬膜外腔　　D. 脊神经腹侧支
3. 植物性神经自中枢到效应器至少需要（　　）神经元。
   A. 3个　　　　B. 2个　　　　C. 1个　　　　D. 0个
4. 脊髓腹侧角内是（　　）的胞体。
   A. 运动神经元　B. 感觉神经元　C. 联络神经元　D. 都不是
5. 呼吸心跳中枢位于（　　）。
   A. 中脑　　　　B. 脑桥　　　　C. 延髓　　　　D. 间脑

三、判断题（每题2分，共计10分）

1. 连脑的神经均受意识支配。（　　）
2. 脊髓的灰质在外，白质在内。（　　）
3. 心脏只受迷走神经发出的副交感神经支配。（　　）
4. 连脊髓的神经都称为脊神经。（　　）
5. 麻醉药一般是注入蛛网膜下腔内，以达到麻醉脊神经的作用。（　　）

四、名词解释（每题4分，共计20分）

1. 神经核　2. 神经节　3. 神经传导束　4. 反射弧　5. 坐骨神经

五、简答题（每题10分，共计40分）

1. 简述脊髓的形态结构。
2. 简述脑的基本组成。
3. 简述躯体神经和植物性神经的主要区别。
4. 简述交感神经和副交感神经的主要区别。

第十一章　感觉器官

第一节　眼

一、眼　球

眼球位于眼眶内,呈前后略扁的球形,由眼球壁和内容物组成,其后以视神经与脑相连(图11-1)。

(一) 眼球壁

眼球壁有3层,由外向内依次为纤维膜、血管膜和视网膜。

1. 纤维膜　由致密结缔组织构成,厚而坚韧,形成眼球的外壳,分为前部的角膜和后部的巩膜。有维持眼球形态和保护眼球内部结构的作用。

(1) 角膜。占纤维膜的前1/5,无色透明,具有折光作用,无血管,有丰富的神经末梢,再生能力强。角膜发炎时应及时治疗,否则会造成角膜混浊,影响视力。

(2) 巩膜。占纤维膜的后4/5,由白色不透明而坚韧的致密结缔组织构成,具有保护眼球和维持眼球形态的作用。巩膜前部与角膜交接处有巩膜静脉窦,为房水流出的通道。

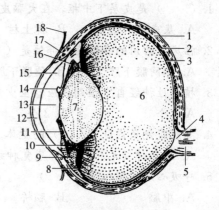

图11-1　眼球纵切面模式图
1. 巩膜　2. 脉络膜　3. 视网膜　4. 视乳头
5. 视神经　6. 玻璃体　7. 晶状体　8. 睫状突
9. 睫状肌　10. 晶状体悬韧带　11. 虹膜　12. 角膜
13. 瞳孔　14. 虹膜粒　15. 眼前房　16. 眼后房
17. 巩膜静脉窦　18. 球结膜
(马仲华. 家畜解剖学及组织胚胎学. 第三版. 2001)

2. 血管膜　是眼球壁的中层,有丰富的血管和色素细胞,有营养眼内组织、形成暗的环境和利于视网膜感应光、色的作用。血管膜自前向后分为虹膜、睫状体和脉络膜三部分。

(1) 虹膜。为一环带状薄膜,中央有瞳孔。猪的瞳孔为圆形,其他动物的瞳孔为横卵圆形。虹膜内有两种平滑肌。一种为环绕瞳孔边缘的瞳孔括约肌,受副交感神经支配,强光照射时收缩,能缩小瞳孔;另一种是呈放射状的瞳孔开大肌,受交感神经支配,在弱光下收缩,能放大瞳孔。

(2) 睫状体。位于虹膜与脉络膜之间。外为睫状肌,相当于括约肌,受副交感神经支配。内面前部为睫状冠,其上有许多睫状突,它以睫状小带与晶状体相连;后部平坦部为睫状环。睫状体能改变晶状体凸度,调节视力,还能产生眼房水。

(3) 脉络膜。为一棕褐色薄膜,位于睫状体后,其外面与巩膜疏松相连,内面与视网膜色素上皮层紧贴。脉络膜富含色素细胞和血管，供给视网膜营养及排泄代谢产物。照膜是脉络膜中的一个特化结构，是视神经乳头背上方的一呈青绿色带金属光泽的三角形区域。它能将外来光线反射到视网膜，加强光刺激作用，有助于动物在弱光下对外界的感应。猪无照膜。

3. 视网膜 为眼球壁的最内层，分视部和盲部，两部之间以锯齿缘为界。

（1）视部。位于脉络膜内面，活体时略呈淡红色，死后呈灰白色。可分为内外两层，外层为色素细胞层，与脉络膜紧贴；内层为神经层，含有视细胞（又称感光细胞），是高度分化的神经元，能将光的刺激转换成神经冲动。视细胞有两种：一种是视杆细胞，对弱光敏感；另一种是视锥细胞，对强光和有色光敏感。神经层与色素层之间有潜在的空隙，易脱落。

视网膜后部有一圆形或卵圆形的白斑，称视神经乳头或视神经盘，是视神经穿出视网膜的地方，无感光能力，称盲点。

（2）盲部。包括视网膜睫状体部和视网膜虹膜部，分别衬于睫状体和虹膜内面，无感光作用。

（二）内容物

内容物为眼球内一些无色透明的物质，包括房水、晶状体和玻璃体等，与角膜一起组成眼球的折光系统。

1. 眼房和房水 眼房位于角膜与晶状体之间，被虹膜分为眼球前房和后房，两者经瞳孔相通。房水为透明水样液体，充满于眼房内。

房水循环是指房水由睫状体分泌，进入眼后房，经瞳孔入眼前房，而后经虹膜角膜角隙进入巩膜静脉窦，最后汇入眼静脉。房水除能折光外，还具有营养角膜和晶状体以及维持眼内压的作用。若循环通路受阻，可引起眼内压升高，形成青光眼。

2. 晶状体 呈双凸透镜状，位于虹膜与玻璃体之间，周缘借睫状小带连于睫状体，受睫状体调节。若因疾病或代谢障碍，晶状体透明度会下降，发生混浊，形成白内障。

3. 玻璃体 为无色透明的胶冻状物质，位于晶状体与视网膜视部之间，具有折光和支持视网膜的作用。

二、眼的辅助器官

眼的辅助器官包括眼睑、泪器、眼球肌和眶骨膜等（图 11-2）。

1. 眼睑 俗称眼皮，为覆盖于眼球前方的皮肤褶，分为上眼睑和下眼睑，在游离缘上长有睫毛，上、下眼睑之间的裂隙称睑裂。眼睑外为皮肤，内面为富含血管的睑结膜。

2. 结膜 分为睑结膜和球结膜。衬于眼睑内面的黏膜为睑结膜，覆盖于眼球至角膜缘的称球结膜。睑结膜与球结膜之间的腔隙称结膜囊，牛的眼虫常寄生在此囊内。黄牛及乳牛眼结膜为淡粉红色，水牛为鲜红色，猪为粉红色，马为淡红色。患病时，结膜颜色常发生改变，可作为诊断疾病的依据。

3. 泪器 包括泪腺和泪道。泪腺位于眼球背外侧与额骨眶上突之间，腺导管开口于上眼睑结膜囊内，具有分泌泪液、润滑和清洁结膜的作用。泪道是泪液排出的通道，包括泪小管、泪囊和鼻泪管三段。

4. 眼球肌 包括眼球直肌、眼球斜肌和眼球退缩肌。眼球肌富含神经和血管，故眼球运动灵活，且不易疲劳。

5. 眶骨膜 眶骨膜为一致密结缔组织膜，位于骨性眼眶内，包在眼球、眼球肌、血管、神经和泪腺的周围，呈锥形。锥基附着于眶缘，锥顶附着于视神经周围。眶骨膜内外充填有许多脂肪，合称眶脂体，起减缓震动的作用。

第二节 耳

耳由外耳、中耳和内耳构成。外耳和中耳具有收集和传导声波的功能，内耳是听觉感受器和位觉感受器所在处（图11-3）。

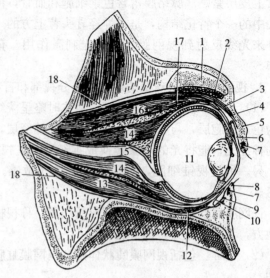

图 11-2 眼的辅助器官

1. 额骨眶上突 2. 泪腺 3. 眼睑提肌 4. 上眼睑 5. 眼轮匝肌 6. 结膜囊 7. 睑板腺 8. 下眼睑 9. 睑结膜 10. 球结膜 11. 眼球 12. 眼球下斜肌 13. 眼球下直肌 14. 眼球退缩肌 15. 视神经 16. 眼球上直肌 17. 眼球上斜肌 18. 眶骨膜

（朱金凤. 动物解剖. 2007）

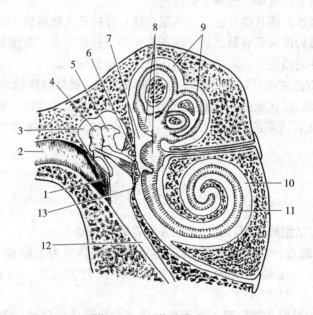

图 11-3 耳构造模式图

1. 鼓膜 2. 外耳道 3. 鼓室 4. 锤骨 5. 砧骨
6. 镫骨及前庭窗 7. 前庭 8. 椭圆囊和球囊 9. 半规管
10. 耳蜗 11. 耳蜗管 12. 咽鼓管 13. 耳蜗窗

（马仲华. 家畜解剖学及组织胚胎学. 第三版. 2001）

一、外　耳

外耳包括耳郭、外耳道和鼓膜三部分。

1. 耳郭　因动物种类和品种不同而有所差异，一般呈圆筒状，上端较大，开口向前；下端较小，连于外耳道。耳郭以耳郭软骨为支架，内、外均被覆皮肤。耳郭基部周围有脂肪垫，并附有发达的耳肌，故能灵活转动。

2. 外耳道　为耳郭基部到鼓膜的管道。外耳道内衬皮肤，含皮脂腺和耵聍腺，耵聍腺由汗腺演变而来，分泌耵聍（又称耳蜡）。

3. 鼓膜　介于外耳与中耳之间，为一卵圆形的半透明膜，坚韧而富有弹性。

二、中　耳

中耳包括鼓室、听小骨和咽鼓管。

1. 鼓室　为鼓膜向内的小腔隙，内衬黏膜。其外侧壁有鼓膜，内侧壁上有由镫骨底封闭的前庭窗和由第二鼓膜封闭的耳蜗窗。

2. 听小骨　位于鼓室内，由外向内依次为锤骨、砧骨和镫骨，可将声波对鼓膜的振动传至内耳。

3. 咽鼓管　为一衬有黏膜的软骨管，连接于咽与鼓室之间。一端开口于咽侧壁，一端开口于鼓室的前下壁。咽鼓管能维持鼓膜内、外大气压平衡，起保护鼓膜的作用。

三、内　耳

内耳深藏于颞骨岩部，由构造复杂的弯曲管道组成，又称迷路，是由骨迷路和膜迷路两部分构成。膜迷路套于骨迷路腔内，膜迷路和骨迷路之间的腔隙充满外淋巴，膜迷路内充满内淋巴，内、外淋巴互不相通。

（一）骨迷路

骨迷路由骨密质构成，包括前庭、骨半规管和耳蜗。

1. 前庭　为骨迷路中部较为膨大的腔隙，位于骨半规管与耳蜗之间。

2. 骨半规管　为3个互相垂直的半环形骨管，位于前庭的后上方。

3. 耳蜗　形似蜗牛壳，蜗底朝向内耳道，蜗顶朝向前外侧。

（二）膜迷路

膜迷路由纤维组织构成，包括椭圆囊、球囊、膜半规管和耳蜗管4部分。

1. 椭圆囊和球囊　位于前庭内，二者以椭圆球囊管相连。

2. 膜半规管　位于骨半规管内，与骨半规管形态相似。

3. 耳蜗管　为一螺旋形管，位于耳蜗内。

自测练习题

一、填空题（每空1.5分，共计30分）

1. 眼球壁有3层，由外向内依次为_____、_____和_____。
2. 血管膜自前向后分为_____、_____和_____3部分。
3. 眼结膜可分为_____和_____两部分，它们之间的腔隙称_____。
4. 眼房被虹膜分为_____和_____两部分，内含_____。
5. 外耳包括_____、_____和_____3部分。
6. 内耳是_____感受器和_____感受器所在处。
7. 听小骨有3块，由外向内_____、_____和_____。

二、选择题（每题2分，共计10分）

1. 下列动物中，无照膜的是（　　）。
   A. 牛　　　　　B. 羊　　　　　C. 猪　　　　　D. 马
2. 下列结构中，不属眼球折光系统的是（　　）。
   A. 房水　　　　B. 晶状体　　　C. 玻璃体　　　D. 睫状体
3. 下列结构中，能分泌眼房水的是（　　）。
   A. 晶状体　　　B. 玻璃体　　　C. 睫状体　　　D. 虹膜
4. 供给视网膜营养及排泄代谢产物的是（　　）。
   A. 脉络膜　　　B. 房水　　　　C. 睫状体　　　D. 晶状体
5. 眼睑内层的（　　）是兽医临床常检部位。
   A. 角膜　　　　B. 眼结膜　　　C. 视网膜　　　D. 巩膜

三、判断题（每题2分，共计10分）

1. 视杆细胞对强光和有色光敏感。（　　）
2. 整个视网膜均具有感光能力。（　　）
3. 角膜富含神经末梢和血管，再生能力强。（　　）
4. 耵聍腺由皮脂腺演变而来，分泌耵聍。（　　）
5. 瞳孔括约肌，受副交感神经支配，强光照射时收缩，能缩小瞳孔。（　　）

四、简答题（每题10分，共计50分）

1. 简述眼球壁的分层及结构。
2. 简述眼球内容物的组成及功能。
3. 简述房水循环。
4. 眼的辅助器官有哪些？
5. 简述外耳的形态结构。

第十二章　内分泌系统

内分泌系统是动物神经系统以外的另一个重要调节系统，由散布在身体各部的内分泌腺（器官）和内分泌组织构成。内分泌腺为独立的器官，包括脑垂体、甲状腺、甲状旁腺、肾上腺和松果腺等。此外还有位于非内分泌器官内的具有内分泌功能的细胞群，如胰岛、睾丸间质细胞、卵泡、黄体和肾小球旁器等。内分泌腺的分泌物称激素，直接进入血液或淋巴，发挥调节作用。

第一节　脑垂体

（一）形态位置

脑垂体是动物体内最重要的内分泌腺。略呈扁圆形，红褐色，位于脑的底部，在蝶骨构成的垂体窝中，借漏斗连于下丘脑，是下丘脑的一部分。脑垂体可分为腺垂体和神经垂体两大部分。腺垂体又分为远侧部、结节部和中间部；神经垂体又分为神经部和漏斗。通常将远侧部和结节部称为垂体前叶，而把中间部和神经部称为垂体后叶（图12-1）。

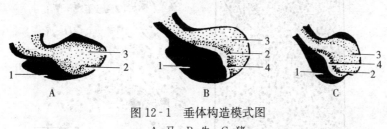

图12-1　垂体构造模式图
A. 马　B. 牛　C. 猪
1. 远侧部　2. 中间部　3. 神经部　4. 垂体腔
（董常生．家畜解剖学．第三版．2001）

（二）组织构造

1. 远侧部　细胞排列成团状或索状，细胞团索之间有丰富的血窦，远侧部由许多不同类型的腺细胞构成，能分泌促甲状腺激素、促肾上腺皮质激素、促性腺细胞素（包括卵泡刺激素和黄体生成素）、催乳素和生长激素。

2. 中间部　中间部是位于远侧部和神经部之间的薄层腺组织，分泌促黑色素细胞激素。

3. 结节部　结节部围绕着神经垂体的漏斗，细胞排列呈索状，分泌促性腺激素。

4. 神经部　由神经组织构成，本身不分泌激素，是一个贮存激素的地方。由下丘脑的视上核和室旁核神经细胞分泌的抗利尿激素（加压素）和催产素，沿神经纤维运送至该处贮存。

第二节 肾上腺

(一) 形态位置

肾上腺是成对的红褐色器官，位于肾的前内侧，借助于肾脂肪囊与肾相连。牛右肾上腺呈心形，位于右肾的前端内侧，左肾上腺呈肾形，位于左肾的前方；猪肾上腺狭而长，位于肾内侧缘的前方；马肾上腺呈扁椭圆形，呈深红色，位于肾内缘的前方。

(二) 组织构造

肾上腺外包致密结缔组织构成的被膜，实质可分为皮质和髓质两部分（图12-2）。

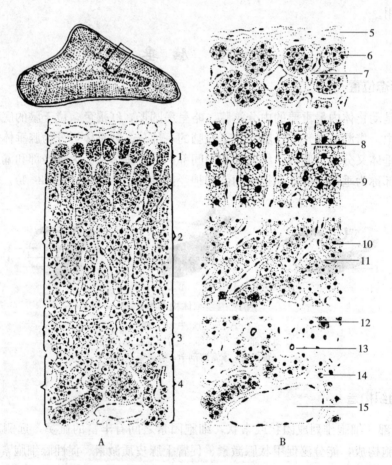

图12-2 肾上腺组织构造
A. 低倍 B. 高倍
1. 多形带 2. 束状带 3. 网状带 4. 髓质 5. 被膜 6. 多形带细胞 7. 血窦
8. 血窦 9. 束状带细胞 10. 网状带细胞 11. 血窦 12. 去甲肾上腺素细胞
13. 交感神经节细胞 14. 肾上腺素细胞 15. 中央静脉
(马仲华．家畜解剖学及组织胚胎学．第三版．2001)

1. 皮质 肾上腺皮质根据细胞排列形态的不同，从外向内可分为多形区、束状区和网状区三层。

（1）多形区。反刍动物的细胞排成不规则的团块或索状；马和肉食动物排列成弓状；猪排列不规则，介于二者之间。多形区细胞能分泌盐皮质激素，如醛固酮。

（2）束状区。细胞较大，成束状平行排列。束状区细胞分泌糖皮质激素，如可的松。

（3）网状区。细胞排列成条索状，并互相吻合形成网状结构，细胞索之间有宽大的窦状隙。网状区细胞分泌雄激素和雌激素。

2. 髓质 肾上腺髓质由不规则排列的细胞索和索间的窦状隙组成。细胞分为两类。一类能分泌肾上腺素，细胞较大，数量多；另一类分泌去甲肾上腺素，细胞较小，数量少。

第三节 甲 状 腺

（一）形态位置

甲状腺位于喉后方，气管的两侧及腹面，各种动物的形状不同。马的甲状腺由两个侧叶和峡组成，侧叶呈红褐色，卵圆形，腺峡不发达，由结缔组织构成；牛的侧叶较发达，色较浅，呈不规则的三角形，腺峡较发达，由腺组织构成；猪的侧叶和腺峡结合为一体，

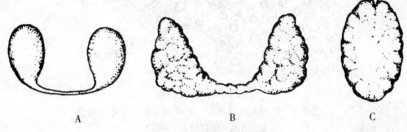

图 12-3 甲状腺的形态
A. 马 B. 牛 C. 猪
（范作良．家畜解剖．2001）

呈深红色，位于胸前口处气管的腹侧面（图 12-3）。

（二）组织构造

1. 被膜 甲状腺外面被有一层薄的致密结缔组织被膜。被膜分出小梁深入腺体，将其分为许多腺叶。牛、猪的被膜和小梁较发达。

2. 小叶和滤泡 小叶中含有大小不一的滤泡，滤泡由单层上皮构成。在滤泡上皮与基膜之间还有一种胞质染色较淡的细胞称滤泡旁细胞（图 12-4）。滤泡上皮细胞分泌甲状腺素，滤泡旁细胞分泌降钙素。

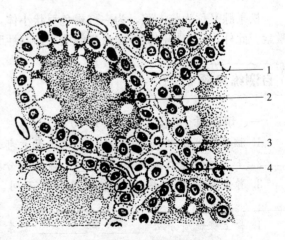

图 12-4 甲状腺组织构造
1. 滤泡上皮细胞 2. 胶体 3. 滤泡旁细胞 4. 毛细血管
（朱金凤．动物解剖．2007）

第四节 甲状旁腺

（一）形态位置

甲状旁腺很小，位于甲状腺附近，呈圆形或椭圆形。牛有内、外两对甲状旁腺；猪只有一对甲状旁腺，位于颈总动脉分叉处附近；马有前、后两对甲状旁腺。

（二）组织构造

甲状旁腺外面被有一层结缔组织被膜，被膜深入实质。甲状旁腺的实质细胞排列成团块状、条状或索状。主要细胞是主细胞，数量最多，呈圆形或多边形，能分泌甲状旁腺素（图12-5）。

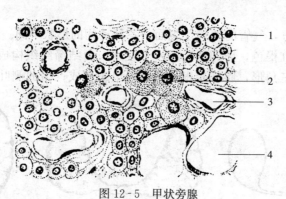

图 12-5 甲状旁腺
1. 主细胞　2. 嗜酸性粒细胞　3. 毛细血管　4. 脂肪细胞
（朱金凤．动物解剖．2007）

第五节 松果腺

松果腺又称为脑上腺，为一红褐色豆状小体，位于四叠体前方的正中线上。能分泌褪黑激素。此外，还有抑制促性腺激素释放，抑制性腺活动，防止性早熟等作用。

自测练习题

一、填空题（每空2分，共计30分）

1. 脑垂体可分为_____和_____两大部分。其中可分泌激素的部分是_____。
2. 下丘脑的视上核分泌_____，室旁核分泌_____。
3. 肾上腺皮质部根据细胞排列形态不同，从外向内可分为_____、_____和_____三个区。
4. 肾上腺髓质分泌_____和_____激素。
5. 甲状旁腺分泌_____激素。
6. 内分泌腺_____（有或无）输出导管，其分泌物称_____。
7. 肾上腺皮质_____区分泌盐皮质激素，_____区分泌性激素。

二、配对连线题（每题2分，共计12分）

脑垂体　　　　　　肾上腺素
神经垂体　　　　　孕激素
甲状腺　　　　　　盐皮质激素
卵巢　　　　　　　生长激素
肾上腺皮质　　　　降钙素
肾上腺髓质　　　　催产素

三、选择题（每题2分，共计10分）

1. 下列腺体中，（　　）是内分泌腺。
   A. 腮腺　　　　　B. 十二指肠腺　　　C. 脑垂体　　　　D. 肝脏
2. （　　）为腺垂体所分泌。
   A. 促甲状腺激素　B. 抗利尿激素　　　C. 肾上腺皮质激素　D. 催乳素
3. 肾上腺皮质球状区主要分泌（　　）。
   A. 可的松　　　　B. 雄激素　　　　　C. 醛固酮　　　　D. 肾上腺素
4. 分泌降钙素的腺体是（　　）。
   A. 甲状旁腺　　　B. 甲状腺　　　　　C. 肾上腺　　　　D. 松果体
5. 牛甲状旁腺有（　　）对。
   A. 1　　　　　　 B. 2　　　　　　　 C. 3　　　　　　 D. 4

四、问答题（每题12分，共计48分）

1. 简述肾上腺皮质部的组织构造及分泌的激素。
2. 简述脑垂体的结构及分泌的激素。
3. 简述肾上腺髓质的组织构造及分泌的激素。
4. 简述甲状腺的形态位置及组织构造。

第十三章　家禽、兔、犬、猫解剖

第一节　家禽解剖

一、运动系统

(一) 骨

1. 概述　禽类的骨按部位可分为头骨、躯干骨和四肢骨。禽类骨骼具有与哺乳动物明显不同的特征。

(1) 强度大，质量轻。禽类骨质中含较多钙盐（如鸡骨中钙占 37.2%，磷占 16.42%），骨质致密；禽的气囊可扩展到许多骨的髓腔和松质骨间隙内，形成含气骨。

(2) 形成特殊的髓质骨。雌禽在产蛋期前还形成类似骨松质的髓质骨，即长骨的内腔面形成相交错的小骨针，它贮存或释放钙盐，在肠管对钙吸收不足的情况下为形成蛋壳补充钙源。

(3) 不形成骨骺。禽类骨骼在发育过程中不形成骨骺，骨的加长主要靠骨端软骨的增长和骨化。如肉用鸡饲养管理不当，使骨组织的增生、分化和骨化不相一致，可导致骨、关节畸形。

(4) 骨骼愈合程度较高。许多部位的骨在生长时互相愈合，如颅骨、腰荐骨和盆带骨等。

2. 头骨　头骨愈合早，以大而深的眼眶为界分为颅骨和面骨。

(1) 颅骨的特点。呈圆形，愈合较早，为含气骨，其骨松质的间隙较大通鼓室，经咽鼓管与咽相通。禽外耳道很短，鼓室宽而浅，有若干个小气孔，通于颅骨内的气室。公鹅的额骨形成一发达的隆起。

(2) 面骨的特点。位于颅骨前方，鸡呈尖圆锥形，鸭呈前方钝圆的长方形。禽眼眶大，上颌骨缺颜面部，形成眶下窦。颌前骨构成上喙的大部分，鸡、鸽为尖锥形，鸭、鹅为长扁状。

在颞骨与下颌骨之间有一块方骨（图 13-1）。方骨有眶突作为肌肉的杠杆，肌肉收缩时将方骨向前拉，能上提上喙，使上、下喙间开张较大，便于吞食较大的食块。下颌骨是下喙的骨质基础，位置与上喙相对。

3. 躯干骨　躯干骨由椎骨、肋和胸骨构成（图 13-2）。

(1) 椎骨。

①颈椎。呈 S 形弯曲，颈椎数量多（鸡 14 个，鸭 15 个，鹅 17 个，鸽 12 个）。因关节突发达，椎体的关节面又呈鞍状，所以颈部运动灵活，伸展自如，便于飞翔、采食和梳理羽毛。

②胸椎。数量少（鸡、鸽 7 个，鸭、鹅 9 个）。其主要特点是部分椎骨间相互愈合。鸡

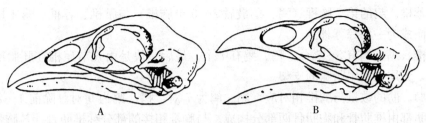

图 13-1 方骨的作用
A. 喙闭合时 B. 喙张开时
(朱金凤. 动物解剖. 2007)

的第 2~5 胸椎愈合成一个整体。

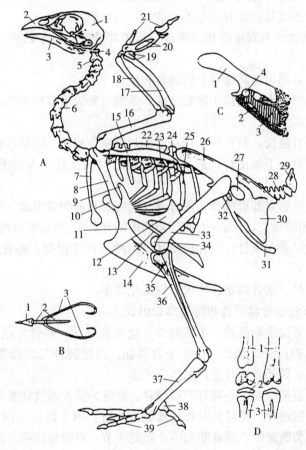

图 13-2 鸡的骨骼
A. 全身骨骼：1. 颅骨 2. 颌前骨 3. 下颌骨 4. 寰椎 5. 枢椎 6. 颈椎 7. 锁骨 8. 乌喙骨
9. 胸骨的前外侧突 10. 正中突 11. 胸骨（体） 12. 胸突 13. 后外侧突 14. 胸骨嵴 15. 肩胛骨
16. 臂骨 17. 尺骨 18. 桡骨 19. 腕骨 20. 掌骨 21. 指骨 22. 胸椎（背） 23. 胸肋骨
24. 钩突 25. 椎肋骨 26. 髂骨 27. 髂坐孔 28. 尾椎 29. 综尾骨 30. 坐骨 31. 耻骨 32. 闭孔
33. 股骨 34. 髌骨 35. 腓骨 36. 胫骨 37. 大跖骨 38. 小跖骨 39. 趾骨
B. 舌骨：1. 舌内骨 2. 前、后基舌骨 3. 舌骨支
C. 幼禽髋骨：1. 髂骨 2. 耻骨 3. 坐骨 4. 髋臼
D. 幼禽（左）和成禽（右）的跗骨：1. 胫骨 2. 跗骨 3. 跖骨
(朱金凤. 动物解剖. 2007)

③腰荐椎。鸡的第 7 胸椎（鸭、鹅最后 2～3 个胸椎）与腰椎、荐椎、第 1 尾椎在发育早期愈合而成为一块综荐骨。

④尾椎。鸡、鸽有 5～6 个，鸭、鹅有 7 个。最后一块是由几节尾椎在胚胎期愈合形成的综尾骨，为尾羽和尾脂腺的支架。

（2）肋。肋的数量与胸椎相对应，鸡、鸽为 7 对，鸭、鹅为 9 对。除前 1～2 对为浮肋外，每一肋都由椎肋骨和胸肋骨两部分构成。与胸椎相接的部分称椎肋骨；与胸骨相接的部分称胸肋骨。椎肋骨的上端以肋头和肋结节与相应的胸椎形成关节；除第 1 对和最后 2 对（鸡、鸽）或 3 对（鸭、鹅）椎肋骨无钩突外，其他肋的肋体上都有钩突，向后覆于后一肋骨的外侧面，起加固胸廓侧壁的作用。

（3）胸骨。禽类的胸骨特别发达，向腹侧还形成庞大的胸骨嵴（俗称龙骨突），供发达的胸肌附着。胸骨背侧以及侧缘有大小不等的气孔与气囊相通。

4. 前肢骨　前肢骨分为肩带部和游离部。肩带部是联系躯干的骨，而游离部则不与躯干相连。

（1）肩带部。肩带部包括乌喙骨、肩胛骨和锁骨。

①乌喙骨。乌喙骨强大，斜位于胸廓之前，下端与胸骨形成牢固的关节；上端与肩胛骨连接并一起形成关节盂。

②肩胛骨。肩胛骨狭长，与脊柱平行；前端与乌喙骨相接，后端达髂骨。

③锁骨。两侧锁骨在下端汇合，俗称叉骨。鸡、鸽的叉骨呈 V 字形，鸭、鹅的叉骨呈"U"字形。

（2）游离部。前肢游离部形成翼，由臂骨、前臂骨和前脚骨组成。

①臂骨。发达。鹅的最长，近端有大而呈卵圆形的臂骨头，与肩带骨的关节盂形成肩关节。

②前臂骨。包括尺骨和桡骨，尺骨较发达，但两骨长度相似；两骨间在两端形成关节，大部分则以骨间隙分开。

③前脚骨。由腕骨、掌骨和指骨构成，但退化较多。

5. 后肢骨　后肢骨由骨盆带骨和游离部骨组成。

（1）骨盆带骨。骨盆带即髋骨，包括髂骨、坐骨和耻骨。髂骨发达，向前可伸达胸部；坐骨位于髂骨后部腹侧；耻骨细长，位于坐骨腹侧。两侧髋骨与综荐骨广泛连接，形成骨盆，但没有骨盆联合，属开放性骨盆，以适应产蛋。

（2）游离部骨。包括股骨、小腿骨和后脚骨。股骨为强大的管状长骨；小腿骨，包括胫骨和腓骨；后脚骨包括跗骨、跖骨和趾骨。禽类有 4 趾，第 1 趾向后向内；其余 3 趾向前，以第 3 趾最发达。禽类断趾时，通常断去第 2 趾的末节，有时也将第 3 趾末节断去。

（二）肌肉

禽类肌肉的肌纤维较细，没有脂肪沉积。肌纤维可分为白肌纤维、红肌纤维和中间型肌纤维。白肌颜色较淡，血液供应较少，肌纤维较粗，收缩作用较快但短暂。红肌大多呈暗红色，血液供应丰富，肌纤维较细，收缩作用较慢但持久。各种肌纤维含量在不同部位的肌肉和不同生活习性的禽类有较大的差异。善飞的鸟类和鸭、鹅等水禽红肌纤维含量多；飞翔能力差或不能飞的禽类，肌肉以白肌纤维为主，如鸡的胸肌。

家禽的肌肉可分为皮肌、头部肌、颈部肌、躯干肌、前肢肌和后肢肌（图 13-3）。

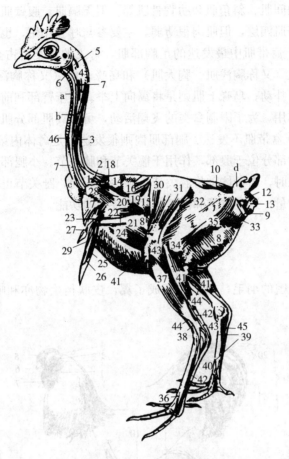

图 13-3 鸡的体表肌肉

a. 气管　b. 颈静脉　c. 嗉囊　d. 尾脂腺

1. 颈最长肌　2. 颈半棘肌　3. 颈二腹肌　4. 复肌　5. 头外侧直肌　6. 头内侧直肌　7. 颈长肌　8. 腹外斜肌　9. 泄殖腔提肌　10. 尾提肌　11. 尾外侧肌　12. 尾肌　13. 泄殖腔括约肌　14. 斜方肌　15. 后浅锯肌　16. 背阔肌　17. 胸浅肌　18. 三角肌　19. 后肩胛臂骨肌　20. 臂三头肌　21、22. 腕桡侧伸肌　23. 腕尺侧伸肌　24. 指总伸肌　25. 骨间背侧肌　26. 掌骨间肌　27. 翼膜张肌　28. 长翼膜张肌　29. 第3指外展肌　30. 髂胫前肌和臀浅肌　31. 阔筋膜张肌和臀浅肌（尾侧部）　32. 股二头肌　33. 尾股肌　34. 半腱肌　35. 半膜肌　36. 趾长伸肌　37. 腓骨长肌　38. 腓肌短肌　39. 拇短伸肌　40. 趾短伸肌　41. 腓肠肌　42. 趾深屈肌　43. 趾浅及趾深屈肌　44. 胫骨前肌　45. 拇短屈肌　46. 胸骨甲状肌

（彭克美．畜禽解剖学．2005）

1. 皮肌　家禽的皮肌薄而分布广泛。一类为平滑肌，终止于羽毛的羽囊，控制羽毛活动。另一类为翼膜肌，当翼伸展时，翼膜肌使前翼膜张开；当翼收拢时，前翼膜因所含弹性组织而自行回缩。此外，颈皮肌向腹侧分出一束，形成嗉囊的肌性悬带，收缩时协助嗉囊周期性排空。

2. 头部肌　面部肌不发达，而开闭上、下颌的肌肉则比较发达。

3. 颈部肌　禽类颈部较长，活动灵活，因此颈部的多裂肌、棘突间肌、横突间肌等分布较多。但禽的颈部无臂头肌和胸头肌，不形成颈静脉沟，颈静脉直接位于颈部皮下。

4. 躯干肌　背部和综荐部因椎骨大多愈合，肌肉大大退化。尾部肌肉则较发达，借以运动尾羽。胸廓肌有肋间肌、斜角肌和肋胸骨肌等，但无膈肌。腹壁肌也分为腹外斜肌、腹内斜肌、腹直肌和腹横肌四层，但肌肉很薄弱，主要参与呼气作用，也可协助排粪和产蛋。

5. 肩带肌和翼肌 肩带肌中最发达的是胸部肌，善飞的禽类可占全身肌肉总重的一半以上。胸部肌包括胸肌（又称胸浅肌、胸大肌）和乌喙上肌（又称胸深肌、胸小肌）两块。胸肌的作用是将翼向下扑动；乌喙上肌则是将翼向上举。位于臂部和前臂部的翼部肌肉，主要起着展翼和收翼的作用。为了限制禽类的飞翔活动，可将翼肌部分肌腱切断。

6. 盆带肌和腿肌 盆带肌不发达。腿部肌肉则很发达，是禽体内第二群最发达的肌肉，仅次于胸部肌。它们大部分位于股部，作用于髋关节和膝关节。小腿部肌肉作用于跗关节和趾关节。当禽下蹲栖息时，由于体重将髋关节、膝关节屈曲，趾关节也同时屈曲而牢固地攀持栖木，不需要消耗能量。这是禽类和两栖类动物特有的功能。

二、被皮系统

家禽体表被覆有浓密的羽毛，前肢演变成了翼，皮肤衍生物亦和哺乳动物有明显不同（图 13-4）。

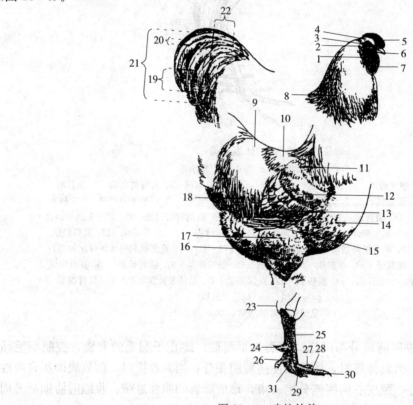

图 13-4 鸡的外貌

1. 耳叶 2. 耳 3. 眼 4. 头 5. 冠 6. 喙 7. 肉垂（肉髯） 8. 颈羽（梳羽） 9. 鞍（腰）
10. 背 11. 肩 12. 翼 13. 副翼羽 14. 胸 15. 主翼羽 16. 腹 17. 小腿 18. 鞍羽
19. 小镰羽 20. 大镰羽 21. 主尾羽 22. 覆尾羽 23. 踝关节 24. 距 25. 跖 26. 第1趾
27. 第2趾 28. 第3趾 29. 第4趾 30. 爪 31. 脚

（周元军. 动物解剖. 2007）

（一）皮肤

禽皮肤较薄。真皮分为浅层和深层。浅层除少数无羽毛部位外不形成乳头，而形成网状小嵴；深层具有羽囊和羽肌。皮下组织疏松，有利于羽毛活动。皮下脂肪仅见于羽区，在其他一定部位形成若干脂肪体，营养良好的禽较发达，特别在鸭、鹅。

皮肤没有皮脂腺。尾脂腺位于综尾骨背侧，分为两叶。鸡为圆形；水禽为卵圆形，较发达。分泌物含有脂质，可润泽羽毛，排入腺叶中央的腺腔，再开口于尾脂腺乳头上。

禽皮肤也无汗腺，体温调节的散热作用除依靠体表裸区外，蒸发散热则依靠呼吸道来完成。

（二）羽毛

羽毛是禽皮肤特有的衍生物，可分为正羽、绒羽和纤羽三类。

正羽又称廓羽，构造较典型。有一根羽轴，下段为羽根，着生在皮肤的羽囊内；上段为羽茎，其两侧为羽片。羽片是由许多平行排列的羽枝构成的，从其上又分为两行小羽枝，远列小羽枝具有小钩，与相邻的近列小羽枝互相钩连，从而构成一片完整的弹性结构。正羽覆盖在禽体的一定部位，称羽区，其余部位称裸区，以利肢体运动和散发体温。

绒羽的羽茎细，羽枝长，小羽枝不形成小钩，密生于皮肤表面，被正羽所覆盖，主要起保温作用。初孵出的幼禽雏羽似绒羽，不具小羽枝。

纤羽分布于全身，长短不一，细长如毛发状，有些禽类无纤羽。

（三）其他衍生物

禽类其他衍生物包括冠、肉髯、耳垂、喙、爪、距和鳞片等组成。

冠的表皮很薄，真皮厚，浅层含有毛细血管窦，中间层为厚的纤维黏液组织，能维持冠的直立，但去势公鸡和停产母鸡中间层的黏液性物质消失，故冠也倾倒。冠中央为致密的结缔组织，含有较大血管。肉髯的构造与冠相似，但中间层为疏松结缔组织。耳垂的真皮不形成纤维黏液层。

喙、爪、距和鳞片的角质都是表皮增厚并角蛋白钙化而成，故很坚硬。

三、消化系统

家禽的消化系统由口咽、食管、嗉囊（鸡）、胃、肠、泄殖腔等消化管和肝、胰等消化腺构成（图13-5）。

（一）口咽

禽没有软腭、唇和齿，有不明显的颊。喙是采食器官。喙在鸡和鸽为尖锥形，被覆有坚硬的角质；鸭和鹅的长而扁，除上喙尖部外，大部分被覆以角质层较柔软的所谓蜡膜，边缘并形成横褶，在水中采食时能将水滤出。鸡、鸽的舌为锥形；鸭、鹅的舌较长而厚。禽咽与口腔没有明显分界，常合称为口咽。

(二) 食管与嗉囊

1. 食管 食管分颈、胸两段。颈段与气管一同偏于颈的右侧，位于皮下。鸡、鸽的食管在胸腔前口处形成嗉囊；鸭、鹅没有真正的嗉囊，在食管颈段扩大成纺锤形，以贮存食料，有括约肌与胸段为界。食管末端略变狭而与腺胃相接。食管黏膜分布有较大的黏液性食管腺。鸭食管后端的淋巴滤泡较明显，称食管扁桃体。

2. 嗉囊 嗉囊位于皮下叉骨之前，为食管膨大部，鸡的偏于右侧，鸽的分为对称的两叶。嗉囊内面沿背缘形成食管嗉囊裂，又称嗉囊道。嗉囊的前、后两开口相距较近，有时食料可经此直接入胃。鸽嗉囊的上皮细胞在育雏期增殖而发生脂肪变性，脱落后与分泌的黏液形成嗉囊乳，以哺乳幼鸽。

图 13-5 鸡的消化器官
1. 口腔 2. 喉 3. 咽 4. 气管 5. 食管 6. 嗉囊
7. 腺胃 8. 肝 9. 胆囊 10. 肌胃 11. 胰 12. 十二指肠
13. 空肠 14. 回肠 15. 盲肠 16. 直肠
17. 泄殖腔 18. 输卵管 19. 卵巢
(朱金凤. 动物解剖. 2007)

(三) 胃

禽胃分腺胃和肌胃两部分，中间为峡部（图 13-6）。

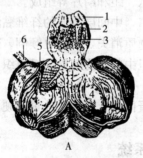 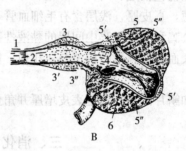

图 13-6 鸡、鹅的胃（剖面）
A. 鸡的胃（剖面）
1. 食管 2. 腺胃 3. 腺胃乳头 4. 肌胃侧肌 5. 幽门 6. 十二指肠
B. 鹅的胃（纵剖后右侧半）
1. 食管 2. 食管与腺胃的黏膜分界 3. 腺胃 3′. 腺胃乳头
3″. 深腺小叶 4. 肌胃侧肌 5. 肌胃 5′. 前囊和后囊的薄肌
5″. 背侧和腹侧的厚肌 6. 胃角质层
(朱金凤. 动物解剖. 2007)

1. 腺胃 呈纺锤形，位于腹腔左侧，在肝两叶之间的背侧。前以贲门与食管相通，仅黏膜具有较明显的分界。向后以峡与肌胃相接，两者间的黏膜形成胃中间区。腺胃壁较厚，内腔不大，食料通过的时间很短。黏膜表面分布有乳头，鸡的较大，鸭、鹅的较小、较多。腺胃黏膜内含有单管状前胃浅腺和复管状前胃深腺两种。前胃浅腺为黏膜浅层形成的隐窝，分泌黏液。前胃深腺肉眼可见，集合成许多腺小叶，以集合管开口于黏膜乳头上。深腺分泌盐酸和胃蛋白酶原。

2. 肌胃 为双面凸的圆盘形，壁厚而坚实；位于腹腔左侧，在肝后方两叶之间。其壁为平滑肌，背、腹两块厚的侧肌构成厚的背侧部和腹侧部，前、后两块薄肌构成薄的前囊和后囊。四块肌肉在胃两侧以厚的腱中心相连接，形成腱镜。肌胃的入口和出口（幽门）都在前囊处。黏膜表面被覆有一层厚而坚韧的类角质膜，能保护黏膜，为胃角质层，由肌胃腺分泌物与脱落的上皮细胞在酸性环境下硬化而成，俗称鸡内金。肌胃内常有吞食的沙砾，故又称砂囊。肌胃通过发达的肌层、粗糙而坚韧的类角质膜和胃内沙砾对食物进行机械磨碎。

（四）肠

1. 小肠 分为十二指肠、空肠和回肠。十二指肠位于腹腔右侧，形成"U"字形的肠袢，分为降支和升支，两支的转折处达盆腔。升支在幽门附近移行为空回肠。空回肠形成6～12圈肠袢，鸡和鸽的数目较多，鸭和鹅的较少，以肠系膜悬挂于腹腔右侧。空回肠中部的小突起，称卵黄囊憩室，是卵黄囊柄的遗迹。常以此作为空回肠的分界。空回肠壁内含有淋巴组织。小肠黏膜表面形成绒毛，黏膜内有小肠腺，但无十二指肠腺。

2. 大肠 分为盲肠和直肠。盲肠有两条，长14～23cm，分为盲肠基、盲肠体和盲肠尖三部分。盲肠基较狭，以盲肠口接直肠。盲肠体较粗。盲肠尖为细的盲端。盲肠基的壁内分布有丰富的淋巴组织，称为盲肠扁桃体，以鸡最明显。鸽的盲肠小如芽状。禽无明显的结肠，仅有一短的直肠，长8～10cm，称为结-直肠，以系膜悬挂于盆腔背侧。大肠肠壁具有较短的绒毛和较少的肠腺。

（五）泄殖腔

泄殖腔是消化、泌尿和生殖的共同通道，位于盆腔后端，略呈椭圆形，以黏膜褶分为粪道、泄殖道和肛道三部分。粪道较膨大，前接直肠，黏膜上有较短的绒毛，以环形襞与泄殖道为界。泄殖道短，背侧面有一对输尿管开口。在输尿管开口的外侧略后方，雄禽有一对输精管乳头，雌禽则只在左侧有一输卵管开口。泄殖道以半月形或环形的黏膜襞与肛道为界。肛道背侧在幼禽有腔上囊的开口，向后以肛门开口于体外。肛道的背侧壁内有肛道背侧腺，侧壁内有分散的肛道侧腺（图13-7）。

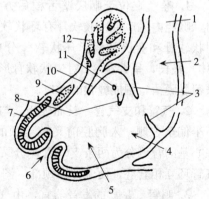

图13-7 禽泄殖腔模式图
1. 直肠 2. 粪道 3. 粪道泄殖道襞
4. 泄殖道 5. 肛道 6. 肛门 7. 括约肌
8. 输精管乳头 9. 肛道背侧腺
10. 泄殖道肛道襞 11. 输尿管口
12. 泄殖腔囊

（朱金凤．动物解剖．2007）

（六）肝、胰

1. 肝 分为左、右两叶，位于腹腔前下部。两叶之间在前部夹有心及心包，背侧和后部夹有腺胃和肌胃。成年禽的肝为暗褐色，肥育的禽因肝内含有脂肪而为黄褐色或土黄色，刚孵出的雏禽因吸收卵黄色素而为黄色，约两周后色泽转深。两叶的脏面各有1肝门，有肝动脉、门静脉和肝管出入。除鸽外，家禽右叶腹侧有胆囊，右叶肝管先到胆囊，由胆囊发出胆囊管。左叶的肝管不经胆囊，与胆囊管共同开口于十二指肠终部，但鸽左叶的肝管较粗，开口于十二指肠襻的降支。

2. 胰 位于十二指肠襻内，淡黄或淡红色，长条形。分为背叶、腹叶和很小的脾叶。胰管在鸡一般有3条，鸭、鹅有2条，与胆管一起开口于十二指肠终部。

四、呼吸系统

家禽的呼吸系统由鼻、喉、气管、支气管、肺和气囊等器官构成。

（一）鼻腔

禽鼻腔较狭。鼻孔位于上喙基部，鸡鼻孔上缘有膜性鼻瓣，周围有小羽毛可防小虫、灰尘进入。鸭、鹅鼻孔四周为柔软的蜡膜，鸽的上喙基部在两鼻孔之间形成隆起的蜡膜。

眶下窦（又称上颌窦）是禽类唯一的鼻旁窦，位于眼球前下方和上颌外侧，略呈三角形，鸡的较小，鸭、鹅的较大。

眼眶顶壁和鼻腔侧壁有一特殊的鼻腺，有分泌氯化钠的功能，又称盐腺。鸡的狭长，不发达；鸭、鹅的呈半月形，较发达。鼻腺对调节渗透压有重要作用。

（二）喉、气管、鸣管、支气管

1. 喉 喉位于咽底壁舌根后方。喉口与鼻后孔相对，喉腔内无声带。喉软骨有环状软骨和勺状软骨，无甲状软骨和会厌软骨。环状软骨分成4片，以腹侧板（体）最长，呈匙状。1对勺状软骨形成喉口的支架，外被覆黏膜褶，围成缝状的喉口。

2. 气管和支气管 长而较粗，与食管同行，到颈的下半偏至右侧，入胸腔前又转至颈的腹侧。入胸腔后，在心基的背侧分为两条支气管，分叉处形成鸣管。相邻气管环互相套叠，便于伸缩颈部（图13-8）。

3. 鸣管 是禽的发音器官，由气管、支气管的几个环和一块楔形的鸣骨构成（图13-9）。鸣骨位于气管分叉的顶部，在鸣管腔分叉处。有2对弹性薄膜，分别称外侧鸣膜和内侧鸣膜，呼吸时振动鸣膜而发声。鸭的鸣管主要由支气管构成，公鸭鸣管在左侧形成一个膨大的骨质鸣管泡，无鸣膜，发声嘶哑。

图13-8 公鸭的气管和肺（腹面观）
1. 气管 2. 气管喉肌 3. 鸣泡 4. 胸骨喉肌 5. 支气管 6. 肺（左肺为背侧面）
（朱金凤. 动物解剖. 2007）

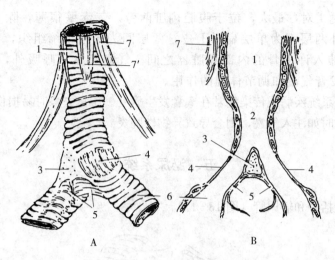

图 13-9 鸡的鸣管
A. 外面 B. 纵剖面
1. 气管 2. 鸣腔 3. 鸣骨 4. 外鸣膜 5. 内鸣膜
6. 支气管 7. 胸骨喉肌
(马仲华. 家畜解剖学与组织胚胎学. 第三版. 2001)

(三) 肺

禽肺呈鲜红色，不分叶，略呈扁平四边形，位于第1～6肋之间。背侧面嵌入肋间，形成肋沟。

肺的实质由三级支气管和肺房、漏斗、肺毛细管组成（图13-10）。初级支气管为支气管的延续，纵贯全肺，后端出肺通腹气囊。初级支气管发出4群次级支气管。次级支气管分出的许多第3级支气管呈袢状连接于两群次级支气管之间。

肺房从第3级支气管呈辐射分出，肺房底部又分出若干漏斗，其后形成丰富的、直径为7～12μm的肺毛细管，相当于哺乳动物的肺泡，是进行气体交换的地方。一条第3级支气管及其肺房、漏斗、肺毛细管构成一个肺小叶。

(四) 气囊

气囊是肺的衍生物，为禽类特有，容积比肺大5～7倍，是支气管的分支出肺后形成的黏膜囊（图13-10）。多数禽类为9个。颈气囊1对（鸡为单一的颈气囊），位于胸腔前部背侧，其分支向前可伸达第2颈椎；锁骨间气囊1个，位于胸腔前部腹侧；前胸气囊1对，位于两肺腹侧；后胸气囊1对，位于肺

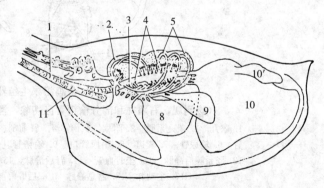

图 13-10 禽气囊及支气管分支模式图
1. 气管 2. 肺 3. 初级支气管 4. 次级支气管 5. 三级支气管
6. 颈气囊 7. 锁骨间气囊 8. 前胸气囊
9. 后胸气囊 10. 腹气囊 10′. 肾憩室 11. 鸣管
(朱金凤. 动物解剖. 2007)

腹侧后部；腹气囊1对，最大，位于腹腔内脏两旁。气囊壁很薄，除开口处为柱状纤毛上皮外，其内外两层都为单层扁平上皮，两层间为疏松结缔组织，血管较少。气囊所形成的憩室可伸入许多骨的内部和脏器之间。气囊除参与呼吸外，还有减轻体重、平衡体位、加强发音气流和调节体温的作用。

禽的某些呼吸系统疾病或传染病常在气囊发生病变。雄禽去势时易损伤气囊，而导致皮下气肿。腹腔注射时如注入气囊，则会导致异物性肺炎。

五、泌尿系统

禽泌尿系统包括肾和输尿管（图13-11）。

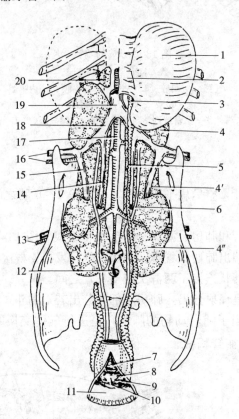

图13-11 公鸡泌尿生殖器官
（腹侧观，右睾丸和部分输精管已切除，泄殖腔从腹侧剖开）
1.睾丸 2.睾丸系膜 3.附睾 4、4′、4″.肾前部、肾中部、肾后部 5.输精管 6.输尿管 7.粪道 8.输尿管口 9.输精管乳头 10.泄殖道 11.肛道 12.肠系膜后静脉 13.坐骨血管 14.肾后静脉 15.肾门静脉 16.髂外血管 17.主动脉 18.髂总静脉 19.后腔静脉 20.肾上腺
（马仲华.家畜解剖学与组织胚胎学.第三版.2001）

（一）肾

禽肾狭长，红褐色，位于综荐骨两旁和髂骨的内面，前达最后椎肋骨，向后几乎抵达综

荐骨的后端。禽肾较发达，占体重的 1‰~2.6‰。

肾分为前、中、后三部。无肾门和肾脂肪囊，血管、输尿管直接从肾的表面进出。

肾由许多肾小叶构成。在鸡肾表面，肾小叶表现为直径为 1~2mm 的小圆形突起。肾小叶表层为皮质区，深部为髓质区，但由于肾小叶的分布深浅不一，皮质和髓质区分不很明显。皮质区由许多肾单位构成。髓质区主要由集合小管和肾单位袢构成。肾间质不发达，表面的结缔组织膜极薄，故禽肾质地较脆。

输尿管在肾内不形成肾盂或肾盏，而是先分为一级分支（鸡约 17 条），再由每支一级分支分出 5~6 条二级分支。

(二) 输尿管

禽输尿管从肾中部走出，沿肾的腹侧面向后延伸，最后开口于泄殖道，与粪混合后排出体外。管壁较薄，透过管壁常可看到尿酸盐的白色结晶。

六、生殖系统

(一) 雄禽生殖系统

雄禽生殖系统由睾丸、附睾、输精管和交配器等组成（图 13-12）。

1. 睾丸和附睾 睾丸位于腹腔，以短的系膜悬于肾前部的腹侧，左、右对称，与胸、

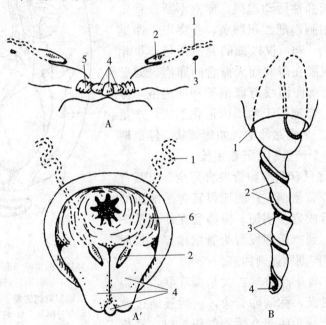

图 13-12 公禽交配器官
A. 成年公鸡（A′为勃起时）：1. 输精管 2. 射精管乳头
3. 输尿管口 4. 阴茎体 5. 淋巴褶 6. 粪道泄殖道襞
B. 成年公鸭勃起时的阴茎：1. 肛门 2. 纤维淋巴体
3. 阴茎沟 4. 阴茎腺部的开口
（马仲华．家畜解剖学与组织胚胎学．第三版．2001）

腹气囊相接触。睾丸位置的体表投影相当于最后两椎肋骨的上部。睾丸大小和色泽因品种、年龄、生殖季节而有很大变化。在幼禽只有米粒大，淡黄或黄色；成年禽睾丸在生殖季节大如鸽蛋，增大200～500倍，呈黄白或白色，在非生殖季节则萎缩变小。睾丸外面包有浆膜和一层薄的白膜。睾丸实质内的精小管则在生殖季节加长、增粗。

附睾小，位于睾丸的背内侧缘。

2. 输精管 输精管为一对弯曲的细管，与输尿管并行，向后因管壁平滑肌增厚而逐渐变粗。其终部略扩大，埋于泄殖腔壁内，末端形成输精管乳头，突出于输尿管口的外下方。禽没有副性腺，精清主要由精小管、睾丸输出管及输精管的上皮细胞分泌。

3. 交配器 公鸡的交配器包括阴茎体、生殖突、1对输精管乳头和1对淋巴褶。阴茎体为3个并列的小突起，位于肛门腹侧唇的内侧，刚孵出的雏鸡可以此来鉴别雌雄。

鸭和鹅的阴茎较发达，位于肛道腹侧偏左，长6～9cm，它由大小两个螺旋形的纤维淋巴体和产生黏液的腺部构成。

（二）雌性生殖系统

雌性生殖系统由卵巢和输卵管构成，但仅左侧发育正常，右侧退化（图13-13）。

1. 卵巢 以短的系膜悬挂于左肾前部腹侧。幼禽为扁平形，灰白或白色，表面略呈颗粒状，被覆生殖上皮。皮质区内有卵泡；髓质区为疏松组织和血管。随年龄增长和性活动增强，卵泡不断发育生长，卵泡内的卵细胞逐渐贮积卵黄，并突出于卵巢表面，至排卵前7～9d，仅以细的卵泡蒂与卵巢相连。排卵时，卵泡膜在薄弱而无血管的卵泡斑处破裂，将卵子释出。禽卵泡没有卵泡腔和卵泡液，排卵后不形成黄体，卵泡膜于两周内退化消失。产蛋期经常保持有4～5个成熟卵泡，如葡萄状。停产期卵巢回缩，到下一个产蛋期又开始生长。

2. 输卵管 禽只有左输卵管发育完全，以其背侧韧带悬挂于腹腔背侧偏左；腹侧以富含平滑肌的游离腹侧韧带向后固定于阴道。输卵管在幼禽是一条细而直的小管，到产蛋期发育为管壁增厚、长而弯曲的管道，至停产期则逐渐回缩。

（1）漏斗部。漏斗部前端扩大呈漏斗状，其游离缘呈薄而软的皱襞，称输卵管伞，向后逐渐过渡或为狭窄的颈部。漏斗底部有输卵管腹腔口，呈长裂隙状。漏斗部收集并吞入卵子到输卵管，所需的时间20～30min。漏斗部是卵子和精子受精的场所。输卵管颈部有分泌功能，其分泌物参与形成卵黄系带。

（2）膨大部或蛋白分泌部。长且弯曲，管壁厚，管壁内存在大量腺体。产卵期，其黏膜呈乳白色。卵在膨大部停留3h。该部的作用是形成浓稠的白蛋白，一部分参与形成卵黄系带。

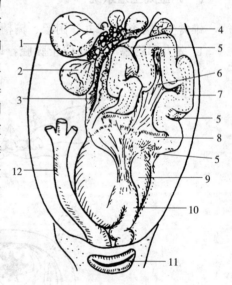

图13-13 母鸡的生殖器官
1. 卵巢中的成熟卵泡 2. 排卵后的卵泡膜
3. 漏斗部的输卵管伞 4. 左肾前叶
5. 输卵管背侧韧带 6. 输卵管腹侧韧带
7. 卵白分泌部 8. 峡 9. 子宫及其中的卵
10. 阴道 11. 肛门 12. 直肠
（朱金凤. 动物解剖. 2007）

（3）峡部。略窄且较短，其管壁薄而坚实，黏膜呈淡黄褐色，卵在狭部停留75min，狭部分泌物形成卵内、外壳膜。

（4）子宫部。子宫壁厚且肌组织发达，管腔大，黏膜淡红色。其皱襞长而呈螺旋状。当卵通过时，由于平滑肌的收缩，是卵在其中反复转动，使分泌物分布均匀。卵在子宫内停留时间长达18～20h。

（5）阴道部。壁厚，呈特有S状弯曲，阴道肌层发达。卵经过阴道时间极短，仅几秒至1min。阴道黏膜呈灰白色，形成纵行皱襞，内有阴道腺。

（三）家禽的胚外结构

家禽胚胎的营养和呼吸主要靠胎膜实现，鸡的胎膜主要有卵黄囊、羊膜、浆膜和尿囊4种（图13-14）。4种胎膜先后发生，逐渐完善。

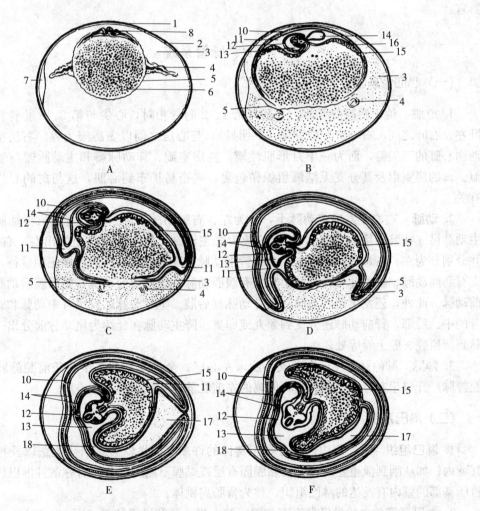

图13-14 鸡胚胎膜形成（鸡胚横切，A～F示顺序）

1. 蛋壳 2. 壳膜 3. 蛋白 4. 系带 5. 卵黄膜 6. 卵黄 7. 气室 8. 胚体横切 9. 羊膜侧褶 10. 浆膜 11. 浆羊膜腔 12. 羊膜 13. 羊膜腔 14. 尿囊 15. 卵黄囊 16. 卵黄囊血管 17. 蛋白囊 18. 浆羊膜道

（马仲华．家畜解剖学与组织胚胎学．第三版．2001）

1. 羊膜和浆膜 羊膜和浆膜是同时发生的两种胎膜。羊膜在孵化第 2 天即覆盖胚胎的头部，并逐渐包围胚体，到第 4 天时羊膜合拢，胚胎被包围起来，而后增大，并充满透明的液体，即羊水。羊水可保护胚胎不受机械损伤，防止粘连。由于羊膜节律性的收缩，能起到促进胚胎运动的作用。浆膜的胚层结构与羊膜相同，但位置相反。

2. 卵黄囊 卵黄囊从第 2 天开始形成，到第 9 天几乎覆盖整个卵黄表面。卵黄囊由卵黄囊柄与胎儿连接，卵黄囊上分布着浓密的血管，胚胎由卵黄得到营养物质，孵化期前 6d 还供应胚胎所需要的氧气，孵出前与卵黄一起被吸入腹腔内。

3. 尿囊 尿囊位于羊膜、卵黄囊之间，孵化第 3 天开始形成，而后迅速增大，孵化至第 6 天时，达到壳膜内表面。孵化第 10～11 天，包围整个蛋的内容物，而在蛋的小头合拢。尿囊表面布满血管，胎儿通过尿囊血液循环，吸收蛋白中的营养物和蛋壳的矿物质，并于气室和气孔吸收外界氧气，排出二氧化碳。因此，尿囊既是胎儿的营养、排泄器官，又是呼吸器官。

七、脉管系统

（一）心血管系统

1. 心脏 位于胸腔前下部，心基与第 1、2 肋骨相对，心尖与第 5、6 肋骨相对，夹于肝左、右叶之间。右心房有静脉窦（鸡明显），与心房之间以窦房瓣为界。右房室口无哺乳动物心脏的三尖瓣，而为一半月形肌性瓣。左房室瓣、肺动脉瓣和主动脉瓣与哺乳动物相似。禽的房室束及其分支无结缔组织鞘包裹，兴奋易扩布到心肌，这与禽的心搏频率较高有关。

2. 动脉 右心室发出肺动脉干，分为左、右肺动脉入肺。左心室发出主动脉，形成右主动脉弓（哺乳动物为左动脉弓），延续为降主动脉。右主动脉弓上发出左、右臂头动脉，并分别分为左、右颈总动脉和左、右锁骨下动脉。降主动脉沿体腔背侧正中后行，分出的壁支有肋间动脉、腰动脉和荐动脉；脏支有腹腔动脉、肠系膜前动脉、肠系膜后动脉和 1 对肾前动脉。此外，还发出髂外动脉、坐骨动脉到后肢。坐骨动脉还发出肾中动脉和肾后动脉到肾的中、后部，肾前动脉还分支到睾丸或卵巢。降主动脉在延续为尾动脉前分出一对髂内动脉到泄殖腔、腔上囊等处。

3. 静脉 肺静脉有左、右两支，注入左心房。全身静脉汇集于两条前腔静脉和一条后腔静脉，开口于右心房的静脉窦；但鸡的左前腔静脉直接开口于右心房。

（二）淋巴系统

1. 淋巴组织 淋巴组织广泛分布于禽体的许多实质性器官、消化道壁以及神经干、脉管壁内。如从咽到泄殖腔的消化道黏膜固有层或黏膜下组织内分布有弥散性淋巴组织；在鸡盲肠基部的壁内有发达的淋巴组织，称为盲肠扁桃体。

2. 淋巴器官 禽的淋巴器官有胸腺、腔上囊、脾和淋巴结等（图 13 - 15）。

（1）胸腺。位于颈部皮下气管两侧，呈串状，沿颈静脉直到胸腔入口的甲状腺处。每侧一般有 5 叶（鸭、鹅、鸽）或 7 叶（鸡）。淡黄或黄红色。性成熟前发育至最大，此后逐渐萎缩，仅保留一些遗迹。

(2) 法氏囊。是禽类特有的淋巴器官。鸡的呈圆形，鸭、鹅的为长椭圆形，位于泄殖腔背侧，开口于肛道。黏膜形成纵褶，内有少量黏液，并有大量排列紧密的淋巴小结。在禽孵出时囊已存在，性成熟前发育最大，此后即逐渐萎缩为小的遗迹（鸡10月，鸭1年，鹅较迟），直至完全消失。

(3) 脾。位于腺胃右侧，褐红色，为不大的圆形或三角形（鸽为长形），外包薄的被膜。红髓与白髓分界不甚明显。

(4) 淋巴结。仅见于水禽，主要有颈胸淋巴结和腰淋巴结两对。

①颈胸淋巴结。位于颈基部，贴于颈静脉上，纺锤形，长 1～1.5cm。

②腰淋巴结。位于腰部主动脉两侧，长可达 2cm。

3. 淋巴管 禽淋巴管较少，主要有毛细淋巴管、淋巴管、淋巴干、胸导管。多伴随血管而行，管内瓣膜不发达，壁内有淋巴小结。

八、神经系统

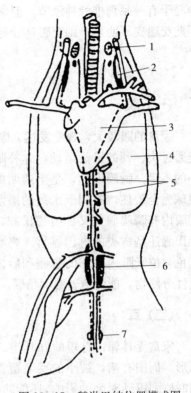

图 13-15 鹅淋巴结位置模式图
1. 甲状腺 2. 颈胸淋巴结 3. 心脏
4. 肺 5. 左、右胸导管
6. 腰淋巴结 7. 淋巴心
（郭和以．家畜解剖学．第二版．2000）

家禽的神经系统由中枢神经和外周神经组成，与哺乳动物比较有不同的特点。

（一）中枢神经

禽类的中枢神经由脊髓和脑组成。

1. 脊髓 家禽的脊髓细而长，呈上、下略扁的圆柱形，从枕骨大孔起向后延伸达尾综骨后端，禽类脊髓后端不形成马尾。颈胸部和腰荐部形成颈膨大和腰膨大，是翼和腿的低级运动中枢所在地。灰质呈H形，位于中心，中央有较细的脊髓中央管。白质位于灰质周围。脊髓的膜有3层，从外向内依次为脊硬膜、脊蛛网膜和脊软膜。

2. 脑 家禽的脑较小，呈桃形，脑桥不明显，延髓不发达。大脑半球前部较窄，后部较宽，皮质层较薄，表面光滑，不形成脑沟和脑回。嗅脑不发达，嗅球较小，故家禽的嗅觉不发达。

（二）外周神经

1. 脊神经 家禽的脊神经成对排列，可分为颈神经、胸神经、腰荐神经和尾神经。脊神经由背根和腹根组成，并分为背侧支和腹侧支，和哺乳动物相似。

2. 脑神经 家禽脑神经有12对。其中，嗅神经细小；视神经由中脑的视顶盖发出；三叉神经发达，特别是水禽的动眼神经及下颌神经较粗大，与喙的敏锐感觉有关；面神经较细，分布于颈皮肌和舌骨肌；副神经不明显；舌下神经分布于舌骨肌及气管肌，后者与发声有关。

3. 植物性神经 交感神经从颅底颈前神经节起沿脊柱向后延伸终止于尾神经节，交感神经干有一系列椎旁神经节。但颈前部、胸部和综荐部前部的神经节与脊神经节紧密相连，因此交通支不明显。副交感神经与哺乳动物相似。

九、感觉器官

（一）眼

家禽的眼较大，视觉发达。眼球呈扁平形，能通过头、颈的灵活运动，弥补眼球运动范围小的不足。瞬膜发达，是半透明的薄膜，能将眼球完全盖住，有利于水禽的潜水和飞翔。在瞬膜内有瞬膜腺，又称哈德氏腺，较发达，哈德氏腺还是禽类的淋巴器官。鸡哈德氏腺呈淡红色，位于眶内眼球的腹侧和后内侧，分泌黏液性分泌物，能清洁、湿润角膜。

（二）耳

家禽无耳郭，有短的外耳道。外耳道呈卵圆形，周围有褶，被小的羽毛覆盖，可减弱啼叫时剧烈震动对脑的影响，还能防止小昆虫、污物的侵入。中耳只有一块听小骨，称为耳柱骨。

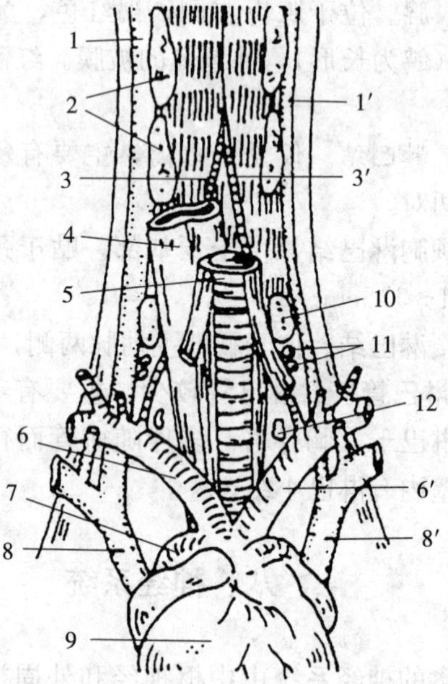

十、内分泌系统

内分泌系统和哺乳动物相似，包括甲状腺、甲状旁腺、肾上腺、脑垂体、松果腺等器官。除此之外，家禽还形成了独有的腮后腺（图13-16）。

腮后腺为一对较小的腺体，位于甲状腺和甲状旁腺后方，紧靠颈总动脉与锁骨下动脉分叉处。形状不规则，无被膜，周界不明显。腮后腺能分泌降钙素，参与体内钙的代谢，与禽髓质骨的发育有关。

图13-16 鹅颈基部及胸腔入口主要结构
1、1′. 右、左颈静脉 2. 胸腺 3、3′. 左、右颈总动脉 4. 食管 5. 气管及气管肌 6、6′. 右、左臂头动脉 7. 主动脉弓 8、8′. 右、左前腔静脉 9. 心脏 10. 甲状腺 11. 甲状旁腺 12. 腮后腺
（郭和以．家畜解剖学．第二版．2000）

自测练习题

一、填空题（每空1分，共计51分）

1. 家禽机体中较发达肌肉有_____、_____和_____，因此常作为生产中肌内注射部位。
2. 家禽的消化系统由_____、_____、_____、_____、_____、_____等消化管和_____、_____等消化腺构成。
3. 禽胃分两部分，前为_____，后为_____，中间为_____。
4. 盲肠的结构分为_____、_____和_____三部分。在盲肠基的壁内分布有丰

富的淋巴组织，称为_____。

5. 家禽的呼吸系统由_____、_____、_____、_____、_____和_____等器官构成。

6. 家禽共有9个气囊，分别为_____、_____、_____、_____和_____。

7. 雄禽生殖系统由_____、_____、_____和_____等组成。

8. 雌禽生殖系统由_____和_____等组成。

9. 输卵管结构由前向后分为_____、_____、_____、_____和_____5部分。

10. 禽的淋巴器官有_____、_____、_____和_____等。_____是禽类特有的淋巴器官。

11. 家禽胸腺的位置为_____。鸡共有_____对，鸭鹅有_____对。

12. 家禽胰脏的位置为_____。

13. 禽泌尿系统包括_____和_____。

二、判断题（每题1分，共计10分）

1. 禽没有软腭、唇和齿，有不明显的颊。喙是采食器官。（ ）
2. 家禽咽与口腔没有明显分界，常合称为口咽。（ ）
3. 家禽大肠分为盲肠、结肠和直肠。（ ）
4. 除鸽外，家禽右叶腹侧有胆囊。（ ）
5. 气囊是肺的衍生物，为禽类特有。（ ）
6. 禽的泌尿系统由肾、输尿管、膀胱和尿道构成。（ ）
7. 禽的肾脏的肾门都位于肾脏腹侧。（ ）
8. 家禽同哺乳动物一样，卵泡形成卵泡腔和卵泡液，成熟排卵后生成黄体。（ ）
9. 雌性生殖系统由卵巢和输卵管构成，但仅左侧发育正常，右侧退化。（ ）
10. 鸡、鸭、鹅的淋巴结主要有颈胸淋巴结和腰淋巴结两对。（ ）

三、名词解释（每题3分，共计9分）

1. 卵黄囊息室　2. 盲肠扁桃体　3. 腔上囊

四、问答题（每题5分，共计20分）

1. 禽类骨骼的主要特征有哪些？
2. 简述家禽的呼吸系统同哺乳动物的呼吸系统异同点。
3. 雌禽生殖系统构造特征是什么？
4. 家禽淋巴系统特征是什么？

五、论述题（10分）

结合家禽的消化系统特点，谈谈家禽生产中应该注意哪些问题？

第二节　兔的解剖

一、运动系统

（一）骨骼

兔的全身骨骼分为头部骨骼、躯干骨骼和四肢骨骼（图13-17）。

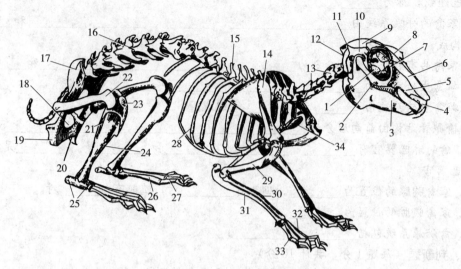

图 13-17 兔全身骨骼

1. 腭骨 2. 颧骨 3. 下颌骨 4. 切齿骨 5. 上颌骨 6. 鼻骨 7. 泪骨 8. 额骨 9. 顶骨 10. 颞骨 11. 顶间骨 12. 枕骨 13. 颈椎 14. 肩胛骨 15. 胸椎 16. 腰椎 17. 髂骨 18. 闭孔 19. 坐骨 20. 耻骨 21. 腓骨 22. 股骨 23. 髌骨 24. 胫骨 25. 跗骨 26. 跖骨 27. 趾骨 28. 肋 29. 臂骨 30. 桡骨 31. 尺骨 32. 掌骨 33. 指骨 34. 胸骨

(杨维泰.家畜解剖学.1993)

1. 头骨 头骨包括位于顶部的颅骨和前方的面骨,共 28 块。背侧观分为前、中、后三部分。前部以鼻骨为主,前端稍窄,后端稍宽;中部最宽,两侧有宽的颧弓,眶窝较大;后部以顶骨和枕骨为主。腹侧面的前部有较大的腭裂。

2. 躯干骨 脊柱呈弯曲的 S 形。颈椎 7 个,寰椎翼宽扁,枢椎棘突呈宽阔板状。胸椎 12 个(偶有 13 个),最后 4 个胸椎的横突上有乳状突,棘突甚发达。腰椎 7 个(偶有 6 个),椎体较长。4 个荐椎愈合为荐骨。尾椎 16 个(偶有 15 个)。

肋骨共 12 对(偶有 13 对),前 7 对为真肋,后 5 对为假肋(偶有 6 对),第 8、9 肋的肋软骨与前位肋软骨相连,最后 3 对肋的肋软骨末端游离,称为浮肋。胸骨由 6 节胸骨片组成,胸骨柄明显。胸廓不发达,胸腔容积较小。

3. 前肢骨 前肢骨短,不发达。包括肩带骨(肩胛骨、锁骨)、臂骨、前臂骨(桡骨和尺骨)和前脚骨(腕骨、掌骨、指骨和籽骨)。肩胛骨完整,肩胛冈较长,肩峰发达,与很长的后肩峰突成直角。锁骨退化为一细骨埋于臂头肌中,两端分别连于胸骨柄和肩胛骨。臂骨细长而直,三角肌结节不发达。桡骨与尺骨不愈合,略呈 S 形,肘突明显。

4. 后肢骨 后肢骨由髋骨(髂骨、耻骨和坐骨)、股骨、髌骨(膝盖骨)、小腿骨(胫骨和腓骨)及后脚骨(跗骨、跖骨、趾骨和籽骨)组成。左、右髋骨前后等宽,髂骨较宽大,坐骨平直,坐骨弓较深。胫骨较粗,腓骨较细,小腿间隙明显。兔后肢骨较长,且较发达,所以兔适于跳跃。

(二)肌肉

兔全身肌肉可分为皮肌、头部肌、躯干肌、前肢肌、后肢肌(图 13-18)。

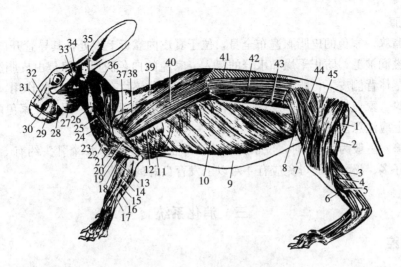

图 13-18 兔的全身肌肉

1.半膜肌 2.半腱肌 3.腓肠肌 4.比目鱼肌 5.趾深屈肌 6.腓骨长肌 7.股四头肌 8.缝匠肌 9.腹直肌鞘 10.腹外斜肌 11.胸肌 12.腹侧锯肌 13.腕桡侧伸肌 14.指总伸肌 15.指外侧伸肌 16.腕尺侧屈肌 17.第1指伸肌 18.臂二头肌 19.臂肌 20、21.臂三头肌 22.三角肌 23.肩展肌 24.臂头肌 25.肩提肌 26.胸头肌 27.咬肌 28.下唇降肌 29.颧肌 30.颊肌 31.鼻唇提肌 32.上唇提肌 33.颞肌 34.颧耳肌 35.夹肌 36.斜方肌 37.大圆肌 38.冈下肌 39.胸斜方肌 40.背阔肌 41.背棘肌 42.背最长肌 43.髂肋肌 44.臀浅肌 45.臀股二头肌

(郭和以．家畜解剖学．第二版．2000)

兔皮肌较薄，可分为面皮肌、颈皮肌、肩臂皮肌和躯干皮肌四部分；头部肌和哺乳动物相似，包括面肌和咀嚼肌；躯干肌包括脊柱肌、颈腹侧肌、胸壁肌和腹壁肌；前肢肌包括肩带肌、肩部肌、臂部肌和前臂前脚部肌；后肢肌包括臀部肌、股部肌和小腿后脚部肌。

家兔的跳跃和奔跑主要依赖后躯肌肉，故其腰背部肌、臀部肌和后肢肌发达，而颈部肌、胸壁肌及前肢肌不发达。

二、被皮系统

(一) 皮肤

皮肤由表皮、真皮及皮下组织构成。兔皮肤厚度 1.2～1.5mm，真皮是皮肤最厚的一层，可用以鞣制皮革。兔皮下组织并没有形成厚的皮下脂肪层，在耳根后部、股内侧和腹中线的两侧的皮下组织相对较发达，松弛易移动，故常作为皮下注射部位。

(二) 皮肤衍生物

1. 毛 兔整个体表除爪、鼻端、阴囊等处外，都密生被毛。兔毛分为枪毛（针毛）、绒毛和触毛三种类型。枪毛长而粗，有保护作用；绒毛短、细而密，起保暖作用；在口腔周边有长而硬的触毛，有触觉作用。兔每年在春、秋两季换毛。

2. 爪 兔的每一指（趾）的末指节骨上都附有爪，爪分为爪壁（体）和爪底两部分，具有挖土打洞和御敌的功能。

3. 皮肤腺

（1）皮脂腺。家兔的皮脂腺遍布全身，位于真皮内靠近毛根处，其导管开口于毛囊，分泌的皮脂能滋润被毛，防止干燥和水分的浸入。家兔的白色腹股沟腺是由皮脂腺衍生而来，雄兔位于阴茎体背侧皮下，雌兔位于阴蒂背侧皮下，分泌物有吸引异性的作用。

（2）汗腺。家兔的汗腺很不发达，只在唇部及腹股沟部分布。因此，家兔耐热能力差，在饲养管理上应注意夏季防暑。

（3）乳腺。一般为 3～6 对，位于胸部及腹部正中线两侧。每个乳头约有 5 条乳腺管开口。一般产仔多、泌乳好的母兔应有 4 对以上发育良好的乳头。

三、消化系统

（一）口腔

兔上唇正中线有纵裂，形成唇裂，外露门齿，便于采食短草和啃咬树皮（图 13-19）。裂唇与上端圆厚的鼻端构成三瓣鼻唇。舌短厚，舌肌发达，舌体背面有明显的舌隆起。

家兔门齿发达，无犬齿，臼齿发达，其咀嚼面有宽阔的横嵴。上颌有大门齿和小门齿各一对，形成特殊的双门齿型，大门齿外露。门齿生长较快，常有啃咬、磨牙习性。仔兔和成年兔的齿式如下：

恒齿式：$2\left(\dfrac{2033}{1023}\right)=28$

乳齿式：$2\left(\dfrac{203}{102}\right)=16$

兔唾液腺较发达，包括腮腺、颌下腺、舌下腺和眶下腺。眶下腺为兔特有的腺体，呈粉红色，位于眼眶底部前下角，其导管穿过颊黏膜，在上颌第 3 前臼齿部开口于口腔前庭。

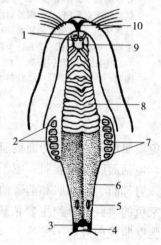

图 13-19 兔的口腔顶壁
1. 切齿　2. 前白齿　3. 鼻咽管开口
4. 会厌软骨　5. 腭扁桃体　6. 软腭
7. 后白齿　8. 硬腭　9. 鼻腭管孔
10. 唇裂
（杨维泰．家畜解剖学．1993）

（二）咽

兔的咽特别宽大，鼻咽部较大，口咽部较小，软腭后缘与会厌软骨汇合。

（三）食管

食管为连于咽和胃之间的细长管道，在颈部位于喉和气管的背侧，在胸部经胸腔穿过食管裂孔进入腹腔，与胃的贲门相接。前部肌层为横纹肌，中后部肌层为平滑肌。

（四）胃

兔胃为单室胃，呈囊袋状，较大，占消化道总容积的 36%。横位于腹腔前部，胃腺及平滑肌较发达。在贲门处有一个大的肌肉皱褶，可防止内容物的呕出，因此家兔不能嗳气和呕吐，消化道疾病较多。胃液酸度较高，消化力较强。

（五）肠

兔肠管较长（为体长的10倍以上），容积较大，具较强的消化吸收功能（图13-20）。

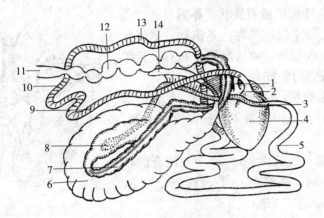

图13-20 兔消化管走向模式图
1. 食管 2. 幽门 3. 回肠 4. 胃 5. 空肠 6. 盲肠 7. 结肠 8. 圆小囊 9. 十二指肠降支 10. 十二指肠横支 11. 肛门 12. 直肠 13. 十二指肠升支 14. 蚓突
（朱金凤. 动物解剖. 2007）

小肠是对食物消化和吸收主要部位。包括十二指肠、空肠和回肠。小肠总长达3m以上。十二指肠长约0.5m，呈U形肠袢，有总胆管和胰腺管的开口。空肠长约2.3m。回肠较短，长约0.4m，肠管直，管壁较薄，空肠和回肠由肠系膜悬吊于腹腔的左上部。回肠接盲肠处有一壁厚的椭圆形膨大圆囊，呈灰白色，约拇指大，称圆小囊，为兔特有的淋巴组织。

大肠长约2m，短粗，包括盲肠、结肠和直肠。盲肠呈长而粗大卷曲的锥形体，特别发达，占消化道总容积49%左右，盲肠壁薄，无纵肌带，盲肠基部粗大，体部和尖部缓缓变细。基部黏膜中有盲肠扁桃体，体部和尖部黏膜面有螺旋瓣，从盲肠外表可看到相应沟纹。盲肠尖部有狭窄的、灰白色的"蚓突"，蚓突壁内有丰富的淋巴滤泡。兔结肠外表有两条纵肌带和两列肠袋，又由梭形部将结肠分为近盲端和远盲端，分别与兔排泄软、硬两种不同的粪便有关。据测定，软粪含多量优质粗蛋白和水溶性维生素，正常情况下，兔排出软粪时，会自然地弓腰用嘴从肛门采食，稍加咀嚼便吞咽至胃，与饲草料混合，重入小肠进行消化。盲肠和结肠均位于腹腔右后下部。结肠长约1m，分为大结肠和小结肠。结肠与直肠无明显分界，但二者之间有S状弯曲，内含粪球呈串珠状。

（六）肝和胰

1. 肝 兔肝位于腹前部偏右侧，红褐色，重约60g，约占体重的3%，有两面（膈面和脏面）、两缘（背缘和腹缘）、四种韧带（镰状韧带、冠状韧带、三角韧带和肝圆韧带）与其他器官相接。兔肝分叶明显，共分为6叶，即左外叶、左内叶、右外叶、右内叶、方叶和尾叶。右内侧叶脏面有胆囊，兔肝能分泌大量胆汁。

2. 胰 胰位于十二指肠袢内，呈淡红色，其叶间结缔组织比较发达，使胰呈松散的枝叶状结构。胰脏只有一条胰管，开口位于距十二指肠末端约14cm处的十二指肠内。

四、呼吸系统

1. 鼻腔 鼻孔为卵圆形或裂缝状，鼻翼发达，兔可较快抽动鼻翼，以使空气在鼻腔往返流动，更好地产生嗅觉。鼻道构造较复杂，嗅区黏膜分布有大量嗅觉细胞，对气味有较强的分辨力。

2. 咽喉 喉呈短管状，位于咽的后方、气管的前端，由四种5块软骨构成。声带不发达，发音单调。咽内容见消化系统。

3. 气管和支气管 气管由48~50个不闭合的软骨环构成，进入胸腔后，在第4、5胸椎腹侧分为左、右支气管，由肺门进入左、右肺。

4. 肺 位于胸腔内心脏的左、右两侧。兔肺不发达，呈海绵状。分为左、右两肺。共分7叶，即左尖叶、左心叶、左隔叶、右尖叶、右心叶、右隔叶和副叶。左肺较小，心压迹较深（图13-21）。正常肺颜色活体时为粉红色。

图13-21 兔的肺腹侧面
1. 肺动脉 2. 尖叶后部 3. 尖叶前部
4. 肺静脉 5. 中间叶 6. 膈叶 7. 膈叶 8. 心叶 9. 支气管 10. 尖叶
（朱金凤. 动物解剖. 2007）

五、泌尿系统

1. 肾 红褐色、蚕豆形，紧贴于腹腔背壁、腰椎横突下方，左肾比右肾靠后。每肾的前端内缘各有一小的淡黄色扁圆形的肾上腺。肾脂肪囊不明显。兔肾为光滑单乳头肾，无肾盏，肾总乳头渗出的尿液经肾盂汇入输尿管中（图13-22）。

2. 输尿管 自肾盂起始，左、右各一，呈白色，离开肾门向后延续，经腰肌与腹膜之间向后伸延至盆腔，开口于膀胱颈背侧壁。

3. 膀胱 呈梨形，无尿时位于盆腔内，当尿液充盈时可突入腹腔。

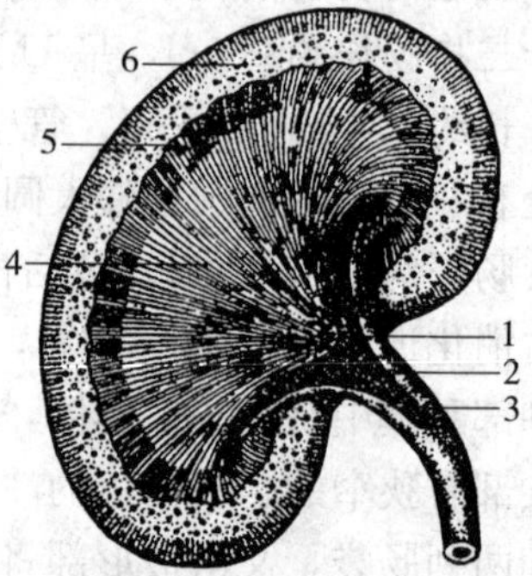

4. 尿道 雄兔尿道细长，起始于膀胱颈后，开口于阴茎头，兼有排尿和输送精液的双重功能。雌兔尿道短，起始于膀胱颈后，开口于阴道前庭的腹壁上，仅为排尿通道。

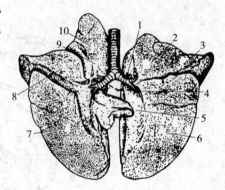

图13-22 兔肾的纵剖面
1. 肾总乳头 2. 肾盂 3. 肾门
4. 髓质 5. 肾盏 6. 皮质
（朱金凤. 动物解剖. 2007）

六、生殖系统

（一）公兔生殖系统

公兔的生殖系统包括睾丸、附睾、输精管、副性腺和阴茎等（图13-23）。

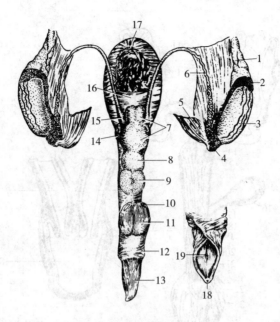

图 13-23 公兔的生殖系统
1.静脉丛 2.附睾头 3.睾丸 4.附睾尾 5.睾提肌 6.输精管 7.精囊 8.精囊腺 9.前列腺 10.尿道球腺 11.球海绵体肌 12.包皮 13.阴茎 14.前尿道球腺 15.输精管壶腹 16.生殖褶 17.膀胱 18.外尿道口 19.尿道
(郭和以.家畜解剖学.2000)

1. 睾丸和附睾 睾丸呈卵圆形。睾丸可自由地下降到阴囊或缩回腹腔。胚胎时期,睾丸位于腹腔,出生后 1～2 个月,移行到腹股沟管(此时尚未有明显阴囊),3～4 月龄睾丸下降至阴囊。因腹股沟管宽短且管口终生不封闭,故睾丸仍能回到腹腔。兔睾丸在繁殖季节才降入阴囊,非繁殖季节又回升到腹股沟管或腹腔中。

附睾是长而卷曲管道,位于睾丸背侧,迂回盘旋形成一条带状隆起。附睾头和尾均超出睾丸的头尾,附睾尾部折转向上移行为输精管。

2. 输精管和精索 输精管为附睾尾的向上延续,始段穿行于精索中,后段稍变粗形成壶腹,左、右输精管在精囊腹侧开口,通入尿生殖道中。兔精索较短,呈圆索状。

3. 副性腺 兔的副性腺包括精囊腺、前列腺、前尿道球腺(旁前列腺)和尿道球腺。精囊腺分泌物可稀释精液,在交配后于阴道中凝固形成阴道栓,防止精液外流。前列腺分泌物呈碱性,可中和阴道酸性物质。当性冲动时,尿道球腺分泌物流入尿道,起冲洗和润滑作用。

4. 阴茎 阴茎静息时长约 25mm,向后伸至肛门附近。勃起时全长可达 40～50mm,呈圆锥状。阴茎前端游离部稍弯曲,没有龟头。

5. 尿生殖道 起于膀胱颈,止于阴茎头的尿道外口,分为骨盆部和阴茎部,兼有排尿和输送精液的功能。

6. 阴囊 位于股部内侧,2.5 月龄时方能显现。

(二)母兔生殖系统

母兔生殖系统由卵巢、输卵管、子宫、阴道和尿生殖前庭等器官组成(图 13-24)。

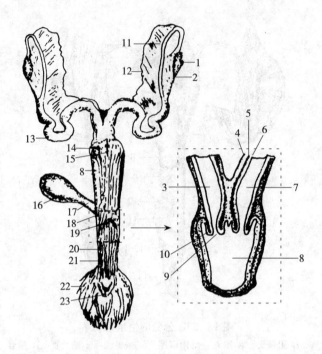

图 13-24 母兔的生殖系统（背侧）
1. 卵巢 2. 卵巢囊 3. 左子宫 4. 子宫外膜 5. 子宫肌层 6. 子宫内膜 7. 右子宫 8. 阴道 9. 子宫口 10. 子宫颈 11. 输卵管 12. 卵巢韧带 13. 子宫 14. 子宫颈 15. 子宫颈间膜 16. 膀胱 17. 尿道 18. 尿道瓣 19. 尿道开口 20. 静脉丛 21. 阴道前庭 22. 阴蒂 23. 阴门
（杨正．现代养兔．1999）

1. 卵巢 呈长卵圆形，状似煮熟的大米粒，位于第5腰椎横突腹侧。幼兔卵巢表面光滑，成年兔卵巢表面有突出的卵泡。

2. 输卵管 兔输卵管全长9～15cm，前端有输卵管伞和漏斗，稍后处增粗为壶腹，后端以峡与子宫角相通。输卵管兼有输卵和受精的功能。

3. 子宫 属无宫体双子宫，子宫角较长，子宫颈较短，两侧的子宫分别以子宫颈管外口共同突入阴道中。

4. 阴道 紧接于子宫后面，其前端有双子宫颈管外口，口间有嵴，后端有阴瓣。

5. 尿生殖前庭 阴瓣与阴门之间为尿生殖前庭，尿道外口位于前庭的前腹侧壁。阴门裂的腹侧连合呈圆形，背侧连合呈尖形。阴蒂特发达，长约2cm。

七、心血管系统

1. 心脏 位于胸腔纵隔内，两肺之间，偏左侧，与第2～4肋骨相对，呈前后稍扁的圆锥形。右心房静脉窦发达，窦前上方接右前腔静脉，后方连后腔静脉。右心房室瓣是由两个大、小瓣膜组成。左心房心耳明显，连接3条肺静脉。左心室的心壁肌很发达，但梳状肌不发达，陷窝浅而少。在安静时，成年兔的心率为80～100次/min；幼兔为100～160次/min。

2. 血管 兔的动脉分支、循环途径和其他哺乳动物相似。

兔的静脉循环途径和其他哺乳动物相似。而兔耳翼上有明显的耳郭前静脉和耳郭后静脉，其中耳郭前静脉较粗，常作为静注部位。

八、淋巴系统

（一）淋巴器官

1. 胸腺 呈浅粉红色，位于纵膈前部，与第1~3肋软骨相对。胸腺缺乏固定形态。幼兔胸腺较大，成年兔退化，被脂肪和结缔组织填充。

2. 脾 略呈弯的长条状，暗红褐色，较小，重约1.5g。脾的体积和重量随其含血量而变化，其宽度的伸展性较大。脾悬挂于大网膜上，紧贴于胃大弯左侧壁。

3. 淋巴结 兔淋巴结不多，特别是肠系膜淋巴结很少，不超过7个。淋巴结的大小、形态不一。兔头颈部、前肢、后肢、骨盆部、胸腔和腹腔的淋巴结分布情况如图13-25、图13-26所示。其重要淋巴结主要有：下颌淋巴结、腮腺淋巴结、肩前淋巴结、股前淋巴结、

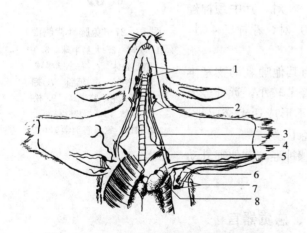

图13-25 兔头、颈、腋部淋巴管及淋巴结
1. 下颌淋巴结 2. 颈浅淋巴结 3. 颈外静脉
4. 气管 5. 颈淋巴干 6. 腋深淋巴结
7. 腋浅淋巴结 8. 第1肋腋淋巴结
（郭和以．家畜解剖学．2000）

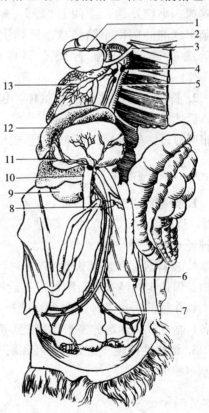

图13-26 兔胸腔、腹腔淋巴管及淋巴结
1. 心淋巴管 2. 肺动脉 3. 前腔静脉 4. 纵隔淋巴结 5. 胸主动脉 6. 十二指肠淋巴管
7. 十二指肠淋巴结 8. 肠系膜淋巴结 9. 肾
10. 后腔静脉 11. 胃淋巴管 12. 肝
13. 肺淋巴结
（郭和以．家畜解剖学．2000）

纵隔淋巴结和肠系膜淋巴结。扁桃体、圆小囊、蚓突和脾等淋巴组织，以及消化道和呼吸道黏膜中散在或集中的淋巴小结，均参与防护和免疫作用。

（二）淋巴管

淋巴管可分为毛细淋巴管、淋巴管和淋巴导管（胸导管和右淋巴导管）。毛细淋巴管几乎遍布全身，通透性大。淋巴管由毛细淋巴管汇合而成。淋巴导管是体内最粗大的淋巴管。

九、神经系统

（一）中枢神经

1. 脑 呈楔状，前窄后宽，表面光滑，沟和回较少。大脑纵裂窄而浅，横裂宽大。分左、右两大脑半球，大脑半球前方有1对椭圆形的嗅球。小脑发达，中间是蚓部，蚓部两侧为小脑半球，小脑半球的外侧称小脑绒球。延脑狭窄，前方被小脑蚓部的后缘所遮盖，延脑背侧有第四脑室（菱形窝）（图13-27）。

2. 脊髓 为圆柱形的绳状体，包在脊椎管内，前连延髓，后达第2荐椎，有37~38节段。颈膨大不明显，腰膨大很明显。终丝与荐、尾神经根形成马尾。

（二）外周神经

1. 脊神经 为混合神经，共有37~38对，其中颈神经8对，胸神经12（13）对，腰神经7（8）对，荐神经4对，尾神经6对。

2. 脑神经 兔脑神经也有12对，与其他哺乳动物基本相似。但迷走神经有明显的特点：近神经节较小，远神经节较大，在颈部，迷走神经与颈交感神经不形成迷走交感干，而各自独立成为迷走神经干和颈交感神经干。

3. 植物性神经 兔交感神经和副交感神经与其他哺乳动物基本相似。

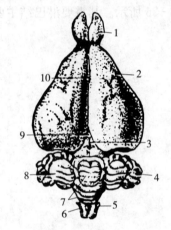

图13-27 兔脑（背侧面）
1. 嗅球 2. 大脑半球 3. 中脑四叠体 4. 右小脑半球 5. 副神经 6. 延髓 7. 蚓突 8. 左小脑半球 9. 松果体 10. 大脑纵裂
（郭和以. 家畜解剖学. 2000）

十、感觉器官

1. 眼 兔的眼球较大，呈圆形。兔的虹膜内有色素细胞，而白色家兔的虹膜完全缺乏色素，由于血管内血色的透露，看起来是红色的。兔的视觉基本为单视，单眼视野角度达190°，可轻易环绕四周。其构造和其他哺乳动物大致相同。

2. 耳 耳包括外耳、中耳和内耳。其结构与其他哺乳动物相似。兔的耳郭非常发达，耳肌较发达，运动灵活。

十一、内分泌系统

兔内分泌系统和其他哺乳动物相似,由脑垂体、甲状腺、甲状旁腺、肾上腺、松果腺组成。

自测练习题

一、填空题(每空2分,共50分)

1. 家兔的消化器官特别发达,胃容积占整个消化道总容积的_____。
2. 家兔的盲肠除了具有和其他动物相同的淋巴组织外,还具有两个特殊的结构,分别是_____和_____。
3. 家兔有4对唾液腺,分别是_____、_____、_____和_____,其中_____是家兔所独有的。
4. 成年家兔的齿式为_____,仔兔的齿式为_____。
5. 兔肝分叶明显,共分为6叶,为_____、_____、_____、_____、_____和_____。
6. 兔肺不发达,呈海绵状。共分7叶,为_____、_____、_____、_____、_____和_____。
7. 兔肾的类型为_____。
8. 兔的子宫的特点为子宫角较长,子宫颈较短,属于_____类型。

二、判断题(每题2分,共10分)

1. 家兔具有草食动物的典型齿式,如门齿呈凿型,没有犬齿,臼齿发达。(　)
2. 家兔具有食粪行为,这种行为是病理的,容易引起家兔疾病,应当加以限制。(　)
3. 兔胃的入口处有一肌肉皱褶,加之贲门括约肌的作用,使得家兔不能嗳气也不能呕吐,所以消化道疾病较为多发。(　)
4. 因兔的腹股沟管宽短且管口终生不封闭,故兔睾丸在繁殖时才降入阴囊,过后又回升到腹股沟管或腹腔中。(　)
5. 兔副性腺和其他动物一样,包括精囊腺、前列腺和尿道球腺。(　)

三、简述题(每题10分,共40分)

1. 兔的消化系统有哪些解剖学特点?
2. 兔的呼吸系统有哪些解剖学特点?
3. 兔的泌尿系统有哪些解剖学特点?
4. 兔的生殖系统有哪些解剖学特点?

第三节　犬、猫解剖

一、犬、猫躯体各部位名称

犬、猫躯体可分为头、躯干和四肢三部分(图13-28),各部名称如表13-1所示。

表13-1 犬、猫体表各部名称

头部	颅部	枕部、顶部、额部、颞部、耳部
	面部	眶下部、鼻部、颊部、咬肌部、眼部、颏部、下颌间隙部
躯干	颈部	颈背侧部、颈侧部、颈腹侧部
	背胸部	背部（前部又称鬐甲部）、肋部、胸前部、胸骨部
	腰腹部	腰部、腹部
	荐臀部	荐部、臀部
	尾部	尾根、尾体、尾尖
四肢	前肢	肩部、臂部、前臂部、前脚部（腕部、掌部、指部、爪）
	后肢	股部、小腿部、后脚部（跗部、跖部、趾部、爪）

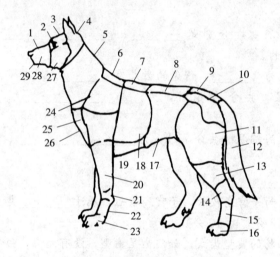

图13-28 犬体表各部位名称示意图

1.鼻部 2.眼部 3.额部 4.枕部 5.颈部 6.鬐甲部 7.背部 8.腰部 9.荐部 10.臀部 11.股部 12.尾部 13.小腿部 14.跗部 15.跖部 16.趾部 17.腹部 18.肋部 19.胸骨部 20.前臂部 21.腕部 22.掌部 23.指部 24.肩部 25.臂部 26.胸前部 27.咬肌部 28.颊部 29.颏部

(宋大鲁.宠物诊疗金鉴.2009)

二、运动系统

(一) 骨骼

犬、猫全身骨骼大小不一、形态各异，全身骨骼可分为头骨、躯干骨、前肢骨和后肢骨（图13-29）。犬的阴茎还有1枚阴茎骨。

1. 头骨 头骨分为颅骨和面骨。犬头骨外形与品种密切相关。长头型品种面骨较长，颅骨窄短；短头型品种面骨很短，颅骨较宽，故其头骨外形较圆；此外，尚有中间型品种，头骨外形介于两者之间。猫的面骨较短，颅骨较宽，其头骨外形亦较圆。

(1) 颅骨。犬枕嵴明显，颞骨弯曲大，左、右颞骨间的结合处有高的顶嵴。额骨外表面有额嵴，眶上突短，眶上缘不完整，无眶上孔。筛骨及筛突发达，嗅窝深。

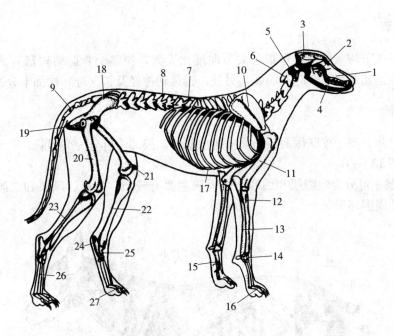

图 13-29 犬的全身骨骼

1. 上颌骨 2. 颧骨 3. 顶骨 4. 下颌骨 5. 寰椎 6. 枢椎 7. 胸椎 8. 腰椎 9. 尾椎 10. 肩胛骨 11. 臂骨 12. 桡骨 13. 尺骨 14. 腕骨 15. 掌骨 16. 指骨 17. 胸骨 18. 髂骨 19. 坐骨 20. 股骨 21. 髌骨 22. 胫骨 23. 腓骨 24. 跟骨 25. 距骨 26. 跖骨 27. 趾骨

(杨维泰. 家畜解剖学. 1993)

(2) 面骨。犬上颌骨无面嵴和面结节，眶下孔位于第三臼齿槽上方，下颌骨不完全愈合，下颌支的咬肌面宽大，下颌角处有角突。泪骨小。舌骨体无舌突。颧骨突发达。

2. 躯干骨 包括脊柱、肋和胸骨。脊柱按部位可以分为颈椎（C）、胸椎（T）、腰椎（L）、荐椎（S）和尾椎（Cy）。肋可分为肋骨和肋软骨。

犬的脊柱式为 $C_7T_{13}L_7S_3Cy_{20\sim30}$，共有 50~60 个椎骨组成。其中颈椎较长，胸椎较短，其棘突呈圆柱状，前 6 个棘突同高，腰椎发达，其横突逐增并向后倾斜，荐椎愈合成一块荐骨，尾椎短小。肋骨细而曲度大，真肋 9 对，假肋 4 对（最后 1 对为浮肋）。8 枚胸骨片愈合为胸骨，肋间隙较大。

猫的脊柱式为 $C_7T_{13}L_7S_3Cy_{20\sim23}$，共有 50~53 个椎骨组成。颈椎发达，胸椎短，腰椎十分强大，曲度大，荐骨愈合，尾椎各结构逐渐退化，肋骨细，比犬短，因此胸廓狭长，但弹性较大。

3. 前肢骨 包括肩胛骨、锁骨、臂骨、前臂骨（桡骨和尺骨）和前脚骨（腕骨、掌骨、指骨和籽骨）。犬肩胛骨较窄长，锁骨完全退化，猫锁骨退化为埋藏于臂头肌腱中的一块小骨片。指骨有 5 指，第 1 指骨小，仅两个指节骨，其余各指均有 3 节。第 3 指节骨的形状特殊，呈钩（爪）状，故称爪骨。

4. 后肢骨 包括髋骨（髂骨、耻骨和坐骨）、股骨、小腿骨（胫骨和腓骨）、髌骨和后脚骨（跗骨、跖骨、趾骨和籽骨）。胫骨粗大，呈 S 形弯曲。腓骨细小，两端粗，与胫骨等长，位于胫骨外侧，两者之间形成小腿骨间隙。趾骨 4 块，缺第 1 趾骨。

(二) 关节

犬、猫各关节均较灵活，但猫各关节曲度比犬大，使整个骨骼结构富有活动性和伸缩性，因此猫能迅速起步、奔跑和跳跃，另外，猫运动神经及指（趾）枕都十分发达。

(三) 肌肉

全身肌肉除分布于皮肤深面浅筋膜中的皮肌外，按部位可分为头部肌、躯干肌、前肢肌和后肢肌（图13-30）。

1. 头部肌 可分为咀嚼肌和面肌。咀嚼肌主要有咬肌、翼肌、颞肌和二腹肌。面肌有分布于天然孔周围环形肌。

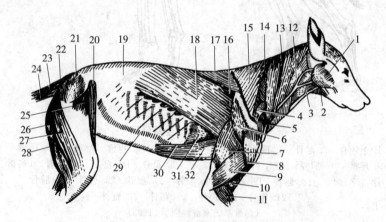

图 13-30 犬全身浅层肌

1. 咬肌 2. 下颌舌骨肌 3. 胸骨舌骨肌 4. 肩胛横突肌 5. 冈上肌 6. 三角肌 7. 臂三头肌长头 8. 三角肌肩峰部 9. 臂三头肌外侧头 10. 臂肌 11. 腕桡侧伸肌 12. 胸头肌 13. 锁枕肌 14. 颈腹侧锯肌 15. 颈斜方肌 16. 冈下肌 17. 胸斜方肌 18. 背阔肌 19. 背腰筋膜 20. 缝匠肌 21. 臀中肌 22. 臀浅肌 23. 荐尾背外侧肌 24. 荐尾腹外侧肌 25. 阔筋膜张肌 26. 半膜肌 27. 臀股二头肌 28. 半腱肌 29. 腹外斜肌 30. 腹直肌 31. 肋间外肌 32. 胸深肌

（杨维泰. 家畜解剖学. 1993）

2. 躯干肌 包括脊柱肌、胸廓肌、腹壁肌和颈腹侧肌。

（1）脊柱肌。分为脊柱背侧肌群和脊柱腹侧肌群。脊柱背侧肌有背腰最长肌、背髂肋肌、夹肌、头寰最长肌和头半棘肌等，有伸脊柱和偏转脊柱功能；脊柱腹侧肌有腰大肌、腰小肌和腰方肌等，有屈脊柱和偏转脊柱功能。

（2）胸廓肌。主要包括有吸气功能的肋间外肌、肋提肌、斜角肌和膈；有呼气功能的肋间内肌和腰肋肌。

（3）腹壁肌。为薄的板状肌，其肌纤维方向互相交错，收缩时具有协助呼吸、排尿、排便和分娩等功能。腹壁肌由浅入深分为四层，分别称为腹外斜肌、腹内斜肌、腹直肌和腹横肌。

腹股沟管位于腹底壁后部、耻骨前腱两侧，为腹外斜肌和腹内斜肌之间的一个裂隙。管的内口由腹内斜肌后缘和腹股沟韧带围成，通腹腔；管的外口为腹外斜肌腱膜上的一个天然裂孔，与鞘膜腔相通。雄性犬、猫有精索、总鞘膜、提睾肌和神经血管通过；雌性犬、猫仅供血管神经通过。

(4) 颈腹侧肌。位于颈部腹侧，包括浅层的胸头肌和深层的胸骨甲状舌骨肌。

3. 前肢肌 前肢肌可分为肩带肌、肩部肌、臂部肌、前臂部和前脚部肌。

(1) 肩带肌。主要包括斜方肌、菱形肌、臂头肌、肩胛横突肌、背阔肌、腹侧锯肌和胸肌。臂头肌与腹侧的胸头肌之间形成颈静脉沟，沟内有颈外静脉通过。

(2) 肩部肌。其外侧有冈上肌、冈下肌、三角肌等，内侧有肩胛下肌和大圆肌等。

(3) 臂部肌。主要包括臂骨前方的臂二头肌和臂肌，臂骨后方的臂三头肌和前臂筋膜张肌等。

(4) 前臂和前脚部肌。主要有背外侧肌群和掌内侧肌群。

4. 后肢肌 后肢肌可分为臀股部肌、小腿部肌和后脚部肌。

(1) 臀股部肌。主要包括位于臀部外侧的臀浅肌、臀中肌和臀深肌，位于臀部内侧的髂肌，位于股部前方的阔筋膜张肌和股四头肌，位于股后的臀股二头肌、半腱肌和半膜肌，位于股内侧的缝匠肌、股薄肌等。

(2) 小腿和后脚部肌。主要包括位于小腿背外侧的胫骨前肌、趾长伸肌、趾外侧伸肌、腓骨长肌、腓骨短肌等，位于小腿跖侧的腓肠肌、趾浅屈肌、趾深屈肌、胫骨后肌等。

三、被皮系统

皮肤的厚薄因动物种类、品种、年龄、性别和部位不同而有差异。犬、猫的皮下组织发达，因而皮肤移动性较大。临床上常作为皮下注射部位。

犬、猫的皮肤衍生物包括毛、枕、爪和皮肤腺等。毛一般以4~8根为一簇，其中有长而粗的主毛及细弱的副毛。毛分为体毛和特殊毛两种。犬、猫的体毛因品种不同有不同的色彩，这是犬、猫分类的重要依据之一；特殊毛有睫毛、耳毛和触毛等，触毛粗而长，毛根富含神经末梢，具有重要触觉功能。猫的上唇触毛（俗称胡须）坚硬而细长，是猫重要感觉器官之一。

枕是由皮肤演化而成的弹性很强的厚脚垫。包括腕枕、掌（跖）枕和指（趾）枕。爪分为爪轴、爪冠、爪壁和爪底，均由表皮、真皮和皮下组织构成。犬爪为钩爪，发达锋利，猫爪尖而锐利（图13-31）。

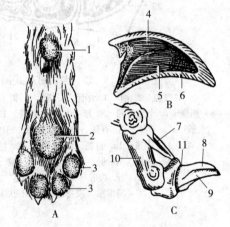

图13-31 犬的指、枕和爪
A. 犬枕 B. 犬爪角质囊（断面） C. 犬指
1. 腕枕 2. 掌枕 3. 指枕 4. 爪壁的角质冠 5. 爪的角质壁 6. 爪的角质底 7. 远指节骨韧带 8. 爪冠的真皮 9. 爪壁的真皮 10. 中指节骨 11. 轴形沟
（杨维泰. 家畜解剖学. 1993）

皮脂腺和汗腺在毛密处分布较少，毛稀处分布较多。犬体表汗腺不发达，只有指枕部较发达。猫体表汗腺较犬发达。犬、猫的皮脂腺均较发达。犬乳腺有4~6对乳丘，猫有5对乳丘，对称排列于胸、腹部正中线两侧。按乳丘位置及部位，可分为胸、腹和腹股沟三部分。乳头短，每个乳头有2~4个乳头管口，而每个乳头管口有6~12个小的排泄孔。耵聍腺位于外耳道壁内，分泌耵聍。位于尾根部背侧皮下有尾腺。在肛门四周皮下有肛周腺。在肛门左、右两侧，皮肤内陷形成的囊状肛旁窦壁内有肛旁窦腺。

四、消化系统

消化系统由消化管和消化腺组成（图 13-32、图 13-33）。

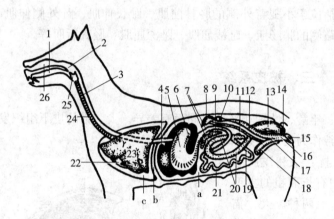

图 13-32 犬内脏模式图

1. 口腔 2. 咽 3. 食管 4. 肝 5. 胃 6. 胆总管和胆囊 7. 十二指肠 8. 肾 9. 胰和胰管 10. 卵巢 11. 盲肠 12. 子宫 13. 直肠 14. 肛门 15. 阴门 16. 阴道前庭 17. 阴道 18. 膀胱 19. 回肠 20. 结肠 21. 空肠 22. 心脏 23. 肺 24. 气管 25. 喉 26. 鼻腔
a. 腹腔 b. 膈 c. 胸腔
（杨维泰. 家畜解剖学. 1993）

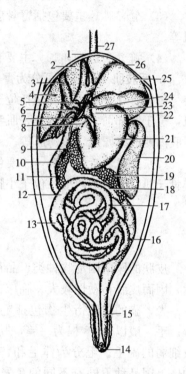

图 13-33 猫的消化系统

1. 膈 2. 肝右内叶 3. 胆囊 4. 肝右外叶 5. 肝管 6. 胆囊管 7. 胆总管 8. 幽门 9. 胰管 10. 十二指肠 11. 胰右叶 12. 升结肠 13. 盲肠 14. 肛门 15. 直肠 16. 降结肠 17. 空肠 18. 横结肠 19. 胰左叶 20. 脾 21. 胃体 22. 贲门 23. 胃底 24. 肝尾叶 25. 肝左外叶 26. 肝左内叶 27. 食管
（彭克美. 畜禽解剖学. 2005）

（一）消化管

1. 口腔 犬口裂较大，表面生有长触毛，黏膜常为黑色，唇薄而灵活，唇腺不发达。上唇中央部无触毛，人中明显，正中有纵沟，下唇近口角的边缘呈锯齿状，口裂深，张口大，犬颊较短，稍宽，黏膜平滑，一般呈黑色。猫唇更薄，亦有触毛，人中深，口裂浅，张口较小，猫颊较窄，黏膜呈红色。

犬舌宽薄，动作灵活，舌黏膜一般呈浅红色，上有不同色斑。猫舌较短、宽而薄，猫的舌乳头只有丝状乳头、菌状乳头和轮状乳头。猫的丝状乳头角质化，使舌面很粗糙，可舔食骨上附肉、梳理被毛及清除身上污垢。

齿根据形态位置不同可分为切齿、犬齿和颊齿（又可分为前臼齿和臼齿）。犬、猫齿尖锐锋利。上、下前臼齿齿尖较大，且尖锐，又称裂齿，能撕裂生肉等食物。

犬的乳齿式为：$2\left(\dfrac{3140}{3140}\right)=32$ 枚　恒齿式为：$2\left(\dfrac{3142}{3143}\right)=42$ 枚。

猫的乳齿式为：$2\left(\dfrac{3130}{3120}\right)=26$ 枚　恒齿式为：$2\left(\dfrac{3131}{3121}\right)=30$ 枚。

2. 咽和食管　咽腔狭窄，咽鼓管咽口小，黏膜向咽腔凸出。食管较宽大，仅在起始部稍细，管壁较薄。

3. 胃　犬、猫胃均为单室腺型胃，呈弯曲梨状囊，左端膨大，由胃底部和贲门部构成，位于左季肋部，上达第 11~12 肋骨椎骨端。犬胃容量较大，胃内容物充满时，大弯接触腹壁，猫胃较小。犬、猫的大网膜均发达，从胃大弯起始，向后包在肠管的腹侧，至盆腔前口处折转向前，附着于结肠和胰。

胃腺分泌的胃液主要成分是盐酸、胃蛋白酶和黏液。犬、猫胃酸浓度较高，犬胃液中盐酸含量达 0.4%~0.6%。

4. 肠

（1）小肠。犬、猫的小肠均较短，犬为 3~4m，猫为 0.9~1.2m。十二指肠起自幽门，前部向后上方到肝门后形成前曲，向后为降部，至右肾后方、盲肠和结肠起始部形成后曲，折转向前为升部，至胃后方形成十二指肠空肠曲，移行为空肠。空肠形成许多弯曲肠袢，以空肠系膜固定于腰椎下部，大部分位于腹腔底部，腹侧被发达的大网膜所覆盖。回肠很短，沿盲肠内侧向前，开口于盲肠与结肠的交界处。

（2）大肠。犬、猫的大肠较细短。犬长 0.6~0.8m，猫长 0.3~0.45m。盲肠短小，犬呈扭曲螺旋状，位于体中线与右髂部之间，在十二指肠和胰的腹侧，盲端尖向后，以系膜与回肠相连。猫盲肠为一盲囊，末端为圆锥状。结肠分为右侧结肠（升结肠）、横结肠和左侧结肠（降结肠），呈倒 U 字形袢，降结肠在骨盆腔移行为直肠。直肠有壶腹状宽大部，末端称肛管，其开口为肛门。

（二）消化腺

1. 唾液腺　唾液腺由腮腺、下颌腺、舌下腺和眶下腺组成（图 13-34）。犬腮腺较小，呈不规则三角形，位于耳根腹侧；犬的下颌腺呈圆形，较腮腺大，浅黄色，位于腮腺下方；舌下腺位于舌两侧黏膜内；眶下腺呈圆形，位于眼球的后下方。

2. 肝　肝大，占体重 3% 左右，分叶明显。犬、猫肝可分为左外叶、左内叶、右外叶、右内叶、方叶和尾叶。犬尾叶的乳状突和尾状突都很发达，猫仅尾状突明显。犬肝呈赤褐色，营养好的呈黄褐色，而猫的呈红棕色。肝位于季肋部，壁面平滑隆凸，紧贴膈；脏面有肾压迹、胃压迹和食管压迹。右叶腹侧有胆囊。胆总管开

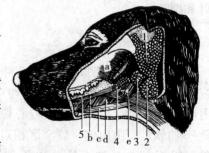

图 13-34　犬的唾液腺
1. 腮腺　2. 下颌腺　3. 单口舌下腺　4. 多口舌下腺　5. 舌
a. 咬肌　b. 舌外侧肌　c. 颏舌骨肌　d. 颏舌肌　e. 二腹肌
（杨维泰．家畜解剖学．1993）

口于距幽门 5~8cm 处的十二指肠。

3. 胰 胰分为左、右两叶，粉红色，窄长弯曲，呈带状，右叶沿十二指肠向后伸至右肾后方；左叶经胃的脏面向左后伸达左肾前端。主胰管与胆总管共同开口于十二指肠，猫的主胰管较粗，犬的细小。副胰管开口于胰管后方 3~5cm 处，犬的很粗，猫的较细。

五、呼吸系统

（一）鼻和咽

1. 鼻 犬鼻孔呈豆点状，鼻镜光滑无毛，无腺体，呈黑色。猫鼻孔比犬窄，鼻镜红润无毛，鼻腔宽大，但大部分空间被上、下鼻甲骨和筛鼻甲骨所占据。

鼻黏膜可分为嗅区和呼吸区。呼吸区大，呈粉红色；嗅区较小，呈棕黄色。犬黏膜嗅区面积较大，因此犬的嗅觉十分灵敏。猫的嗅觉也较灵敏。

2. 咽 咽的构造详见消化系统。

（二）喉

犬、猫喉宽而短，几乎呈正方形。环状软骨的骨板较宽；甲状软骨的软骨板高而短；勺状软骨较小；在左、右勺状软骨之间有一勺间软骨；会厌软骨呈四边形。喉侧室较大，喉小囊较宽广。犬喉室比猫大，猫前庭襞较发达，又称假声带。猫声襞比犬薄，故其叫声轻柔悦耳。

（三）气管和支气管

气管由 C 型软骨环连接而成，内衬黏膜。犬共有 40~50 个软骨环，猫有 38~43 个。左支气管入肺后分为前、后两肺叶支气管，右支气管入肺后分为前叶的前部和后部、中叶、后叶和副叶。

（四）肺

犬、猫肺分叶明显，共分 7 叶，右肺大于左肺。右心切迹大，呈三角形，与第 4~5 肋软骨间隙相对应；左心切迹较右心切迹浅，与第 5~6 肋软骨间隙腹侧一狭窄区相对。肺小叶间结缔组织较少，肺小叶分界不明显（图 13-35）。

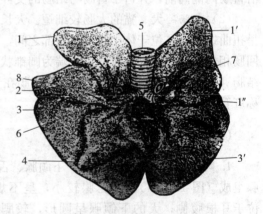

图 13-35 犬的肺（腹面）
1. 右前叶 1′. 左前叶前部 1″. 左前叶后部 2. 右中叶 3. 右后叶 3′. 左后叶
4. 副叶 5. 气管 6. 主支气管
7. 肺动脉 8. 肺静脉
（宋大鲁．宠物诊疗金鉴．2009）

六、泌尿系统

1. 肾 犬、猫肾均属光滑单乳头肾，呈蚕豆形，红褐色。犬肾较大，右肾位于第 1~3

腰椎横突的腹侧；左肾略后，当胃空虚时，位于第2~4腰椎的腹侧，若胃内食物充满，则略向后移一个椎体的距离。猫肾较小，位于3~4腰椎之间，右肾比左肾略靠前1~2cm。猫肾表面的被膜构成纤维囊，被膜内有丰富的静脉。

2. 输尿管 输尿管起始于肾盂，自肾门沿腹主动脉和后腔静脉的外侧向后延伸，开口于膀胱颈的背侧壁。

3. 膀胱 膀胱呈梨形囊，体积较大，尿液充盈时可伸达脐部，排空后全部缩回骨盆腔。

4. 尿道 起于尿道内口，以尿道外口通体外。雄性尿道细长，雌性尿道较短。

七、生殖系统

（一）雄性生殖器官

1. 睾丸和附睾 睾丸呈卵圆形。睾丸纵隔发达，睾丸长轴略向后上方倾斜，前为睾丸头，后为睾丸尾。附睾较大，紧贴于睾丸的背外侧面，前下端为附睾头，后上端为附睾尾（图13-36、图13-37）。

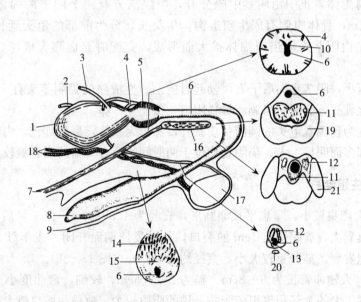

图13-36 雄犬生殖器官

1. 膀胱 2. 右输尿管 3. 左输尿管 4. 输精管 5. 前列腺 6. 尿道 7. 腹壁 8. 阴茎头 9. 包皮 10. 尿道嵴 11. 尿道球 12. 阴茎海绵体 13. 尿道海绵体 14. 阴茎头球 15. 阴茎骨 16. 耻骨联合 17. 睾丸 18. 精索内动脉、静脉 19. 球海绵体肌 20. 阴茎缩肌 21. 坐骨海绵体肌

（杨维泰.家畜解剖学.1993）

2. 输精管和精索 犬有不明显的输精管壶腹，精索较长，斜行于阴茎的两侧。鞘膜管上端狭窄或闭锁。猫无输精管壶腹。

3. 副性腺 犬无精囊腺和尿道球腺，前列腺十分发达。猫副性腺有前列腺和尿道球腺，无精囊腺。

4. 尿生殖道 尿道骨盆部较长，起始部被前列腺包裹，坐骨弓形成特别发达的尿道球。

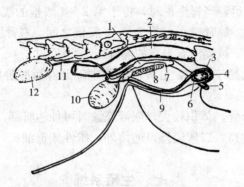

图 13-37 猫雄性生殖器官
1. 前列腺 2. 直肠 3. 睾丸 4. 附睾尾 5. 阴茎 6. 附睾头 7. 尿道球腺
8. 尿道 9. 输精管 10. 膀胱 11. 输尿管 12. 肾
（宋大鲁．宠物诊疗金鉴．2009）

5. 阴茎、包皮和阴囊 犬阴茎较发达，呈圆柱状，由阴茎海绵体和阴茎骨组成。阴茎后部为两个海绵体，正中由阴茎中隔分开，中隔前方有两个阴茎海绵体骨化而成的阴茎骨，长约10cm，骨体腹侧有尿生殖道沟。龟头长，分为前部的龟头延长部和后部的龟头球。龟头球是由阴茎头尿道海绵体扩大而形成，交配时充血膨大成球状，可延长交配时间。

猫阴茎较短小，阴茎头向后下方，勃起时向前。性成熟的猫阴茎头有100～200个朝向阴茎根部的角化乳头，交配时可刺激母猫阴道，促使其排卵。

犬、猫包皮为包围着龟头的圆筒状皮肤套，黏膜无腺体，呈粉红色，内有淋巴小结，尤其在包皮腔底部多而明显。犬、猫阴囊均位于两股间的后方。猫的阴囊缝较犬明显。

（二）雌性生殖器官

1. 卵巢 犬卵巢较小，呈扁平长卵圆形，直径为1.5～2cm，位于肾后方，第3或第4腰椎腹侧。卵巢囊大，囊腹侧有1cm的裂口，并随发情期而开闭。成年母犬的卵巢呈桑葚状，有较多卵泡发育。猫卵巢较犬小，直径约为1.0cm（图13-38）。

2. 输卵管 犬输卵管长为5～8cm，猫为2～3.5cm，较细，弯曲度小。输卵管伞大部分位于卵巢囊内。犬的伞部积聚很多脂肪，猫的脂肪较少，故猫腹腔口较犬大。

3. 子宫 犬、猫子宫均为双角子宫。犬子宫角细长（12～15cm）而直，左、右分开呈V字形，仅下端结合；子宫体很短（2～3cm）且壁薄；子宫颈短（1.5～2.0cm）而壁厚，后端呈柱状突入阴道形成子宫颈阴道部。猫子宫角长3～4cm，子宫体长约2cm，子宫颈长0.5～0.8cm。

4. 阴道、阴道前庭和外阴 犬阴道和阴道前庭较长，中等犬10～14cm，阴道与前庭长度比为2:1，阴道壁的环行肌发达，阴道黏膜多呈纵行皱褶。阴道前庭侧壁分布大量的海绵组织，内有发达的前庭球。尿道外口后方有前庭小腺，无前庭大腺。深凹的阴蒂窝内有发达的阴蒂。

猫阴道较短（2～3cm），阴道前庭相对较长（2.5cm），二者长度比为1:1，无前庭球，有前庭小腺。猫的阴唇肥厚，亦可见阴蒂。

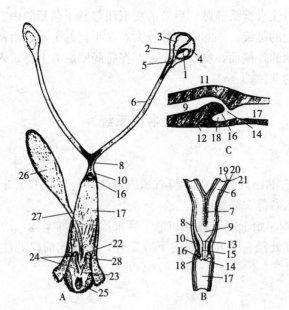

图 13-38 母犬生殖器官
A. 母犬的生殖器官 B. 犬的子宫断面 C. 犬的子宫与阴道连接部模式图
1. 卵巢 2. 输尿管腹腔口 3. 输卵管 4. 卵巢囊 5. 输卵管子宫口 6. 子宫角 7. 中隔 8. 子宫体
9. 子宫体腔 10. 子宫颈 11. 子宫颈背侧壁 12. 子宫颈腹侧壁 13. 子宫颈管内口 14. 子宫颈管外口
15. 子宫颈管 16. 子宫颈阴道部 17. 阴道 18. 阴道前部 19. 子宫黏膜 20. 子宫肌层 21. 子宫浆膜
22. 阴瓣 23. 阴道前庭 24. 小前庭腺开口 25. 阴蒂 26. 膀胱 27. 尿道 28. 尿道外口
(朱金凤. 动物解剖. 2007)

八、心血管系统

心血管系统由心脏、血管（动脉、毛细血管和静脉）和血液构成。

（一）心脏

犬、猫心脏呈圆锥形，长轴斜度大，心基朝向前上方，正对胸腔口，心尖钝而向后，偏向左下方。犬的心基与第3肋骨下部相对，在第1肋中点水平面上，心尖约与第7肋软骨相对，与膈肌质部的胸骨部相接触，在右房室口上有2个大瓣膜和3~4个小瓣膜，左房室口有2个大瓣膜和4~5个小瓣膜。猫的心脏位于第4~8肋间。

（二）血管

1. 动脉 犬、猫的动脉分支和循环途径和其他哺乳动物相似。
2. 静脉 心静脉与牛的相似。前腔静脉由左、右臂头静脉汇合而成，臂头静脉由锁骨下静脉和颈静脉汇合而成。锁骨下静脉为前肢静脉的主干，前肢的浅静脉分为头静脉和副头静脉，均较粗，临床上常作为静脉注射和采血部位；颈静脉分为较粗的颈外静脉和较细的颈内静脉,两者先合并后注入臂头静脉。后肢的皮下浅静脉干包括隐内、外侧静脉。内侧隐静脉为跖底内侧静脉向上的延续;外侧隐静脉较大,在小腿的下部,由跖背侧静脉和跖底外侧静脉汇合而成,经小腿的外侧面,斜向后上方,在腓肠肌后方上行,入股静脉,临床上亦可作为静脉注射和采血的部位。

九、淋巴系统

(一) 淋巴管

1. 右淋巴导管 右淋巴导管短细,与右颈内静脉伴行,仅收集来自头、颈、胸右侧部及右前肢的淋巴,注入右臂头静脉。

2. 胸导管 胸导管起始于最后胸椎和第1腰椎腹侧的乳糜池,沿主动脉右侧和奇静脉之间前行,到第6胸椎处经食管左侧向前下方延伸,于胸腔前口处注入左臂头静脉或颈总静脉。

(二) 淋巴结

淋巴结是位于淋巴管径路上的圆形或卵圆形小体,大小不一。本节只对动物临床上可触诊的浅表淋巴结介绍如下,其他淋巴结参见图13-39。

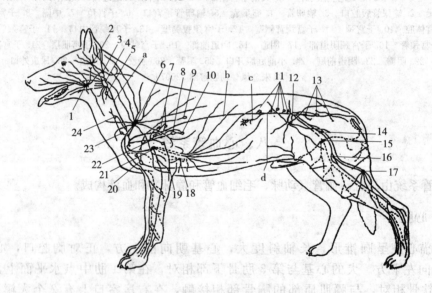

图13-39 犬的淋巴管及淋巴结示意图

1. 下颌淋巴结 2. 腮腺淋巴结 3. 咽后外侧淋巴结 4. 咽后内侧淋巴结 5. 颈深前淋巴结 6. 颈浅淋巴结 7. 纵隔前淋巴结 8. 气管支气管淋巴结 9. 肋间淋巴结 10. 气管支气管中淋巴结 11. 主动脉腰淋巴结 12. 髂内侧淋巴结 13. 荐淋巴结 14. 髂股淋巴结 15. 腹股沟浅淋巴结(♂阴囊淋巴结,♀乳房淋巴结) 16. 股淋巴结 17. 腘浅淋巴结 18. 腋副淋巴结 19. 纵隔前淋巴结 20. 胸骨前淋巴结 21. 腋固有淋巴结 22. 纵隔前淋巴结 23. 颈深后淋巴结 24. 颈深前淋巴结

a. 气管淋巴干 b. 胸导管 c. 内脏淋巴干 d. 腰淋巴干

(宋大鲁. 宠物诊疗金鉴. 2009)

1. 头颈部淋巴结

(1) 下颌淋巴结。位于下颌角的后外侧皮下，下颌腺下缘前方。每侧有 2~3 个。
(2) 腮腺淋巴结。位于耳根下方，下颌骨后方，腮腺前缘。一般有 1~3 个。
(3) 颈浅淋巴结。位于冈上肌前缘，肩关节前上方。一般有 1~3 个。

2. 前肢腋副淋巴结 前肢腋副淋巴结位于尺骨鹰嘴上方，背阔肌下端与胸深肌之间。

3. 腹股沟浅淋巴结 腹股沟浅淋巴结位于腹股沟皮下环附近，耻骨前缘下方。雄性犬、猫位于阴囊前方，阴茎体的两旁，又称为阴囊淋巴结。雌性犬、猫位于最后一对乳头后方，又称乳房淋巴结。

4. 后肢腘淋巴结 后肢腘淋巴结位于膝关节后方，在臀股二头肌与半腱肌之间。

（三）胸腺

幼龄犬、猫胸腺发达，位于胸腔前纵隔内。出生后逐渐增大，成年后萎缩退化，老龄时仅残留少量活性腺组织。

（四）脾

犬脾红色稍带蓝色，狭长，上端较窄而稍弯，下端较宽，略呈镰刀状。猫脾较小，呈深红色，扁平细长而弯曲。犬、猫脾以胃脾韧带与胃大弯相连，位于腹前部左侧，但其位置可因胃的充盈状态而发生前后移动。脾面均有脾门，为脾静脉、脾动脉、淋巴管和神经出入的地方。

（五）扁桃体

扁桃体是位于口、咽处的淋巴组织。犬、猫有舌扁桃体（舌根后背侧黏膜下）、腭扁桃体（口咽部外侧壁，在扁桃体窝内）、咽扁桃体（鼻咽部耳咽管口背侧）。此外，猫尚有会厌旁扁桃体。

十、神经系统

（一）中枢神经

1. 脊髓 犬、猫脊髓呈圆柱形，但颈膨大和腰膨大处呈扁平状，从枕骨大孔延续至第 6~7 腰椎处，末端移行为细的终丝。脊膜分为脊硬膜、脊蛛网膜和脊软膜 3 层。脊硬膜与椎管间形成硬膜外腔，内有静脉及大量脂肪，临床上常作为麻醉部位。

2. 脑 犬脑略呈前窄后宽的锥形体。猫的脑前部和后部宽度相近，背侧面略呈桃形，外侧面呈不等的三角形。猫的嗅球呈卵圆形，嗅束发达。

（二）外周神经

1. 脊神经 犬脊神经有 35~38 对，其中颈神经 8 对，胸神经 13 对，腰神经 7 对，荐神经 3 对，尾神经 4~7 对。猫脊神经有 38~39 对，除尾神经为 7~8 对外，其他神经数量都与犬相同。犬、猫脊神经的分支分布情况与牛基本相似。

2. 脑神经 脑神经有 12 对，犬、猫脑神经的结构和分布大体与牛、羊相似。

3. 植物性神经 交感神经和副交感神经分支及延伸途径与其他哺乳动物相似。

十一、感觉器官

1. 眼 眼眶的后缘由眶韧带形成。上眼睑生有长睫毛。眼球较大，几乎呈圆形。照膜呈半月形或三角形，其中心是金黄色，边缘为深绿色。虹膜呈黄褐色，有时为蓝色。虹膜的颜色因犬、猫品种不同而有差异，亦有个别品种两眼虹膜颜色不一致（鸳鸯眼）。瞳孔呈圆形，无虹膜粒。视神经乳头为圆形或三角形。晶状体隆凸较小。泪腺淡红色，位于眶韧带下方，泪阜小，呈黄褐色。

2. 耳 犬、猫耳朵的形态和大小因品种不同而差异很大，有的小而直立，有的大而下垂。其内面的毛较长，具有防止异物进入耳内的作用。中耳的鼓室和听小骨较大，咽鼓管长。内耳的结构与牛的相似，只是耳蜗形成三个卷曲。

十二、内分泌系统

犬、猫脑垂体呈圆形小体，远侧部呈红黄色，从前方和两侧包围神经部。神经部呈淡黄色。犬甲状腺位于第6、7气管环两侧，猫的位于喉后方气管两侧，均由左、右腺叶和中间峡构成，左、右侧叶呈扁桃形，红褐色，腺峡不发达。犬有1对甲状旁腺，呈栗粒状，位于甲状腺前端外侧或包于甲状腺内。猫的甲状旁腺很小，近似球形，有前、后两对，分别位于甲状腺侧叶外侧前后，埋于脂肪中难被发现。犬右肾上腺呈梭形，位于右肾前内侧与后腔静脉之间；左肾上腺稍大，为扁梭形，前宽厚窄，背腹扁平，位于左肾前内侧与腹主动脉之间。皮质部为黄褐色，髓质部为深褐色。猫肾上腺为小卵圆形小体，位于肾前内侧。

自测练习题

一、填空题（每空2分，共计30分）

1. 犬的乳齿式为_____枚；恒齿式为_____枚。
2. 猫的乳齿式为_____枚；恒齿式为_____枚。
3. 临床上犬、猫前肢采血的血管为_____，后肢采血的血管为_____。
4. 犬、猫肾脏类型均属_____。
5. 犬的副性腺只有_____十分发达。猫的副性腺有_____和_____。
6. 犬的龟头可分为前部的_____和后部的_____。后者交配时可充血膨大成球状，延长交配时间。
7. 犬、猫子宫类型均为_____。
8. 犬、猫肛门周围的皮下有_____腺。
9. 犬、猫肝的颜色分别为_____和_____。

二、判断题（每题3分，共计30分）

1. 犬、猫体表汗腺都不发达，所以散热主要通过张口伸舌呼吸。（　）
2. 犬、猫在肛门左、右两侧壁上有肛旁窦腺，其导管开口于肛门左、右两侧，所以常会引起肛旁窦炎。（　）

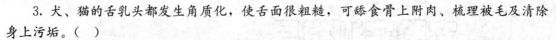

3. 犬、猫的舌乳头都发生角质化，使舌面很粗糙，可舔食骨上附肉、梳理被毛及清除身上污垢。（　）

4. 犬、猫胃为单室腺型胃，胃酸浓度较高，所以消化能力很强。（　）

5. 犬、猫鼻腔黏膜嗅区面积较大，因此犬、猫的嗅觉十分灵敏。（　）

6. 犬、猫的输精管壶腹都不甚明显。（　）

7. 犬、猫具有相同的副性腺，且都不发达，所以射精量不多。（　）

8. 犬的龟头长，后部有龟头球，交配时充血膨大，可延长交配时间。（　）

9. 犬卵巢较小，呈扁平长卵圆形，而成年母犬的卵巢呈桑葚状，卵巢囊大，囊腹侧有1cm的裂口，并随发情期而开闭。（　）

10. 犬、猫的虹膜呈黄褐色，有时为蓝色。虹膜的颜色因犬、猫品种的不同而不同，有个别品种两眼虹膜颜色亦不一致（鸳鸯眼）。（　）

三、简答题（每题10分，共计40分）

1. 简述犬、猫的消化系统的解剖特征。
2. 简述犬、猫的呼吸系统的解剖特征。
3. 简述犬、猫的泌尿系统的解剖特征。
4. 简述犬、猫的生殖系统的解剖特征。

实验实训指导

实验实训一 显微镜的构造、使用和保养方法

【教学目标】熟悉显微镜的构造,掌握显微镜的使用和保养方法。

【材料设备】显微镜,组织切片。

【实验步骤】

(一)显微镜的一般构造

生物显微镜的种类很多,但其构造均分为机械和光学两大部分(图实1-1)。

(二)显微镜的使用方法

1. 取放 搬动显微镜时,必须右手握镜臂,左手托镜座中,轻放于实验台上,距实验台边缘约10cm处。

2. 调光 将电源插头外接电源,开启开关,拨动亮度调节轮至适当位置,转动物镜转换器,选择低倍镜对光,转动聚光器升降手轮,升高聚光器,直至获得清晰、明亮、均匀一致的视野为止。

3. 置片 置标本片于载物台上,将欲观察的组织细胞对准圆孔正中央,用压夹固定。注意标本片若有盖玻片,一定使盖玻片的一面向上。

4. 调焦 转动粗调节器,使物镜和切片之间距离拉近,此时应将头偏向一侧,以防物镜压碎组织切片,特别当转换高倍镜或油镜观察时更要当心。原则上物镜与标本片的距离应缩到最小。

5. 观察 观察切片时,先用低倍镜,身体坐端正,胸部挺直,用左眼自目镜中观

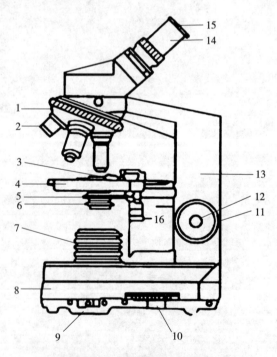

图实1-1 显微镜构造示意图

1.物镜转换器 2.物镜 3.游标卡尺 4.载物台 5.聚光器 6.彩虹光圈 7.光源 8.镜座 9.电源开关 10.电源滑动变阻器 11.粗调螺旋 12.微调螺旋 13.镜臂 14.镜筒 15.目镜 16.标本移动螺旋

察（右眼睁开），同时转动粗调节器，使物镜和切片间距离缓慢远离，直至有物象出现为止，再微微转动细调节器，直到物象达到最清晰后观察。

6. 变倍 观察微细结构时，需要再转换高倍接物镜至镜筒下面，并转动细调节器，以期获得清晰物象。如需采用油镜观察时，应先用高倍镜观察，把欲观察的部位置于视野的中央，然后移开高倍镜，把香柏油（檀香油）滴在标本上，转换油镜，使油镜与标本上的油液相接触，轻轻转动细调节器，直至获得最清晰的物像为止。

(三) 显微镜的保养方法

(1) 显微镜使用后，取下组织标本，将转换器稍微旋转，使物镜叉开（呈八字形），并转动粗调节器使物镜和载物台之间距离缩小，然后用绸布包好，装入显微镜箱内。

(2) 不论目镜或物镜，若有灰尘，严禁用口吹或手抹，应用擦镜纸擦净。

(3) 勿用暴力转动粗、细调节器，并保持该部齿轮之清洁。

(4) 显微镜一定要保存在干燥的地方，勿置于日光下或靠近热源处，同时在使用过程中，切勿用酒精或其他药品污染显微镜。

(5) 不要随意拆卸显微镜，维修需在专业人员指导下进行。

(6) 用完油镜时，应以擦镜纸蘸少量二甲苯，将镜头上和标本上的油擦去，再用干擦镜纸擦干净。对于无盖玻片的标本，可采用"拉纸法"，即把小张擦镜纸盖在玻片上的香柏油处，加数滴二甲苯，趁湿向外拉擦镜纸，拉出去后丢掉，如此连续3～4次即可将标本上的油去净。避免强行擦拭，以免将固定的组织破坏。

实验实训二 基本组织观察

【教学目标】 掌握上皮组织、结缔组织、肌肉组织的结构特征。

【观察内容】

(一) 上皮组织观察

观察单层扁平上皮、单层柱状上皮、假复层柱状纤毛上皮、变移上皮、复层扁平上皮的细胞形态特征，比较不同上皮的形态结构差异。

(二) 结缔组织观察

1. 疏松结缔组织观察 观察胶原纤维和弹性纤维的形态结构特征，观察成纤维细胞、脂肪细胞、巨噬细胞及浆细胞的形态结构特征（彩图7）。

2. 骨组织观察 观察骨松质、骨密质、骨膜、内环骨板、外环骨板及骨单位的形态结构特征。

3. 血涂片观察 观察红细胞、嗜中性粒细胞、嗜酸性粒细胞、嗜碱性粒细胞、单核细胞、淋巴细胞的形态结构特征（彩图3）。

(三) 肌肉组织观察

观察骨骼肌、心肌、平滑肌三种纤维的形态结构特征，比较三种肌纤维的形态结构差异。

实验实训三 全身骨骼、肌肉的观察

【教学目标】掌握骨骼、肌肉的构造，熟悉动物全身的骨骼和肌肉。
【观察内容】

（一）骨骼观察

1. 骨骼构造观察 在长骨纵切标本上观察骨膜、骨质、骨髓的结构特征（彩图19）。

2. 全身骨骼观察 在全身骨骼标本上观察头部骨骼、躯干骨骼和四肢骨骼。重点观察面嵴、肩胛结节、肩胛冈、肋弓、鬐甲、髋结节、坐骨结节等重要的骨性标志。

3. 全身关节观察 在关节标本上观察关节面、关节囊、关节腔等结构。在骨骼标本上观察颞下颌关节、寰枕关节、肩关节、肘关节、荐髂关节、髋关节、膝关节等重要关节的位置及组成。

（二）肌肉观察

1. 肌器官的构造 观察肌腹、肌腱、肌束、肌外膜、肌束膜、肌内膜等结构（彩图1）。

2. 全身肌肉观察 在全身肌肉标本上观察头部肌肉、躯干肌肉和四肢肌肉形态位置。重点观察咬肌、背最长肌、髂肋肌、肋间外肌、肋间内肌、膈肌、胸头肌、臂头肌、腹外斜肌、腹内斜肌、腹直肌、腹横肌、斜方肌、背阔肌、股四头肌、股二头肌、半腱肌、半膜肌等肌肉的形态结构及分布位置（彩图15）。

实验实训四 皮肤及皮肤衍生物的观察

【教学目标】掌握皮肤和乳腺的结构。
【观察内容】

（一）皮肤结构观察

观察表皮、真皮和皮下组织的分层及结构，观察毛干、毛根、毛囊、毛乳头、汗腺、皮脂腺的位置结构。

（二）乳腺结构观察（牛）

观察乳腺基部、体部、乳头部三部分的组成及乳腺表面的纵沟和横沟将乳腺隔开形成的乳丘。观察乳房悬韧带、腺泡、小输出管、大输出管、腺乳池、乳头乳池、乳头管的位置形态结构（彩图2）。

实验实训五 内脏器官观察

【教学目标】熟悉消化、呼吸、泌尿和生殖系统的组成，掌握主要内脏器官的形态位置及结构特征。

【观察内容】

（一）消化器官观察

观察消化系统各器官的组成及结构。重点观察腹腔分区及其界限、舌的结构、齿的类型及构造、食管的结构及走向、瘤胃的形态位置结构（彩图5）、网胃的形态位置结构（彩图6）、瓣胃的形态位置结构（彩图7）、皱胃的形态位置结构、小肠的形态及组织结构（彩图17）、大肠的形态位置特征、肝脏的形态位置及构造特征、胰脏的形态位置。

（二）呼吸器官观察

观察鼻唇镜的位置、副鼻窦的种类及分布、喉腔结构及声带位置、气管及支气管的结构及分布、肺的形态位置及构造特征（彩图16）、纵隔位置及胸膜。

（三）泌尿器官观察

观察肾的形态位置及结构特征并在肾剖面标本上识别肾皮质、髓质、肾锥体、肾盏、肾盂、肾窦等结构（彩图10），观察输尿管的延伸路径及在膀胱壁上的开口位置，观察膀胱的形态位置及结构特征。

（四）生殖器官观察

1. 雄性生殖器官观察 观察睾丸的形态结构特征、附睾位置、输精管的位置及走向、阴囊的形态及阴囊壁的分层、尿生殖道的起止位置及延伸路径、副性腺的种类及位置。

2. 雌性生殖器官观察 观察卵巢的形态位置及结构特征、输卵管的分段及结构特征、子宫的形态位置及结构特征（彩图12）、胎膜分层及胎盘类型（彩图13）。

实验实训六　心脏和血管的观察

【教学目标】熟悉主要血管的分布，掌握心脏形态结构特征。

【观察内容】

（一）心脏观察

观察心脏的外形特征、心包腔的结构、心壁的分层、心腔的构造及心脏瓣膜、房室口、梳状肌、腱索、乳头肌、隔缘肉柱、冠状动脉、主动脉口、肺动脉口等结构（彩图8）。

（二）血管观察

观察主动脉弓、胸主动脉、腹主动脉、臂头动脉总干、左右髂外动脉、左右髂内动脉的分支及其分布，观察前腔静脉、后腔静脉、门静脉、奇静脉汇入分支及其位置（彩图20）。

实验实训七　免疫器官观察

【教学目标】熟悉免疫系统的组成，掌握脾、胸腺的形态位置和主要淋巴结的位置分布。

【观察内容】观察脾脏的形态位置及结构特征，观察胸腺的形态位置及结构特征，观察淋巴结的位置及分布，重点观察下颌淋巴结、颈浅淋巴结、腋淋巴结、股前（膝上）淋巴结、腘淋巴结、腹股沟深淋巴结、腹股沟浅淋巴结、纵隔后淋巴结、腹腔淋巴结、肠系膜淋巴结的位置及分布。

实验实训八 神经及感觉器官观察

【教学目标】熟悉神经主干的分布，掌握脑、脊髓及眼的形态构造。
【观察内容】

（一）脑、脊髓形态结构观察

1. 脑形态结构观察 观察脑背侧面的左、右大脑半球，大脑表面的脑沟及脑回，大脑半球和小脑之间的大脑横沟等（彩图18）；观察腹侧面的嗅球、视神经交叉、脑垂体、大脑脚、脑桥和延髓等；在脑纵剖面上观察大脑灰质和白质、小脑灰质和白质、延髓、四叠体、大脑脚、丘脑、下丘脑、侧脑室、第三脑室等内部结构。

2. 脊髓形态结构观察 观察颈、胸、腰、荐四段脊髓的形态，观察颈膨大、腰膨大及脊髓圆锥，观察脊膜的分层及脊膜间形成的腔隙，在脊髓横断面上观察灰质、白质、脊髓中央管、背侧柱、腹侧柱、外侧柱、背侧索、腹侧索、外侧索等结构。

（二）神经分布观察

观察十二对脑神经，重点观察三叉神经出颅腔的三个分支和面神经；依次观察颈神经、胸神经、腰神经、荐神经、尾神经的背支和腹支分布，重点观察最后肋间神经、髂下腹神经、髂腹股沟神经、坐骨神经的位置及分布；观察交感神经干的位置分布。

（三）眼结构观察

观察角膜、巩膜、脉络膜、睫状体和虹膜、视网膜等眼球壁的构造，观察眼房水、晶状体、玻璃体等眼球内容物，观察上眼睑，下眼睑、第三眼睑（瞬膜）、眼球结膜、结膜囊等眼的辅助装置。

实验实训九 家禽解剖及鸡血涂片制作

【教学目标】熟悉家禽主要器官的形态结构，掌握家禽的解剖技术、鸡的采血和鸡血涂片制作。
【材料设备】活鸡、解剖器械、酒精棉球、注射器等。
【实验步骤】

（一）鸡的解剖

鸡的解剖步骤如下：
（1）将鸡致死（可从颈静脉放血或用铁钉插入枕骨大孔破坏延髓，亦可采取口腔放血）。

拔尽羽毛或用水把颈、胸、腹部羽毛刷湿,以免羽毛飞扬。

(2) 将鸡仰卧于解剖台上,用力掰开两腿,使髋关节脱臼。

(3) 自喙尖开始沿颈、胸的腹侧剪开皮肤至肛门,并向两侧剥离至左、右翼和后肢与躯干相连处。

(4) 自胸骨后端至泄殖腔之间剪开腹壁,再由此切口沿胸骨两侧缘及肋骨中部向前剪至锁骨,并剪断心脏、肝脏与胸骨间的联系。然后把胸骨翻向前方(此项操作要注意勿伤气囊)。

(5) 由喉口插入细胶管(玻璃管)慢慢吹气,观察各气囊的位置与形状。

(6) 剪除胸骨,观察体腔内各器官的形态、位置。

(二) 鸡各器官的观察

1. 鸡体表观察　观察冠、肉髯、耳垂、喙、鼻孔、爪、主翼羽、副翼羽、主尾羽、覆尾羽、距、第1趾、第2趾、第3趾、第4趾。

2. 运动系统观察　观察鸡全身主要骨骼,重点观察舌骨、综荐骨、尾综骨、肋骨、胸骨、乌喙骨、锁骨、髂骨、耻骨、坐骨的形态特征;观察鸡全身主要肌肉,重点观胸部肌和腿部肌,观察白肌、红肌、中间肌的分布及区别。

3. 鸡内脏器官观察　观察口腔、咽、食管、嗉囊、腺胃、肌胃、小肠、大肠、泄殖腔、肝、胰的形态位置结构特征,观察喉的结构、气管软骨环的形态、鸣管的位置结构、肺的形态结构、气囊的形态位置,观察肾的形态位置及结构特征、输尿管的起止部位,观察睾丸和附睾的形态位置、输精管的径路及开口位置、交配器的形态结构,观察卵巢的形态位置、输卵管(漏斗部、膨大部、峡部、子宫部、阴道部)的形态及开口位置(彩图14)。

4. 淋巴器官观察　观察胸腺的形态位置、法氏囊的形态结构、脾脏的形态位置。

(三) 鸡的采血

1. 翼下静脉采血　将鸡保定,用酒精棉球消毒翅膀内侧的采血部位,酒精干燥后用针头刺破翼下静脉,待血液流出后吸取。也可用细的针头刺入静脉内,让血液自由流入瓶内。采血后,用干棉球进行压迫止血。

2. 鸡冠采血　将鸡保定,用酒精棉球消毒鸡冠,待酒精干燥后,在消毒部位用针头刺破鸡冠,待血液流出后采取。采血后,用干棉球进行压迫止血。

3. 心脏采血　将鸡右侧卧保定,用手触摸胸部心搏动最明显处,用酒精棉球消毒,待酒精干燥后,用注射器在胸骨崤前端至背部下凹处连接线的1/2点进针,针头与皮肤垂直,刺入2~3cm即可采到心脏血液。采血后用酒精棉球消毒进针部位。

(四) 鸡血涂片制作

1. 取血　取新鲜鸡血少许滴于载玻片上。

2. 涂片　用另一载玻片的一端与有血液的载玻片倾斜成45°角,将血液推成薄薄一层涂片。

3. 染色　涂片自然干燥后滴加瑞氏染液数滴,经固定及染色1~2min后,滴加等量蒸馏水,使之与染液混合。

4. 水洗 5min 后水洗，用吸水纸或滤纸吸干后即可观察（彩图4）。

实验实训十　家兔解剖

【教学目标】熟悉家兔主要器官的形态结构，掌握家兔的解剖技术。
【材料设备】兔、解剖器械等。
【实验步骤】

（一）致死

1. 空气栓塞法 兔耳背外缘的静脉较粗大，易于进针。先用水将进针处弄湿，用左手的食指和中指夹住耳缘静脉的近心端，使血管充血，并用左手拇指和无名指固定兔耳。右手持注射器（针筒内已抽有8~10mL空气），将针头平行刺入静脉，徐徐注入空气。若针头刺入静脉内，可见随着空气的注入，血管由暗红变白。注射完毕即抽出针头，用干棉球压住针孔。空气注入后，兔倒地挣扎片刻后窒息死亡。

2. 击晕放血 左手捉提兔的两耳或倒提两后肢，右手握一木棒，在兔的延髓部猛击一下，也可用右手小手指基部猛击，只要击准，兔即休克。然后割断颈动脉，倒悬兔体至放血完全。

（二）剥皮

放血后立即剥皮，否则尸体僵冷后兔皮不易剥离。先将前肢腕关节以下和后肢跗关节以下的皮剪断，并从两后肢股内侧至外生殖器的皮剪开，然后将一侧（或两侧）后肢吊起，将兔皮由尾部向头部如翻衣服一样毛向里皮向外扒下。

（三）剖腹

沿腹中线由外生殖器上方剪开腹肌至剑状软骨处，暴露腹腔器官，然后剖开胸腔，依次观察相应器官。

参考文献

程会昌,李敬双.2006.畜禽解剖与组织胚胎学[M].郑州:河南科学技术出版社.
程会昌.2007.动物解剖学与组织胚胎学[M].北京:中国农业大学出版社.
董常生.2001.家畜解剖学[M].3版.北京:中国农业出版社.
范作良.2001.家畜解剖[M].北京:中国农业出版社.
郭和以.2000.家畜解剖学[M].2版.北京:中国农业出版社.
蒋春茂,孙裕光.2005.畜禽解剖生理[M].北京:高等教育出版社.
马仲华.2001.家畜解剖学及组织胚胎学[M].3版.北京:中国农业出版社.
彭克美.2005.畜禽解剖学[M].北京:高等教育出版社.
沈霞芬.2007.家畜组织学与胚胎学[M].3版.北京:中国农业出版社.
宋大鲁,宋旭东.2009.宠物诊疗金鉴[M].北京:中国农业出版社.
宋志伟.2006.普通生物学[M].北京:中国农业出版社.
田九畴.1999.畜禽神经解剖学[M].北京:中国农业出版社.
王树迎,王政富等.1999.动物组织学与胚胎学[M].北京:中国农业出版社.
肖传斌,张玲,程会昌.2001.动物解剖学与组织胚胎学[M].北京:中国科学技术出版社.
杨维泰,张玉龙,董常生.1993.家畜解剖学[M].北京:中国科学技术出版社.
杨正.1999.现代养兔[M].北京:中国农业出版社.
周其虎.2006.畜禽解剖生理[M].北京:中国农业出版社.
周元军.2007.动物解剖[M].北京:中国农业大学出版社.
朱金凤,陈功义.2007.动物解剖[M].重庆:重庆大学出版社.

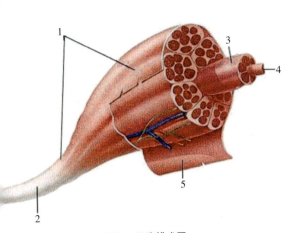

彩图1　肌腹模式图
1.肌腹　2.肌腱　3.纤维束　4.肌纤维　5.结缔组织膜

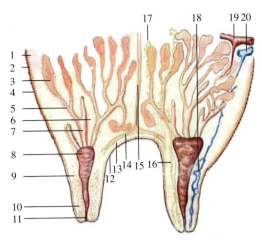

彩图2　牛乳房构造模式图
1.乳房深肌膜　2.乳房浅肌膜　3.腺泡　4.皮肤　5.小输出管　6.大输出管的平滑肌　7.大输出管　8.乳池　9.乳头平滑肌　10.乳头管周围平滑肌　11.乳头管　12.皮肤　13.乳房浅肌膜　14.乳房深肌膜　15.乳房悬韧带　16.乳头神经末梢的分支　17.神经　18.乳头静脉丛　19.动脉　20.静脉

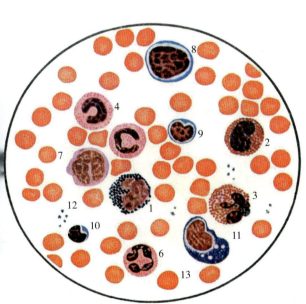

彩图3　猪血涂片
1.嗜碱性粒细胞　2.幼稚型嗜酸性粒细胞　3.分叶核型嗜酸性粒细胞　4.幼稚型嗜中性粒细胞　5.杆状核型嗜中性粒细胞　6.分叶核型嗜中性粒细胞　7.单核细胞　8.大淋巴细胞　9.中淋巴细胞　10.小淋巴细胞　11.浆细胞　12.血小板　13.红细胞

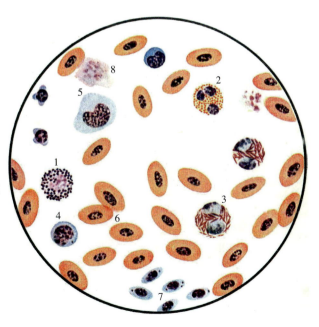

彩图4　鸡血涂片
1.嗜碱性粒细胞　2.嗜酸性粒细胞　3.嗜中性粒细胞　4.淋巴细胞　5.单核细胞　6.红细胞　7.血小板　8.核的残余

彩图5 羊瘤胃黏膜

彩图6 羊网胃黏膜

彩图7 羊瓣胃黏膜

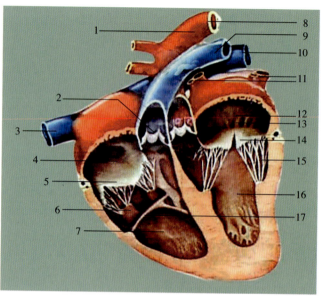

彩图8 心脏构造模式图
1.主动脉 2.半月瓣 3.前腔静脉 4.右心房 5.三尖瓣 6.乳头肌 7.右心室 8.主动脉 9.肺动脉 10.后腔静脉 11.肺静脉 12.左心房 13.梳状肌 14.二尖瓣 15.腱索 16.左心室 17.心横肌

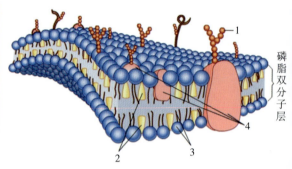

彩图9 细胞膜结构模式图
1.糖蛋白 2.胆固醇 3.磷脂分子 4.蛋白质分子

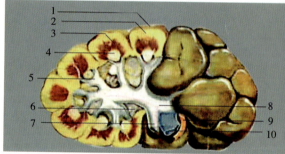

彩图10 牛肾结构模式图
1.纤维膜 2.皮质 3.髓质 4.肾乳头 5.肾小盏 6.肾窦 7.输尿管 8.集收管 9.肾动脉 10.肾静脉

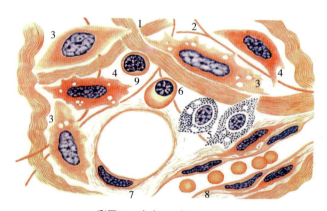

彩图11 牛皮下疏松结缔组织
1.胶原纤维 2.弹性纤维 3.成纤维细胞 4.组织细胞 5.肥大细胞 6.浆细胞 7.脂肪细胞 8.毛细血管 9.淋巴细胞

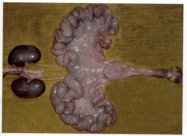
彩图12 猪泌尿生殖器官（腹面）

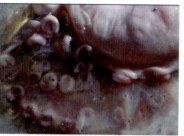
彩图13 孕羊子宫子叶

彩图14 鸡卵巢、输卵管

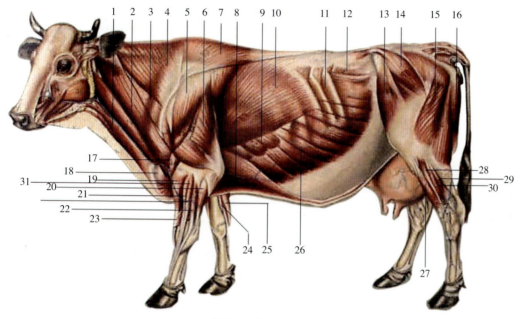
彩图15 牛全身浅层肌
1.胸头肌 2.臂头肌 3.肩胛横突肌 4.颈斜方肌 5.三角肌 6.臂三头肌 7.胸斜方肌 8.胸深后肌 9.胸腹侧锯肌 10.背阔肌 11.肋间外肌 12.腹内斜肌 13.阔筋膜张肌 14.臀中肌 15.股二头肌 16.半腱肌 17.臂肌 18.胸浅肌 19.腕桡侧伸肌 20.腕外侧屈肌 21.趾内侧伸肌 22.指外侧伸肌 23.腕斜伸肌 24.腕桡侧屈肌 25.腕尺侧屈肌 26.腹外斜肌 27.第三腓骨肌 28.腓骨长肌 29.趾深屈肌 30.指外侧伸肌 31.指总伸肌

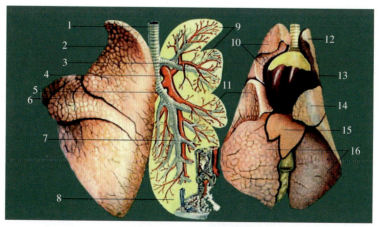
彩图16 牛肺分叶及构造模式图
1.气管 2.尖叶 3.右尖叶支气管 4.肺静脉 5.右支气管 6.心叶 7.各级支气管树 8.膈叶 9.尖叶 10.尖叶 11.心叶 12.尖叶 13.心脏 14.心叶 15.副叶 16.膈叶

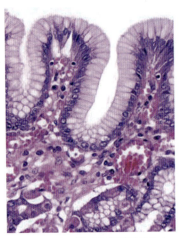

彩图17 小肠绒毛及单层柱状上皮

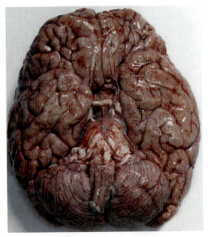

彩图18 羊脑实物观察

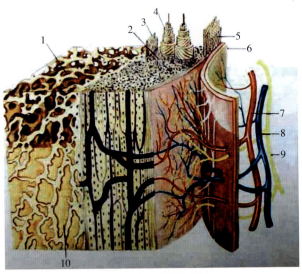

彩图19 长骨结构模式图

1.骨小梁 2.骨间板 3.内环骨板 4.哈弗氏系统 5.外环骨板 6.骨膜 7.动脉 8.静脉 9.神经 10.骨髓

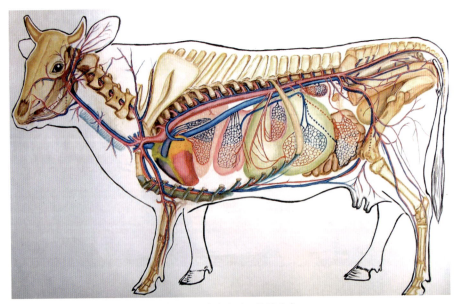

彩图20 牛全身动、静脉分布